JN440479

해 양 미 생 물 학 제2판

이원재 성희경 김무찬 강창근 박영태 신희재 정성윤 공저

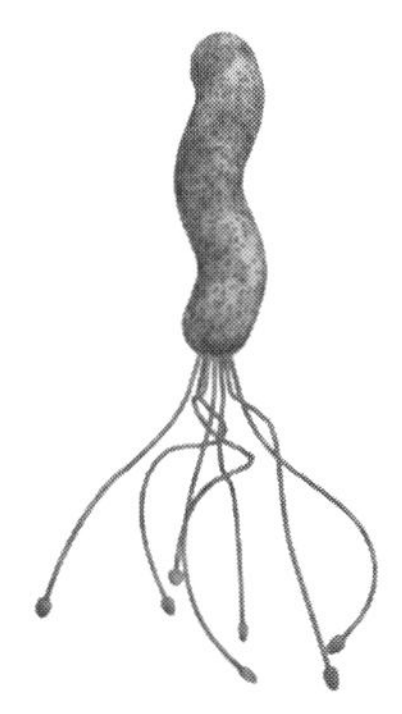

월드사이언스

해양미생물학 제2판

공 저 | 이원재 성희경 김무찬 강창근 박영태 신희재 정성윤

인쇄일 | 2009년 03월 20일 인쇄
발행일 | 2009년 03월 25일 발행

펴낸이 | 박선진
펴낸곳 | 도서출판 월드사이언스
표지 · 편집 | 한재원

등록번호 | 제3-136호
등록일자 | 1987년 12월 14일

주소 | 서울특별시 서초구 방배4동 864-31 월드빌딩 3층
전화 | 02.581.5811~3
팩스 | 02.521.6418
전자우편 | worldscience@hanmail.net
홈페이지 | http://www.worldscience.co.kr

정가 | 12000원
ISBN 978-89-5881-133-6

이 도서의 국립중앙도서관 출판시도서목록(CIP)은 e-CIP 홈페이지(http://www.nl.go.kr/ecip)에서 이용하실 수 있습니다.
(CIP제어번호: CIP2009000900)

머리말

지구상에 해양이 차지하는 면적은 지구의 2/3에 해당되고 있다. 해양과학에는 모든 과학이 한 덩어리로 뭉쳐 바다에 적용되고 있는 종합적인 학문이다. 이중에서 해양생물의 범위에 속하는 해양미생물은 해양생태계에서 분해작용, 물질순환, 먹이연쇄 등 매우 중요한 역할을 하고 있다. 특히 삼면이 바다인 우리나라의 상황을 생각해 보면 대단히 중요한 분야중의 하나라 할 수 있다. 우리나라의 해양생물에 관한 연구나 교재에 관하여는 상당한 수준으로 연구결과와 교재도 출판되어 있으나 해양미생물에 관한 서적은 극히 드문 실정이며 대개 번역된 서적은 접할 수 있으나 우리나라 연안을 대상으로 한 기본적인 조사 연구된 내용을 토대로 한 서적은 없는 실정이다.

해양 미생물은 해양의 특수한 환경에서 서식하고 있기 때문에 육상 미생물과 전혀 다른 것으로 생각할 수도 있겠지만 유사한 점도 많다. 특히 해양미생물은 형태적 특징이나 생리적인 특성에서 차이가 많다. 해양의 특수한 환경은 무엇보다 다양한 염류를 함유하여 육상 미생물의 생활환경과 차이를 가지며 높은 압력이나 저온환경 또는 국한된 해역이지만 초고온의 환경이나 연안 해역과 같이 유기물이 풍부한 부 영양 환경이 존재하는 반면 외양과 같은 빈 영양 해역에서도 해양미생물이 서식하고 있는 것이 특징이다.

해양 미생물은 해양의 물질순환 담당자로서 연안해역에서 외양에 이르기까지 바다환경을 정화 작용을 하는 중대한 역할담당 하고 있다. 또한 바다에 서식하는 수산 동·식물의 몸체 주위에 수많은 또한 다양한 미생물이 부착하여 공생, 편해 등으로 인하여 생산물질의 이용에 따른 상호작용이 연속되고 있다. 이러한 관계를 밝히기 위하여 각 국의 해양 미생물 연구자들은 계속 많은 연구가 진행되었고 또한 연구가 진행되고 있다. 특히 최근에는 분자 생물학적 기법을 이용하여 분류학적 측면이나 생물 공학적 기법에 의한 생리활성 물질의 응용과 오염 등으로 인한 자연 환경의 파괴와 변화에 따른 생태적인 변화와 원인규명에 관한 연구에도 많은 진전을 가져 왔다.

본 교과서에서는 우리나라의 해양 미생물에 관한 교재의 필요성과 대학 및 대학원생, 해양미생물에 관심을 가지고 연구하실 분들을 위하여 저자들의 다년간 강의를 하면서 필요함은 느꼈던 점들과 연구한 결과를 토대로 기초 이론과 실험에 도움이 될 수 있도록, 해양세균의 분포, 해양미생물간의 상호작용, 해수 및 퇴적물이나 특수환경에 서식하고 있는 미생물과 생성물질 등에 관하여 기록하였다. 특히 우리나라 연안의 오염문제 중 문제시되고 있는 적조 문제도 기록하였다. 본 교과서를 시종 교정하고 출판하여 준 도서출판 월드사이언스 박선진 사장님께 감사 드리며,해양미생물학을 공부하고자 하는 분들에게 많은 도움이 되었으면 하는 간절한 마음이다. 본서에서 미비한 점과 잘못된 점을 제2판을 내면서 수정보완 하였으나 급속도로 발전되어 가는 학문의 새로운 분야에 관하여 미비점은 계속 보완해 갈 것을 약속드린다.

2009년 3월 저자 일동

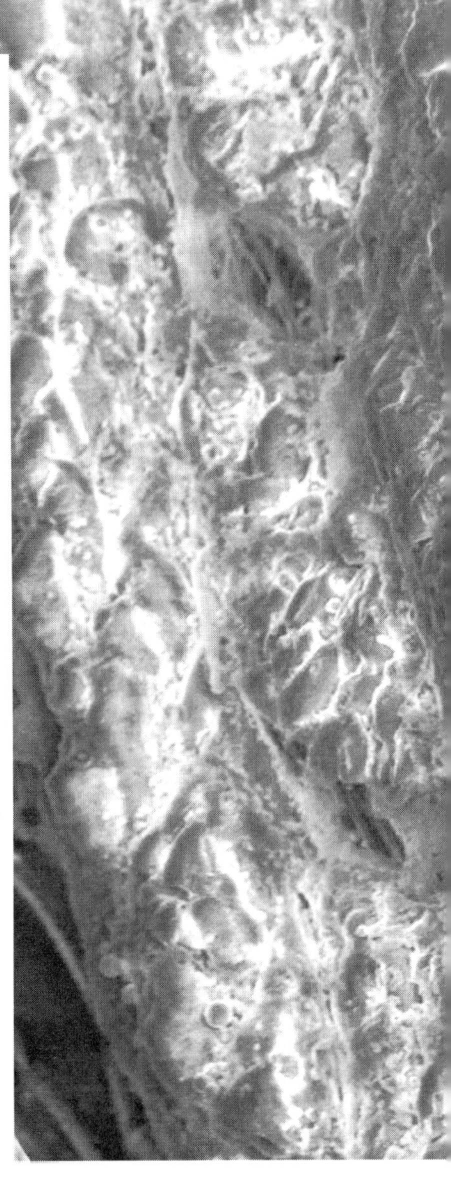

목차

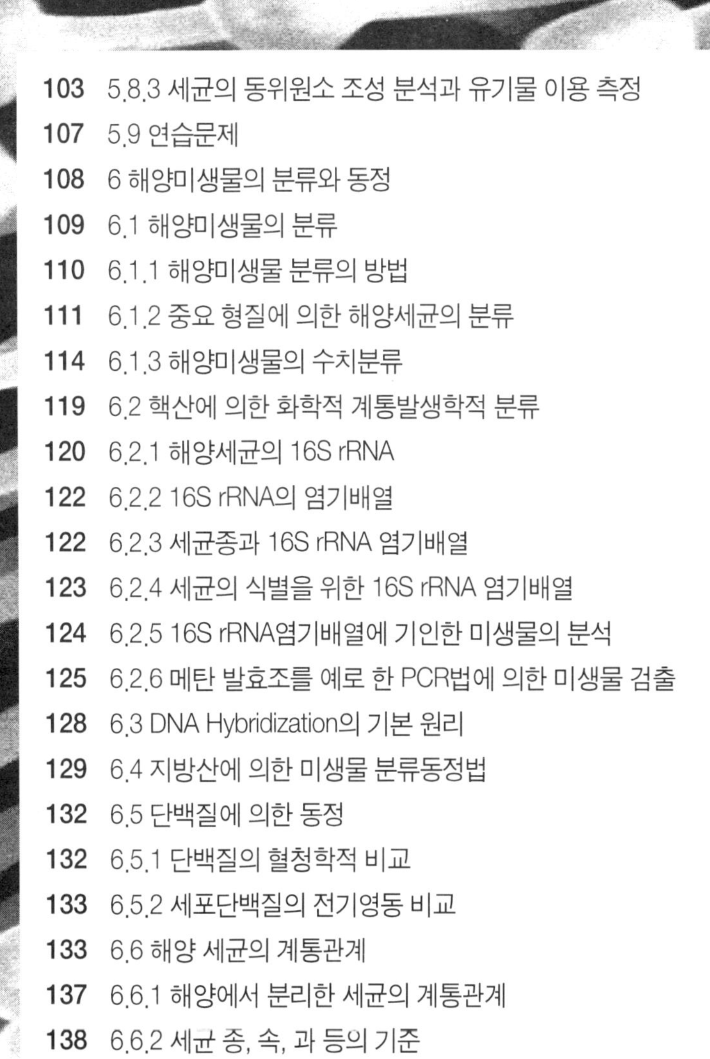
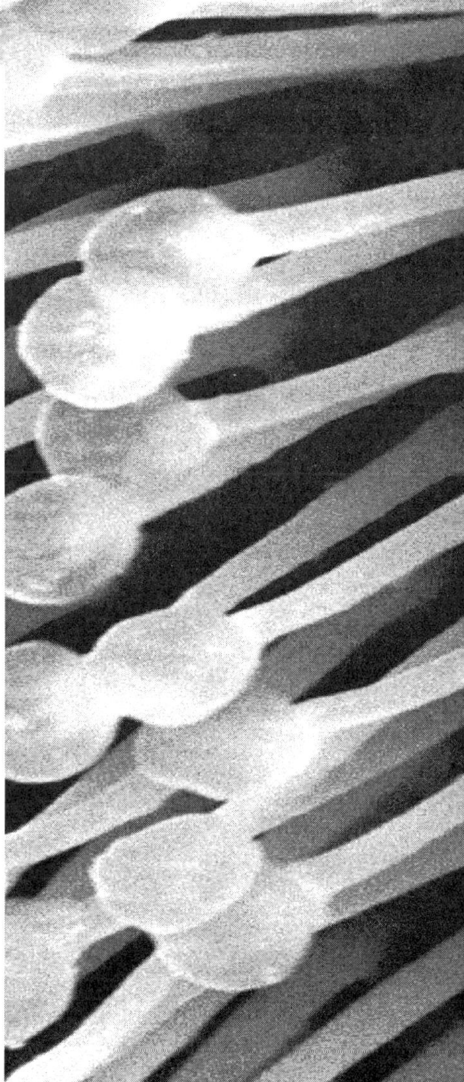

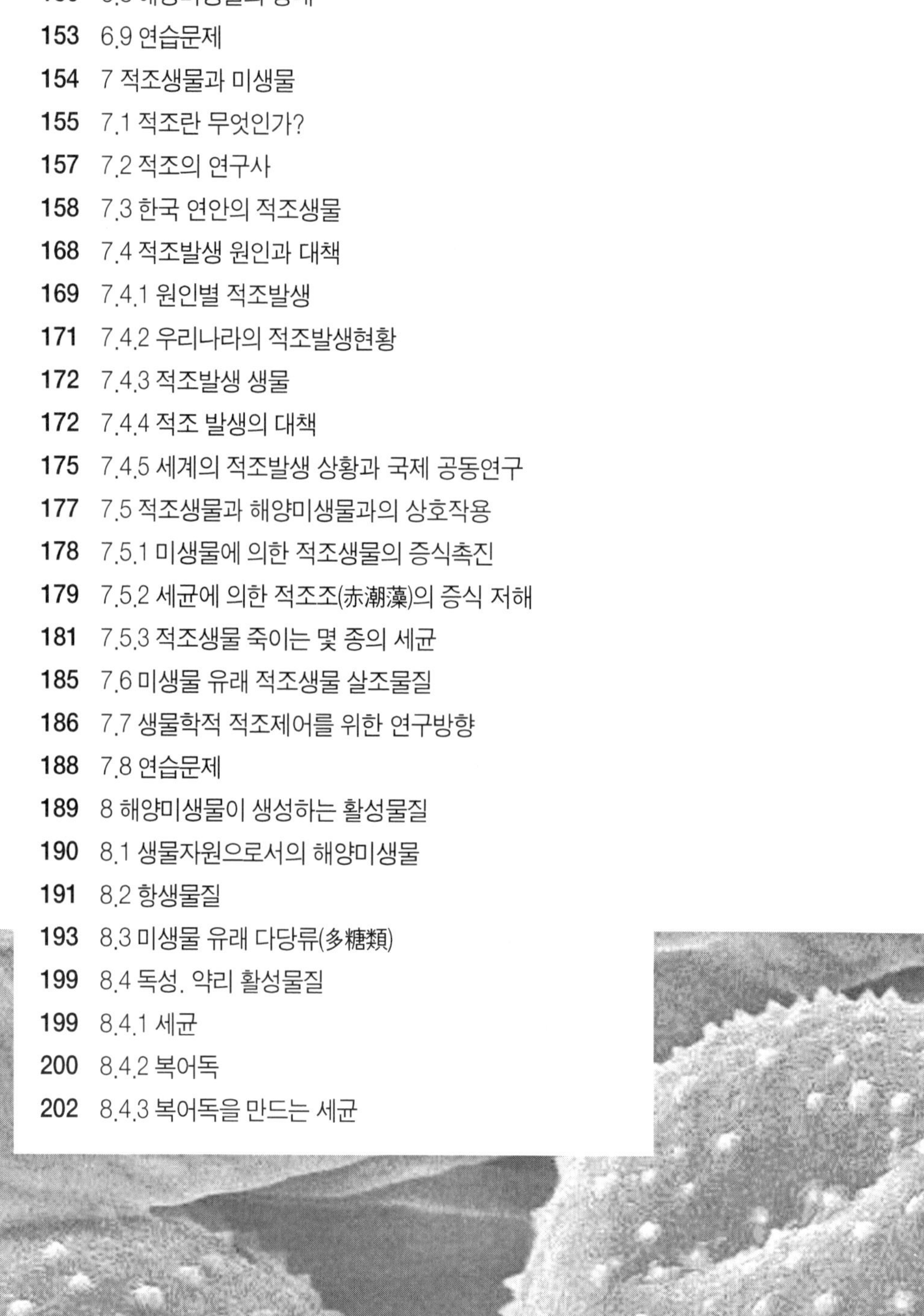

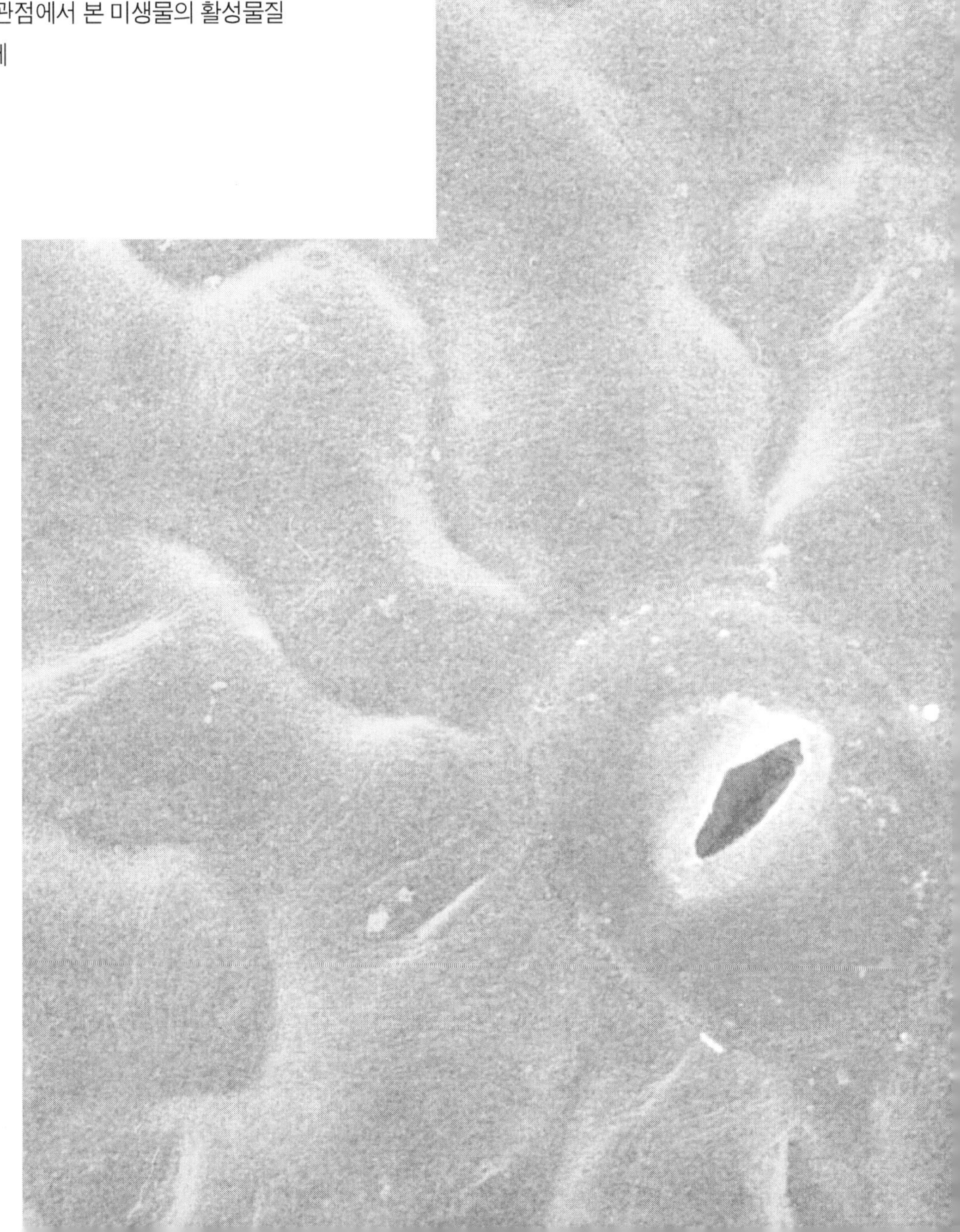

제1장 해양미생물학

1.1 해양미생물학

해양미생물학은 미생물학 중에서 응용미생물학에 속하는 한 분야다. 해양은 특수한 환경으로 해양의 95%가 5℃이하이고, 국부적이지만 초고온의 환경도 있다. 연안해역은 생활하수나 공장폐수 등의 유입으로 부영양화 현상이 생기며 외양에는 영양염류가 극히 적은 빈영양상태의 환경이 해양환경의 특징이다. 해양생태계에서는 포식 상리, 편해 편리작용이 계속되고 있다. 해양의 특수환경에서 서식하는 미생물들은 육상환경에 서식하는 미생물과는 다른 특수한 생리활성물질이 함유하고 있을 것으로 생각되어 신물질개발에도 많은 연구의 성과가 기대된다. 해양에 서식하는 저온세균, 호압세균, 초호열세균 등은 신물질의 개발에 새로운 연구과제가 될 것으로 생각된다. 또한 환경오염 물질 중 난분해성 물질의 분해에 관한 연구, 부영양 해역과 빈영양 해역에 관한 연구 등 해양미생물에 관한 다양한 연구가 진행되어야 할 것이다.

미생물(Microorganism)은 주로 난세포(cell) 또는 균사(hyphae)로 되어 있고, 생물로서의 최소단위로 현미경을 통하여 볼 수 있는 미세한 주역자로 다양성을 가지며 세계 어느 곳에서도 서식하고 있다. 미생물학(Microbiology)은 순수미생물(純粹微生物學, Pure microbiology), 응용미생물학(應用微生物學, Applied micro biology), 병원미생물학(病原

微生物學, Pathogenic microbiology)과 특수미생물학(特殊微生物學, Special microbiology)분야로 크게 나뉜다.

해양미생물학(海洋微生物學, Marine microbiology)은 응용미생물학의 한 분야로 해양에 분포하고 있는 미생물에 관하여 연구하는 학문이다. 해양에 존재하는 미생물은 육상과 다른 해양의 특수 환경, 즉 고압, 저온, 염류 등이 존재하여 부영양(富營養) 환경이고, 외양으로 갈수록 연안 해역과는 대조적으로 유기물이나 무기물이 저 농도인 빈영양(貧營養) 환경임에도 불구하고 미생물이 살고 있다. 유기물이 풍부한 연안이나 해저 퇴적물 중에는 $10^7 \sim 10^9$cell/㎖의 세균이 분포하고 있으며 빈영양 환경인 외양의 해양에도 $10^4 \sim 10^6$ cells/㎖의 세균이 살고 있다. 해양미생물은 해양에서 표층에서 심해까지 수직으로도 많을 뿐만 아니라 수평으로, 또한 해저 이토(泥土,mud)중에도 서식하고 있어 전 해양에 분포하는 다양성을 보여주고 있다. 예로서 강 산성이나 고온, 고압, 초고온의 환경이나 심해저(深海底)에서 발견된 열수분출공(熱水噴出孔)과 그 주변에 살고 있는 기묘한 생물들이 발견되어 연구자들은 놀라게 하였고, 동시에 풍부한 생물군집의 생존을 유지시켜주는 신기한 생물들이 발견되어 이것은 해양미생물의 역할로 생각되어 이에 관한 관심이 높아지게 되었다. 해양미생물은 해양의 물질순환 담당자로서 해양에서 많은 종류의 유기물의 분해에 직접 또는 간접으로 관여하여 해양환경을 유지하는 중요한 역할을 하고 있다.

최근에는 육상에서 유입된 오탁물질(汚濁物質)의 정화, 석유의 분해 등에서 주목받고 있는 이산화탄소의 고정, 유화수소, 메탄의 산화에 해양미생물도 직접 관여하여 우리생활 환경과 직접 관련된 문제와 관계가 있음을 증명해 주고 있다. 해양미생물은 해양에 서식하는 동식물체 주위에 부착하기도 하고, 동물의 장내나 식물의 조직 속에서 상리(相利), 편해(片害), 편리(便利) 등의 공생관계를 가지며 기생(寄生)이나 포식(飽食)작용을 일으킨다. 이와 같이 해양미생물과 동식물이 긴밀히 연관되어 상호작용을 유지하고 있다는 것은 생물간에 생리활성 물질 등 다양한 물질이 생산되어 서로 공생하고 있다는 것을 의미한다. 즉, 항생물질, 항바이러스성 물질, 독성물질, 효소와 그 저해제, 호르몬이나 정보전달물질 등이 생산되고 있다. 국제적으로 문제시되고 있는 해양환경 오염도 환경제어, 즉 오염, 오탁에 의한 연안어장환경의 피해방지, 적조발생 방제, 석유나 농약의 분해 어개류(魚介類) 양식장의 오염물질 제어 등 모든 문제에 해양미생물은 필연적으로 관여하고 있다.

해양미생물에 관한 연구로는 연안으로 오염되어 분포하고 있는 대장균, 효모와 방선균에 관한 연구 보고서 많고 특수한 환경에 서식하고 있는 해양세균에 관해서는 연구결과가 적은 편이다. 일반적으로 실험방법은 유사하나, 외양의 경우는 저농도이므로 보통 한천배지에 배양한 세균수는 현미경하에서 계수(計數)하는 수의 1/100 ~ 1/1000 정도에 지나지 않는다. 이러한 문제점은 분자생물학 방법이나 현장에서 미생물 군집의 구조해석, 첨단분석장비 이용 등으로 해결되어야할 것으로 생각된다.

현재 세계 각 연구팀을 중심으로 연구가 집중되고 있는 심해저 열수분출공(熱水噴出孔)의 주변에 분포하고 있는 초고온세균(200 ~ 350℃)의 생리 생태적 특징, 이 균들이 함유한 특수한 물질을 개발하고 있으며, 이미 알려진 물질로서 복어 독인 tetrodotoxin이 *Vibrio*속이나 *Alteromonas*속 등의 해양미생물에 의해서 생산된다는 것을 생각하면 특수한 환경의 미생물에서도 새로운 물질이 개발될 것으로 기대된다. 해양의 미세조류에 의한 불포화 지방산인 γ−linolenic acid나 EPA(Eicosapentaenoic acid) 불포화지방산, Fucothiamine, β−Carotin 등의 색소가 해양미생물에서 발견되어 해양에서의 유기물 합성이나 분해생성 등의 물질 순환에 해양미생물은 중요한 역할을 담당하고 있다는 것을 알 수 있다. 해양의 광합성 세균의 경우 유기물질 분해로 인하여 환경정화작용, 종묘생산에서 기초사료로 이용되는 균과 새로운 균종개발, 해양미생물이 생산하는 물질을 이용하여 인류복지를 위한 문제, 즉 난치병 등의 해결에 도움을 줄 수 있는 물질의 개발도 기대해 볼 수 있다.

1.2 해양미생물학의 연구

해양미생물에 관한 연구는 18세기 후반 Certes(1884), Fisher(1886, 1894), Russell(1891) 등에 의하여 해수중에 세균의 존재와 분포구성에 대한 광범위한 조사로 개척적인 연구가 되었고, 그 이후 Benecke(1912)의 저서 “Bau und Leben der Bakterien” 에서는 해양세균의 서식위치에 따른 생활양식이 다른 점을 지적하였다. Drew(1913)에 의하면 세균(특히 탈 질소세균)이 열대해역에 있어서 해서의 $CaCO_3$ 침전기구에 관하여 보고하였으며, 이 보고서를 이용하여 해양의 물질순환과정에서 미생물의 역할을 해명하는 방향의 연구가 시작되었다. Issatchenko (1914)는 해양에 세균의 존재와 생화학적 요인으로서의 중요성에 중점을 두고 북극해나 Barenth해 등에서 직접 시료를 채취하여 실험한 연구결과를

300page의 보고서(러시아어)로 정리, 발표하였다. Zobel은 해양미생물이 해양의 물질순환과정에서 중요한 역할을 하고 있으며, 심해에서 호압성 또는 내압성을 가진 종속영양세균의 존재와 분포에 관해 조사, 보고하였다. 따라서 육상미생물이나 해양미생물의 내압성에 관하여 생리적, 생화학적 실험을 하게되었다. 해양에서 수압이라는 환경요인은 심해의 미생물의 생존 또는 활성에 큰 영향을 준다고 생각하였다. Kriss(1963)는 해양미생물의 연구가 주로 해양에 연안 수역 및 표층에만 조사되었고, 외양 및 심해에 대한 연구비중이 너무 적었다. 이러한 것은 해양미생물학이 본질적으로 발전초기의 단계에 있었고, 또한 외양 심해해역에 있어서 많은 관측결과의 보고서가 요구되었다. 해양미생물의 연구는 주로 고농도의 영양배지를 사용하여 배양법에 의한 실험을 해 왔다. 이 방법에는 해양의 자연조건과는 상당히 다른 인공배지상의 발육이 되기 때문에 해양미생물의 소수 그룹만 비교적 정확하게 검출되고 분리배양도 되지만 해수중의 미생물이 총균수나 미생물의 Biomass(현존량, 균체량)의 분포에 관한 정확한 정보를 얻을 수가 없었다. 이러한 해양미생물에 관한 연구상의 결점을 보완하기 위하여 Kriss(1963) 또는 소련의 많은 연구자들은 배양법 뿐만이 아니고 직접 검경법을 병행하여 연안과 외양해역에 걸쳐 종속영양세균의 양적분포 및 생화학적 활성이나 분류학적 성상, 해양미생물의 총균수와 Biomass, 해양에서 미생물의 증식율 및 생산량 등에 관하여 폭넓은 발표를 하였다. 이러한 내용으로 Kriss등(1967)이 총괄한 저서로 발표된 것은 그들이 사용한 연구방법의 정도에 대한 논의가 해양미생물 발전에 크게 공헌하였다. Zobell은 수압에 관한 호압성과 내압성의 미생물과 분포, 기타 연구성과는 해양미생물학의 발전에 크게 공헌하였다.

해양미생물은 해양 환경요인으로서 수압 이외에 염분, 저온과 분출공인 초고온의 환경, 강산이나 알카리에 대응하는 특수성을 가지고 있기 때문에 특수한 환경에서도 서식하고 있다. 이것은 해양미생물학에 있어서 기본적인 큰 과제이다. 염분요구성에 대해서는 MacLead et al.(1968)이 해양세균의 Na^+나 K^+ 뿐만이 아니라 Mg^{2+}, PO_4^{2-} 및 SO_4^{2-}의 요구성을 재확인한 계기로서 다른 많은 연구자들도 해양세균의 염분요구성에 관한 연구보고를 하였다. 해양세균의 저온성에 대해서는 Morita(1966, 1968) 및 공동연구자나 다른 연구자에 의하여 많은 연구결과가 보고되어 있다.

이러한 연구보고서는 대부분 인공배지를 사용한 배양법 또는 직접검경법에 의한 해양미생물의 생태학적 연구이고, 자연상태의 해양조건에서 균수, 미생물의 생리, 생화학적 연구는 없다. 따라서 고농도배지에서 배양하는 방법을 지향한 새로운 방법을 생각하여 해양의 현장에서 생존하는 미생물양(Biomass)이나 그 물질대사활성을 정량적으로 측정하는 방법으로서 Strickland(1971)는 ATP를 지표로서 미생물 전체(세균이외의 미생물도 전부 포함됨)의 양을 측정하였고, Succinate dehydrogenase(SDH) 활성을 직접 측정하여 해수중의 생물 호흡량 측정, Isotope의 Label 기질을 사용하여 해수중의 미생물 기질의 섭취활성이나 무기화 활성을 측정하여 이것을 반응속도론 적으로 해석하려는 실험, 개방연속장치를 사용하여 미생물의 증식율을 속도론 적으로 해석하려는 실험 등이 시도되었다. 수계의 균체량을 형광현미경을 통하여 직접 계수하는 법이 Hobbie등(1977)에 의하여 시도되었고, 이어서 Porter와 Feig(1980)는 DAPI(4,6-diamidino-2-phenylin-dole)의 형광색소를 사용하였고, Paul(1982)은 Hoechst의 형광색소를 사용하여 해양세균을 직접 계수하였다. Kogure등(1980)은 AO (Acridine Orange)를 이용하여 해양의 총균수 측정과 빈영양 해역의 작은 균체를 분열 없이 균체만 증대시켜 관찰한 결과를 보고하였다. 해양세균의 분류를 체계적으로 정리한 보고는 Simidu(1972, 1977, 1985), Ezura(1990)의 보고가 있다. 해양중의 심해의 세균에 관한 연구는 심해의 호압성 미생물에 관하여 Zobell과 Johnson(1949), Zobell과 Morita(1957), Zobell(1968) 등은 호압세균을 실험실에서의 보존관계, Jannasch와 Wilsen(1984)는 호압세균을 이용하여 단백질 합성능이나 세포분열에 관한 연구, Delong과 Yayanos(1985)는 호압세균의 세포막 지질중의 지방산을 측정하였다. 심해미생물 군집의 대사활성에 관한 연구는 Seki와 Zobell(1967), Sorokin(1964) 등의 보고가 있고, 심해세균의 효소반응, 고분자합성이나 투과성에 대한 압력의 영향 등은 Owada(1991)의 보고가 있으며, 그리고 심해 비브리오 균 분리 및 생태적 특징에 관한 일부의 연구로 李와 大和田(1995)의 보고가 있다. 물리화학적 연구나 압력에 의한 단백질의 변성을 식품화학에 응용 등 비교하는 실험은 Suzuki와 Taniguchi(1972) 등의 연구보고가 있다. Maruyama et al.(2000)은 심해미생물의 분류, 총균수, 망간분해세균 등에 관하여 보고하였다. 해양미생물의 생태적인 연구는 Taga와 Yasuda(1979)를 비롯하여 Shiba, Kogure, Maeda, Fukami, 李와 多賀 등의 많은 보고가 있다. 우리나라의 해양미생물연구는 이와 최(1972)의 한국연안의 장염비브리오에 관한 연구로 처음 발표된 이후, 이(1975)의 한국 연안의 해양미생물의 분포에 관한 연구, 장염비브리오 및 생리적 특성은 장등(1978)을 비롯하여 해양미생물의 분리 및 생태적인 연구가 시작되었고, 해양에서 미생물의 Biomass의 측정을 LPS를 이용한 방법이 Maeda와 Lee (1983)등의 연구결과가 보고되어 있다. 연안해역의 오염으로 인한 부영양화 현상과 이로 인하여 발생된 적조피해 구제책의 일환으로 적조생물을 죽이는 해양세균에 관한 연구도 진행되었다(이등, 1997; 김등, 1998; 박등, 1998 정등, 2000). 해양세균을 이용한 종묘생산의 기초먹이 개발에 관한 연구(이등,1995;강등,1999)도 발표되었다. 또한 극히 연안해역에 국한된 보고서로 석유분해세균 등이 보고되어있다.

1.3 해양환경과 미생물

해양의 환경은 담수역과는 다르다. 해수 1Kg당 약 35g의 염분을 함유하고 있는데 주로 Na^+와 Cl^-이 가장 많아 대표성을 의미하며 일반적으로 식염이라 부른다. 해수의 중요성분의 농도를 보면 표1과 같다. 해수의 주요성분은 대개 이온상태로 존재하며 어느 해역에서나 동일한 비율로 존재하고 있다.

압력은 10m에 1기압씩 증가되며, 평균수심은 3800m이고 1000m이상의 수심에는 평균수온이 5℃이하의 저온환경이다. 일반적으로 1000m이상의 깊은 수심을 심해(深海)라 한다.

▦ 표 1. 해수의 중요성분의 농도 (염분35‰의 해수, 단위는 g/kg)

	Dittmar(1884)의 값	현재 최고 정확치
Cl	19.534	19.353
Na	10.702	10.766
SO_4	2.691	2.708
Mg	1.310	1.293
Ca	0.419	0.413
K	0.387	0.403
CO_2	0.145	0.142
Br	0.0659	0.0674

해양은 연안해역, 대륙붕, 대륙사면, 심해저 평원, 심해대 내의 해구가 형성되어 있고, 해양 저층에도 많은 생물군집이 형성되어 있다(그림 1.1). 해양의 표층은 해역에 따라 다소 차이는 있으나 현탁물질 등 뉴스톤(neuston:水表生物 또는 seston)이나 플로스톤(pleuston)이 존재하고 미생물이 부생하기도 하고 유광층(photic zone)에서 광합성작용에 의하여 생성되는 유기물질의 분해 등 미생물은 먹이연쇄, 물질순환작용, 일차생산에 중요한 역할을 한다. 또한 분자생물학적 연구가 병행되어 신물질 창출연구가 진행되고 있다.

염분도(Salinity;S)는 해수중의 모든 탄산염을 산화물로 바꾸고 모든 할로겐 원소 즉 취소(Br),옥소(I_2) 등을 염소(Cl)로 바꾸고 유기물 전체를 완전히 산화 시켰을 때 해수 1Kg중에 녹아 있는 총 염류의 양을 gr수 즉 천분율 ‰로 표시한 것이다. 해수의 성분은 여러가지의 유기물과 무기물로 구성된 수용액인데 대기, 하천에서 유입되는 물질과 지구의 암석 지구내부의 가스 화산 등으로 형성되었다. 해수의 성분은 주요성분과 미량성분으로 구분되는데 중요성분에는 나트륨 이온이나 마그네슘이온 등이고 대부분 이온상태로 존재한다. 미량성분은 제한원소라고도 하는데 질소, 인, 규소가 주된 성분이다. 해수 중에는 약간의 황산염, 중 탄산염, 바륨염은 염의 상태로 존재하기도 한다. 해수중의 용존산소는 대기중의 산소가 해수에 용해되어 용존하기도 하고 표층의 식물 플랑크톤 등이 광합성 작용으로 생산되는데 이것을 용존산소라 한다. 용존산소는 해양의 표층과 저층에 용존되어 있는 산소의 분포양이 다르며 해양저층 에서는 산소의 극소층도 형성한다. 탄산가스의 경우는 해양의 표층은 일반적으로 광합성작용에 의하여 탄소원으로 이용되지만 심해 저층 일수록 많은 탄산가스가 용존하고 있다. 해수중에는 대기에 비하여 약 60배의 탄산가스가 용존한다. 또한 유화수소는 용존산소가 있는 환경에서는 산화되기 때문에 용존하지 않으나 혐기적인 환경에서는 용존해 있다.

해양의 면적은 361,059,000Km^{2}로 지구 전체의 70.8%를 점유하고 있다. 폭은 수십해리, 길이는 1500해리정도, 600m이상의 깊은 해구가 존재한다고 알려져 있다. 수압은 해수중에서 10m 깊어질수록 1기압씩 증가하기 때문에 평균수심 3800m는 380기압이다. 또한 해양은 열대해역과 같은 표층에서는 30℃ 가까운 온노이나, 1000m의 수심에서는 5℃이하로 내려간다. 따라서 해양의 평균수심이 3800m이므로 상당한 해역(95%)이 저온환경이다. 연안을 벗어나 외양으로 갈수록 저영양(빈영양)성이다. 외양해수에는 용존유기물로서 0.4 ~ 2mgC/l정도에 지나지 않는다. 단지 식물의 광합성에 필요한 이산화탄소는 대부분이 중

탄산염의 형태로 약 25mgC/l가 함유되어 있다. 이 농도는 광합성으로 이용되는 이산화탄소에 관한 포화농도로서 충분하다. 또한 중 탄산염과 붕산염 농도비에 의하여 결정되는 해수 pH는 보통 7.5~8.5의 범위내이다. 그리고 외양으로 갈수록 인산염이 부족하다.

그림 1.1은 연안해역에서 심해 해구까지의 모형을 나타낸 것이다. 연안해역에서 대륙붕, 대륙사면, 대륙융기, 심해저 평원, 심해대로 나누고 심해대내에 해구가 형성되어 있다. 표층에서 수심 4000m이심의 깊이를 가진 해양에는 빛이 도달하지 않는 암흑의 세계지만 다양한 생물이 존재하고 그 중에서도 미생물이 중요한 역할을 하고 있다. 만약 미생물이 없었다면 해양은 어떻게 되어 있을까? 아마도 바다는 쓰레기 등으로 가득 채워져 있을 것이다. 미생물은 심해저온의 환경에서도 유기물질 특히 난분해성 물질까지 분해시키며 생물군집에서는 먹이연쇄의 역할 등 물질순환작용에 중요한 역할을 하고 있다. 해수의 조성성분을 변화시키는 물리작용 중 생물에 가장 중요한 작용은 혼합작용이다. 해수표면에는 가열작용 또는 염류함량의 차이에 따라 성층이 형성된다. 그 결과 영양이 풍부한 심층수가 표층에 도달할 때 방해가 생긴다. 이것은 열대해역에는 년간을 통하여, 온대해역에는 여름에 이런 현상이 나타난다. 온대해역에서는 겨울바람에 의하여 바다의 표층수와 저층수의 혼합이 일어나, 심층수가 표층에 도달한다. 바람이나 해류에 의하여 용승이 생기는 수역에는 심층수의 고농도의 염류가 표층으로 운반된다.

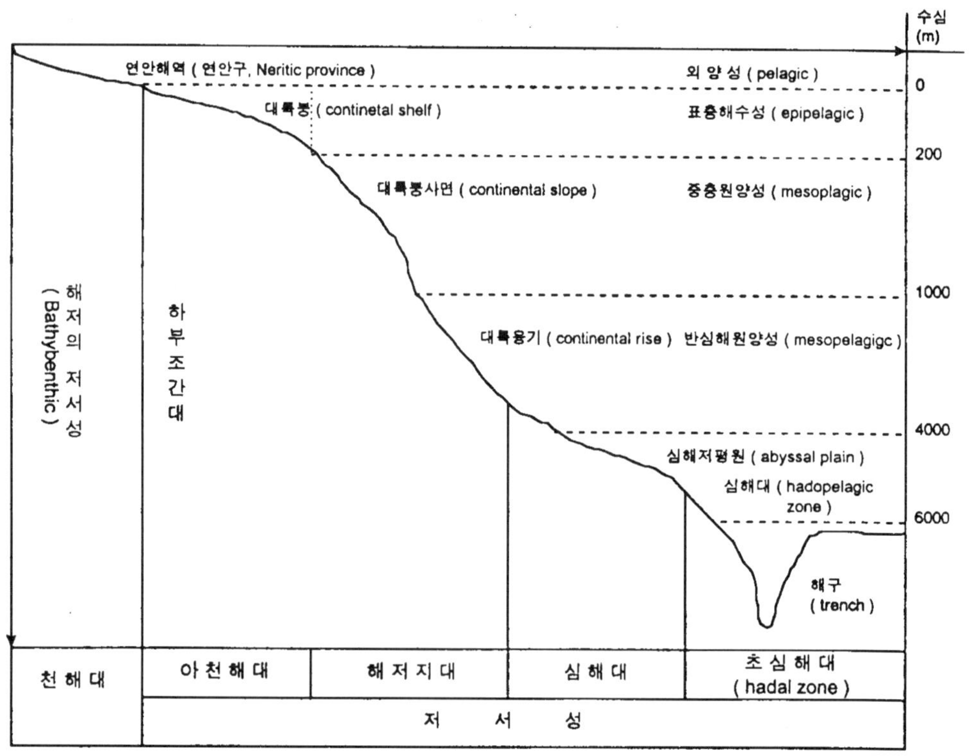

■ 그림 1.1 해양의 단면구조(연안해역, 대륙봉, 심해해구)

해양의 순일차생산은 55×10^{9}t/년으로 추정되고, 이것은 지구의 순 일차생산량의 약 30%에 해당한다. 육지의 생산성은 수분과 이산화탄소의 공급에 의하여 한정되는 경우가 많다. 바다는 육지와 달라서 수분은 충분하고, 이산화탄소는 광합성작용에 충분히 사용될 수 있는 양이 용존되어 있기 때문에 높은 생산성이 기대되지만, 외양의 경우는 대부분 다르다. 외양의 생산력은 주로 플랑크톤의 광합성에 의한 것으로 해양에서 광합성작용에 충분한 광은 표층에만 공급된다. 일반적으로 해면에 도달하는 태양 광은 강도의 1% 감소할 때, 광강도(光强度)는 광합성과 호흡속도가 같이 된다(즉 식물의 순 일차생산력 = 0)고 생각된다. 많은 외양에는 30~120m의 깊이에서 이 광 강도에 달한다. 수심은 성층이 생긴 물 경계의 깊이와 대략 일치한다. 때문에 성층이 형성된 해양표면에는 심해의 영양염류가 표층으로 공급되는 것을 막게되고, 영양염류의 입장에서 외양플랑크톤의 생산성이 제한된다. 외양에 있어서 단위면적 당 평균 순 일차생산량(건량 g/m^2/년) 125g는 육상에 있어서 사막의 군락의 생산력과 거의 동일한 수준에 있다. 용승류해역과 같이 영양염류농도가 높은 심층해수가 표면에 도달할 때에는 생산력이 높고, 1000g/m^2/년에 달하는 수도 있다. 대륙붕에는 용승 해역이 아니라도 일반적으로 생산성이 높고, 평균 350g/m^2/년으로 추정된다. 연안해역, 특히 유입구는 생산력이 높아 평균 2000g/m^2/년이란 값이 보고되고 있다. 이것은 육상 생산력의 가장 높은 열대 우림지대에 해당되는 값이다. 따라서 세계 주요한 어장은 연안해역이 많다. 인간은 일차 생산이 극히 적은(1% 이하)부분만을 어장을 통하여 수확하는 정도이나 최근 어개류, 해조류 양식이 늘어나고 식량이외 비료 사료로서의 이용, 공업원료, 의약품 개발이용, 해양미생물에 있어서의 생리활성물질 생명공학등의 분야로 연구가 진행되고 있다.

해양미생물에 관한 연구는 일반세균인 대장균, 고초균, 효모등과 유사한 방법으로 유전적 조작을 사용한다. 예로서 해양 광합성 세균에는 plasmid가 분리되어 대장균의 shuttle vecter가 제작되고 다시 이 vecter를 이용하여 어류의 성장호르몬 유전자가 cloning되어 호르몬 생산이 polyclonal 항체에 의하여 확인된다. 복어독인 tetradotoxin이 *Vibrio*속이나 *Alteromonas*속등의 해양세균에 의해서 생산된다는 보고는 해양세균이 물실생산에 중요한 역할을 하고 있다는 증거가 되고 있다. Protease inhibitor나 항생물질을 만드는 해양세균을 발견하기 시작했고, 식물성호르몬을 만드는 해양세균이 해조의 표면에 부착하여 식물의 증식이나 분화에 영향을 주는 연구도 있다. 생리활성물질 이외에도 중금속의 회수 축적에 관한 연구, 메탄생산균, 수소 생산 광합성세균, 해수 중에는 에너지 생산을 하는 미생물, 고급 불포화 지방산 생산균도 있다. 미세조류로서는 담수성 *chlorella*나 *spirulina* *(Cyanobacter)*가 보조 식품으로 사용된다. 배양도 쉽고 생육도 녹색식물로 비교적 빠르고, 해수중에 유기물이 첨가되지 않아도 생육하기 때문에 잡균이 최대한 억제 시킬 수 있다. 때문에 식료, 사료, 의약품 등의 생산에 응용되고 있으며, Bioreactor의 연구도 진행되고 있다. 고정화 미세조류에 의한 수소, 암모니아, glutamine산 등이 생산된다. 해양미세조류나 세균에 의한 r-linolenic acid나 EPA (Eicosapentaenoic acid)등의 생리활성작용을 가진 지방산, Fucothiamine, β -carotein등의 색소 생산의 응용 등 폭넓게 이용되고 있다.

1.4 해양 퇴적환경

연안으로부터 심해에 이르기까지 다양한 조건으로 유기물질 특히 난용성 물질들이 서서히 분해가 되면서 침전된다. 수계에 퇴적되는 유기물질들은 바위가 풍화로 인하여 형성된 것이나 동식물의 사체, 선박 등에서 버려지는 물질, 갑각류나 어패류 등의 파편조각 이 퇴적물을 만든다. 이러한 퇴적물은 태평양의 경우 약 600m의 두께(심해퇴적토의 평균 두께에 해당함)를 이르고 푸에르토리코 해안에서는 9km이상 증가한다. 대서양에서는 500-1,000m의 두께를 이루고 남극이나 북극에서는 4km 정도의 퇴적물로 보고되어 있다. 퇴적물은 해역에 따라서 입자의 형성도 다르지만 대개 입자의 직경이 60㎛를 넘으면 모래(沙土)라하고 그보다 작은 입자를 이토(泥土또는 粘土,mud)라 한다. 모래는 대부분 대륙붕에 퇴적되고 해안선을 따라 해변을 형성하는 것으로 되어 있다. 대부분의 해안선은 모래나 작은 돌로 형성되어있다. 심해점토는 연니(軟泥, clay)라 부르는데 연니에는 사토가 심해에 따라 대개 10%이하로 형성된 심해가 발견된다. 점토와 모래가 형성된 해역에서 생물의 군락을 형성하는 것이 해역에 따라 다소 차이가 있다. 이것은 점토나 사토가 무엇이 기원이 되어 형성되었는가 하는 것이 점토에 함유되어 있는 유기물질의 성분의 차이를 가지기 때문에 주요한 것으로 되어 있다. 점토의 형성기원은 생물학적 기원, 화학적 기원, 토양에 의한 기원 등이 있다.

◇ **생물학적인 기원(biogenous):** 생물체, 어개류(魚介類)에 의하여 형성된 퇴적물이다. 대부분 칼슘성분이나 규조류에 의한 것은 calsium carbonate (calcareous),규산염(siliceous) 혹은 인(phosphatic)이 풍부하게 된다. 생물에서 기원된 것으로 분리되려면 점토의 입자가 생물로서 기원화한 입지가 30%이상 되어야 한다. 생물학적 점토의 기원은 장구한 세월속에서 기인된 것으로 평균 퇴적되는 속도는 1-4cm/1,000년의 속도로 축적된다.

◇ **화학적 반응(chemical reaction):** 해수의 무기 화학적인 반응에서 유래한 입자로서 태평양 해저의 넓은 평원(plate)에 널려있는 망간단괴(manganese nodule)들이 대표적이다. 이와 같은 단괴는 매우 느려서 그 속도는 0.01-1.0mm/1,000년 이하로 측정된다.

◇ **토양으로부터의 기원(lithogenous):** 토양이나 논밭 매립 등으로 인한 분진 소입자등이 강이나 하천을 통하여 또한 암석의 침식으로 그 입자가 강을 통하여 바다로 운반되는 경우이다.

해수의 이동이 적은 연안해역이나 해류가 큰 해역의 경우는 퇴적되는 장소가 확산되지만 대부분은 이동이 적은 연안에 퇴적된다. 또한 대륙경사에서 입자들은 파도와 조류에 의해 크기에 따라 이동한다. 큰 입자는 쉽게 침강되고 작은 입자일수록 멀리 씻겨져 내려간다. 일반적으로 가장 큰 입자는 해안선 근처에 쌓이고 가장 작은 입자는 멀리까지 씻겨서 내려가 결국은 심해에 퇴적된다. 강이나 해류의 이동이 큰 경우는 다르다. 빙하의 경우도 다르다. 해류의 이동이 큰 경우는 1,000년 동안 수 m의 속도로 더욱 빠르게 퇴적될 수도 있다.

이러한 여러 조건으로 형성된 이토(泥土)내에는 복잡한 생물학적, 화학적 반응이나 작용이 계속된다. 또한 혐기적인 환경이 형성되어 혐기성 미생물이나 다모류에 속하는 Capitella sp.등이 혐기적인 환경에서 유기물질을 분해하여 생성한 황화물(SO_4)을 유산환원세균이 섭취하고, 유화수소(H_2S), 유독성 황화물질 등을 배출하면 배출된 유독성 물질을 유황세균이 다시 흡수한다. 즉 다모류는 혐기적인 상태에서 유기물질을 분해하고 분해 생성된 물질을 유산환원세균과 유황세균이 흡수 처리한다. 한편 유황세균들은 Capitella sp.의 먹이가 되어 저질속의 한 생태계를 이룬다. 또한 메탄 생성균이나 철 산화세균 등도 저질환경에서 중대한 역할을 한다.

1.5 연습문제

1. 해양의 특수 환경에 관하여 설명하시오.

2. 해양의 용승(湧昇)현상이란 무엇인가?

3. 해양의 영양염류는 어떤 것이며 해양세균과의 관계가 깊은 것은 어느 것인가?

4. 해양의 용존산소는 어느 정도이며, 어떻게 분포되어 있는가?
   해양세균과 어떠한 관계가 있는가?

5. 부영양환경과 빈영양환경이란 어떻게 다른지 각각 설명하고,
   해양세균은 각각 어떤 관계가 있는가?

6. 해양중에서 생물과 미생물간의 상호작용으로 상리, 편리, 편해공생 관계를 각각 설명하시오.

7. 해양 미생물의 연구에 업적이 가장 큰 분을 5명 이상 적으시오.
   어떤 연구의 업적인가?

8. 해양의 극한환경이란 어떤 환경인가 설명하시오.

9. 해양의 일차 순 생산량에 관하여 설명하시오.

10. 미생물학에서 해양미생물은 어떠한 위치에 있는 학문인가?

11. 해수에 용존하는 가스(Gas)중 CO_2와 질소, 유화수소에 관하여 설명하시오.

12. 해양미생물과 일반미생물과의 차이점은?

13. 해양의 성층(thermocline)과 해양미생물과의 관계를 설명하시오

14. 해양퇴적물에 서식하는 세균은 어떤 종이 있는가?

15. 혐기적인 환경에 서식하는 다모류(polychaetae–capitella sp.)와 유산환원 세균과의 관계를 설명하여라.

제2장 해양미생물의 시료채취 및 배양법

해양은 특수한 환경이다. 연안해역에서 외양까지 표층에서 10,000m가 넘는 심해까지 저온 고압 국부적이지만 초고온의 열수분출공(熱水噴出孔), 강산, 강알카리등의 특성을 가진 환경이 존재한다. 이러한 환경속에서 서식하고 있는 미생물들의 시료를 어떠한 장비를 사용하여 어떻게 채취해야 하는가? 이장에서는 연안해역이나 심해해역의 이토(泥土)나 연니(軟泥) 현탁물질, 동식물의 표피나 장내에 부착하고 있는 세균들의 배양법과 사용되는 장비나 미생물 배양배지 등에 관하여 설명한다.

2.1 채수기 및 채수법

해양의 환경은 육상환경과는 다르기 때문에 시료를 채취하는 것이 가장 중요한 문제중의 하나다. 해양 환경적 특징이 있는 곳에 정점을 선정하고 목적하는 미생물이 존재하고 있는 상태를 그대로 유지하는 동일한 상태에서 외부의 오염이 전혀 없게 채취해야 하기 때문이다. 또한 시료 채취량은 어느 정도를 해야하며 채수나 채니용 장비는 어떤 것이 적합한가를 충분히 고려해야 한다.

2.1.1 채수기

현재까지 채수기는 해양미생물을 연구하는 자들에 의하여 만들어 졌다. 대부분 먼저 만들어 진 채수기나 채니기들을 변형시켜 사용하는 것이 많다. 유형별로 보면 현재까지 5가지로 나누워 진다.

1) 감압흡인(減壓吸引)형 채수기

2) 감압없이 내부공기 또는 가스와 치환하는 형태의 채수기

3) 멸균수와 치환(置換)하는 형태의 채수기(Sorokin 채수기)

4) 해수면(海水面)엷은층(皮層)의채수기

5) 압력유지형 채수기로 나눈다.

이러한 채수기들 중 이상적인 채수기는 다음과 같은 조건을 가진 채수기다 (Bertoni and MelchiorriSantolini, 1972).

① 시료에 불순물이 용출되지 않는 재질(예 : 유리, 테프론, 실리콘 고무 등)이 좋다. 고무, 금속, 플라스틱 등은 가끔 불순물이 용출되어 문제가 되기도 한다.

② 내부를 씻을 수 있어야 한다.

③ 멸균이 되어야 한다.

④ 채수후 다른 용기에 옮길때 오염이 방지되어야 한다.

⑤ 채수기를 지지하는 wire와 채수구가 너무 가깝지 않아야 한다.

⑥ 내부가 채수 도중에 해수와 접촉되어서는 안된다.

⑦ 채수기 내부와 외부환경과의 압력차가 크지 않아야 한다.

⑧ 용량이 클수록 좋다.

● **감압흡인(減壓吸引)하는 형의 채수기**

이 방식으로 만들어진 채수기는 J-Z채수기(Jonson-Zobell)와 J-Z 채수기를 개량시킨 채수기, Niskin채수기 등 9가지의 유형으로 알려져 있다. 이들 중 현재 많이 사용되고 있는 채수기는 다음과 같다.

1) J-Z(Jonson-Zobell)채수기

단순한 기구로 조작도 간단해서 가장 널리 사용되어온 멸균 채수기로 채수기 본체, 고무구, 유리관으로 구성되어 있다. 한쪽 끝을 Gas burner로 봉한 유리관(외경 4mm, 내경 2mm, 길이 10cm)과 고무구를 각각 멸균시켜두고, 사용직전에 손으로 충분히 눌러 공기를 뺀 상태에서 유리관을 삽입한 후 채수기 본체에 부착시킨다. messenger가 lever의 끝

을 치면 다른 쪽에 위방향의 힘이 움직이기 때문에 유리관이 부러지고 고무구의 복원력으로 그 위치의 물을 흡입한다.

각 채수기의 하단에 messenger를 달면 한번에 각 수층에서 채수가 가능하다. 200m보다 얕은 정점의 채수에는 고무구 대신에 유리병을 사용해도 좋다. 이 경우에는 고압멸균 후 유리병이 뜨거울 때 유리관을 붙이면 냉각과 동시에 유리병내부가 감압되기 때문에 고무구의 경우와 같은 상태로 쉽게 채수된다. 간단한 조작으로 각 수층에서 무균적으로 채수가 되는 우수한 채수기 이다. 한번에 채수되는 양(약 180ml)이 적기 때문에 빈영양인 외양해역에 대한 연구는 시료양으로 인한 문제가 생기기도 한다. 또 고무구를 고압멸균하면 미생물 발육에 저해작용을 가진 불순물이 용출될 수 있고, 현장압력이 높은 심해에서 고무구가 실제로 목적장소의 물을 흡입할 수 있는지에 대한 의문이 제기된다(그림 2.1).

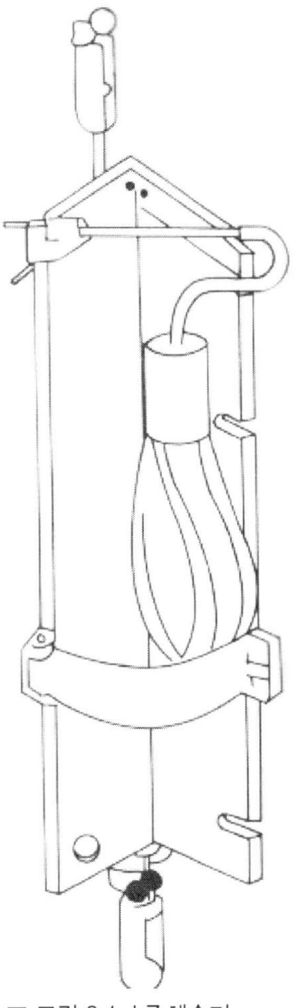
■ 그림 2.1 J-Z 채수기

2) Piggy-back 채수기(ORIT 채수기)

이 채수기는 J-Z개량형 채수기로 Nansen 채수기에 고무구를 고정하는 장치를 설치하고 채수기가 전도할 때의 힘을 이용하여 고무구의 마개를 벗기고(Piggy back), 유리관을 부러뜨리게 만들어진 것이다. 일명 ocean reserch institute Taga의 약자로 ORIT라고도 한다.

■ 그림 2.2 난센채수기와 ORIT의 채수기

Nansen 채수기와 동일 장소에서 채수하기 때문에 미생물 분리를 위한 해수 뿐만 아니라 수온, 염분, 화학성분(영양염류) 등의 환경인자를 비교할 수 있는 잇점이 있다(그림 2.2).

3) Niskin 채수기

채수기 본체와 가스로 멸균시킨 투명한 플라스틱 봉지로 된 채수기로서 플라스틱 봉지는 접혀진 상태에서 채수기 본체에 설치한다. messenger는 본체에 설치된 칼날로 플라스틱 봉지의 채수구(고무관)를 절단시키고, 본체의 금속날개를 접은 상태로 고정 유지시키는 스프링을 움직이게 한다. 금속날개가 접혀진 상태로 금속날개 양쪽에 끼워져 있는 플라스틱 봉지를 강제적으로 펼 때 흡입 채수되는 방식이다.

용량은 2~3ℓ 로 큰 것은 외양해역의 연구에 좋기 때문에 최근 널리 이용되고 있다. 그러나 플라스틱 봉지를 본체에 끼울 때의 조작이 힘들고, 채수구를 절단할 때 칼날에서 미생물오염이 생길 수 있으며, 플라스틱 봉지가 물리적으로 불안전하기 때문에 채수기를 끌어올릴 때 도중의 해수가 흡인되거나 수면에 올릴때 대기중의 공기가 빨려들 수 있고, 채수구가 wire에 가까워서 wire의 그리스로 인한 오염되는 등의 문제점이 지적된다. 최근 칼날에 의한 채수구 절단하지 않는 형태의 "Chopstick 채수기"가 개발되었다. 이 채수기는 CTD장치에 로젯트형으로 12개까지 연결하여 수온, 염분, 수심을 자동적으로 기록하면서 선상에서 전기 신호를 보내어 임의의 수심에서 채수 할 수가 있다(그림 2.3).

■ 그림 2.3 난센채수기와 ORIT의 채수기

● **감압없이 내부공기 또는 가스와 치환하는 형태의 채수기**

이러한 채수기는 하이로트 채수기등 5가지 유형이 있다. 이 유형에서 많이 사용되는 것을 2가지다.

1) 하이로트 채수기

10m 정도까지의 표층수 채수기로서 미리 건열멸균되어 있는 채수기를 목적수심까지 내린 후 채수병의 뚜껑에 연결된 노끈을 끌어당김에 의하여 병뚜껑이 열려 채수된다(그림 2.4).

2) MB 채수기

MB(Marine bacteria) 채수기는 하이로트 채수기를 개량한 채수기로서 표층수와 수심 30m까지 쉽게 채수할 수 있다. 광구병을 미리 건열멸균시켜 채수기에 부착시키고 목적수심까지 내린 후 채수병 뚜껑에 연결된 줄을 끌어당길때 뚜껑이 열림과 동시에 공기와 해수가 치환된다. 이 채수기는 1989년 저자의 실험실에서 제작된 채수기이다(그림 2.5).

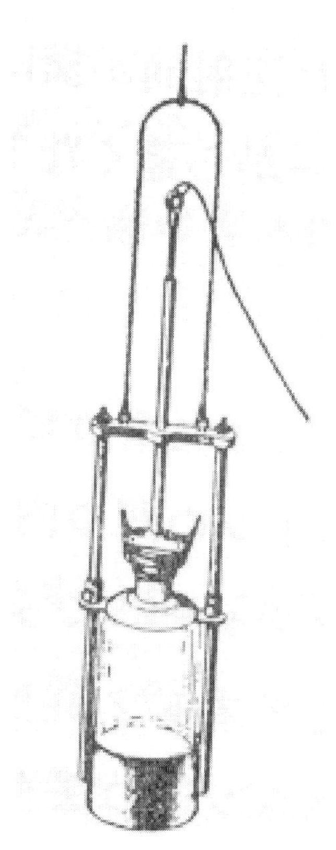

▣ 그림 2.4 하이로트 채수기

▣ 그림 2.5 M.B. 체수기

● **멸균수와 치환하는 형태의 채수기(Sorokin 채수기)**

채수기 본체, 채수용 유리용기와 피스톤부분으로 되어있다. 유리용기에 미리 멸균시킨 3% 식염수를 채우고 심해역까지 사용한다. messenger로서 유리용기 상부에 접촉한 유리관을 부러뜨림과 동시에 하부의 코크가 열리고 다시 밑 피스톤 정지나사가 열리게 된다. 피스톤은 중력 때문에 밑으로 내려가면서 유리용기내의 식염수를 흡인하고 채수구에서는 해수가 채수된다. 피스톤이 최하부에 도달, 유리용기 상부와 하부에 접촉한 wire를 벗어남과 동시에 코크가 잠긴다.

● **해수면 엷은 층(皮層)의 채수기**

대기와 접촉하는 해양의 극표층, 소위 수면표층(surface film)은 표층 밑의 해수층과 비교하여 물리화학적으로 특이한 곳으로 알려져 여러 가지 특수한 채수 방법이 연구되고 있다. 수면피층의 미생물(bacterioneuston)의 연구도 하고 있기 때문에, 여기에는 수면 피층수의 무균적 채수방법에 대한 것이다.

1) Garrett식 screen 채수기

스텐레스 金網(針金直徑 0.14mm, 16 mesh)을 각형 또는 금속망으로 만든 것으로 조심스럽게 물표면에 내리고 수면과 금망면을 평형이 되도록 한 후 조심스럽게 끌어올려 즉시 한쪽으로 기울게 하면 금망면에 모여진 극표층수를 채수하게 된다. Sieburth는 이 방법을 이용한 무균적 채수기를 사용하였다. 이 방식에는 약 150μ m 두께의 피층수(皮層水)가 채수되어 세사람이 채 수할 경우 80분간에 5ℓ 의 해수를 채수할 수 있다(그림2.6).

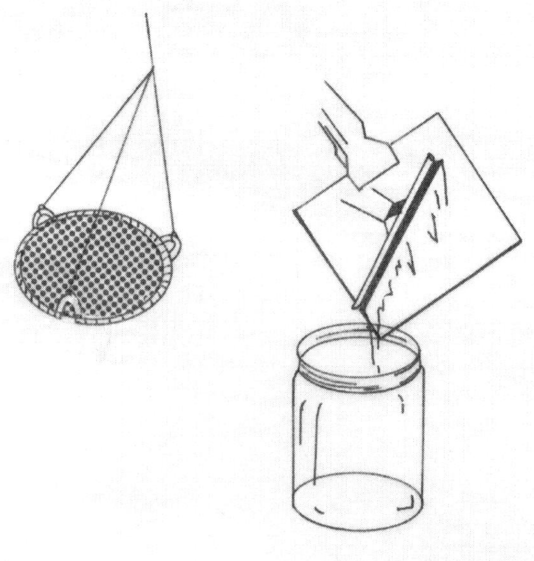

■ 그림 2.6 Garret 채수기

2) Harvey식 채수법

깨끗이 세척된 유리판(20×20cm, 두께 4mm)을 조심스럽게 수면하에 내린 후 옆으로 된 상태에서 20cm/sec의 속도로 끌어올려 유리표면의 해수를 채취한다. 이 방법은 60~100μm 깊이의 해수를 채취한다. Dietz 등은 이 방법을 이용하여 Bacterioneuston의 연구를 하고 있다.

3) 기타

테프론판, Polycarbonate(Nuclepore 여과지)를 사용하는 방법으로 피층수를 무균적으로 채수할 수 있다.

● **압력유지 멸균 채수기**

심해에서 무균적으로 해수를 채취한 후, 그 압력을 유지한 그대로 선상위에서 회수할 수가 있는 것을 목적으로 하기 때문에 두터운 스테인레스 용기로 되고, O링을 사용하게 되어 있다. 질소가스를 가압해두고 채수시에 해수가 들어올 때 완충역할을 하는 Jannasch식 채수기와 목적수심에서 압력이 평형에 도달하도록 멸균수를 채워 가압해 두고 자동펌프를 사용하여 멸균수와 시료해수를 치환하는 DOS 채수기가 현재 사용되고 있다. 어느 경우도 messenger로서 채수구를 열고, 전자는 check valve로서 후자는 자동 time switch를 사용하여 채수한다.

2.2 채니기(採泥器)와 채니법

연안 해역이나 심해의 이토(泥土)나 연니(軟泥),퇴적물(堆積物)등의 시료 채취에는 주상채니기(柱狀採泥器), Grab(Person grab, Van Veen grab), Multiful core sampler, Box core sampler 등이 사용되고 있다. 연안 해역이나 심해인 경우는 완선하게 무균석으로 시료를 채취 할 수가 없다. 현재까지 사용되는 시료채취는 대부분 많은 양을 채취하여 채취된 이토에 멸균된 채니관으로 필요한 양을 연구자가 직접 채취하여 사용하기도 한다. 채니기도 대부분 연구자들이 직접 실험실에서 제작하여 사용하는 경우가 많다.

2.2.1 채니의 의의와 문제점

해양, 호수 등의 수계, 특히 강우, 조류, 파랑 등의 자연적 요인이나 배수, 취수 등의 인위적인 요인에 의하여 환경조건이 변하기 쉬운 내만이나 연안해역에는 시간의 경과에 따라 항상 변동을 한다. 이러한 환경에서 저질은 오랜 시간동안 수질변화의 영향을 받아온 것으로 추정할 수 있다. 또한 이러한 수역에는 일반적으로 수심이 그다지 깊지 않기 때문에 저니(底泥)에 있어서 물질대사의 결과가 저층수 수질에 큰 영향을 주게된다. 따라서 해역환경의 특성과 병행하여 진행하고 있는 물질순환의 양상을 명확하게 하는 것은 저니의 미생물상과 물질활성을 연구하는데 대단히 중요시되고 있다.

저니의 미생물학적 연구를 위한 시료를 채취할 때 유의해야할 점은 다음과 같다.

1) 일반적으로 내만이나 연안 수역에 있어서 수질은 일시적 변동이 크기 때문에 시료수의 채취는 가능한 많은 시기, 시간, 기간 등을 설정하여 채수해야 되지만 저니 시료의 경우는 가능한 많은 정점이나 그 해역을 대표할 수 있는 정점에서 채취해야 한다. 저질과 미생물 상은 일시적으로 큰 변화는 없으나 지형이나 수리구조가 복잡한 해역에는 극히 가까운 정점에서 채취된 시료에도 현저한 차이를 보이기 때문이다.

2) 저니는 해수중의 현탁 물질의 침강, 퇴적 및 퇴적후의 분해, 가용성화 등이 진행되어 저층수중에 평형상태가 형성된다. 일반적으로 부영양화가 진행되는 해역은 퇴적속도가 크므로 저니 표면에서 수 cm밑의 泥土는 현탁 물질이 퇴적한 후 상당한 세월이 경과되고 있는데, 그때 미생물의 활동에 의하여 화학조성, 즉 미생물 기질로 되는 물질과 대사산물의 농도가 크게 변화되고, 수소이온농도나 산화환원전위, 수압밀도 등의 물리적인 특성도 변화하기 때문에 미생물상도 크게 천이한다. 따라서 저니의 미생물을 연구하는 경우는 해저에서 일정 이심(泥深)시료를 분별하여 채취할 필요가 있다. 때문에 저니의 연직구조를 상태 그대로 채취하는 것이 가능한 주상채니기(柱狀採泥器, core sampler)를 사용하여 채니 후, 표층에서 일정한 이심을 가능한 엷은 층(0.5cm 또는 1cm)으로 나눠 시료를 채취하는 것이 좋다.

3) 미생물 연구에 사용되는 시료는 오염이 되지 않도록 무균적으로 채취하는 것이 원칙이다. 따라서 해역 이토의 일정한 이층(泥層)을 완전히 무균적(외부오염없이)으로 채취하는 것은 현재까지는 불가능하다. 시수의 경우도 멸균된 용기를 사용하여도 다른 수층의 물 특히 표면수에서 오염을 막는 것은 극히 어렵다. 저니의 경우 멸균한 채니기 또는 채니관을 사용하지 않아도 해수의 경우와 같이 채취후 용기 중에서의 혼합은 일어나지 않기 때문에 채수기 벽에서 떨어지는 부분을 단시간내에 멸균된 용기를 사용하여 분취하면 존재하는 미생물의 균 수 측정이나 미생물 활성연구에는 충분하다.

4) 심해 저니에는 저층수와 같이 소위 고압세균 또는 호압세균이 생존한다. 이것의 배양, 분리에 있어서 현장압력을 유지하면서 선상에 끌어올리는 것이 바람직하다. 물의 경우에는 그 목적에 맞는 채수기가 개발되어 있지만, 현재까지 저니시료를 현장압력을 유지시키면서 심해에서 채취하는 방법은 개발중에 있다.

5) 연안해역에서 극히 수심이 얕은 정점에는 파랑에 따라 저니표층 부분에는 순환이 일어나고, 일시적으로 안정된 정점의 시료라고 생각하기가 어려운 경우가 생긴다. 따라서 이러한 해역에는 채수의 경우와 같이 採泥시기및 채니 이전의 기상 수온 등의 변화를 고려해서 採泥를 한다.

2.2.2 채니와 채니시료의 조제법

현재 미생물학 연구 이외 저니(底泥)를 물리학, 화학, 저서생물학 등의 연구에 사용되는 채니기(採泥器)는 2종류로 나눌 수 있다. 그 하나는 Ekman barge식, Smith Making Dia식 또는 마루가와식(丸川), 港研式등의 채니기로서 어느 것이나 저질 층에 도달한 후 자체의 무게나 Mssenger로 때려서 저니 표층부(底泥表層部)나 표층으로부터 일정한 깊이를 채취하는 방식이다. 다른 하나는 주상채니(柱狀採泥)법으로 저니에 Pipe를 찔러서 수직으로 채니 하는 방법이다. 중력식(重力式)인 것은 관벽(管壁)의 저항(抵抗)에 의하여 저니(底泥)에 들어간 pipe의 깊이(泥深)가 얕고, 또한 저니의 압밀도(壓密度)가 클수록 현저하게 된다. 따라서 채니관내의 채니 관선동을 생각하여야 한다.

해역에서 물질순환에 관여하는 미생물군은 저질의 표층에서 깊이(泥深) 10cm이내로 생각되기 때문에 그 정도의 이토의 층을(泥層) 채취목적으로 한다면 일반적인 채니기로서도 크게 문제될 것은 없다. Piston식 주상채니기의 경우는 채니관이 이토에 꽂힌 후 관내의 Piston식으로 뽑아 올리기 때문에 관내와 이토층의 깊이와 관계를 고려해야 한다. 현재 사용되는 Piston식 채니기는 대형으로 그 구조나 조작법이 중력식에 비해 복잡하다. 심해 저니의 미생물시료에 사용되는 것으로 Box corer가 있으며 이것은 중력에 의하여 저니에 도착하면 Massenger가 쳐서 채니 하게 된다. 많은 양이 채니되므로 이 채니기로서는 저서성 생물, 망간단괴 등의 채취 목적에 이용되는 것과 심해 저니중의 미생물시료의 채취용으로 만들어 진 자동식 주상채니기 Floga core가 있다. 채니관은 외부는 금속이고 내부는 Plastic으로 되어 끌어올릴 때 저니가 떨어지지 않도록 선단에는 catcher가 붙어있다.

자동식이나 피스톤과 관계없이 주상 채니기의 결점은, 모래일 경우채취가 곤란하다. 다음은 Ishida등이 개발한 K.K식 주상 채니기와 저자의 실험실에서 개량형으로 만든 주상식 채니기를 소개한다.

1) K.K식 채니기(그림 2.7)

이 채니기는 소형 선박에서 1-2명으로 채니가 된다. 구조나 조작법이 극히 간단한 중력식 주상채니기로 수심 100m정도의 해역에도 사용 가능하고 중량은 10kg정도로 Winch가 필요 없다.

★ 한번에 脫着가능한 Polycarbonate제의 투명한 관을 본체에 부착하고 상부의 발브가 작동하는 가를 확인한 후 해저에 내린다. 수심이 얕은 곳은 조심스럽게 내려서 착저시킨다.

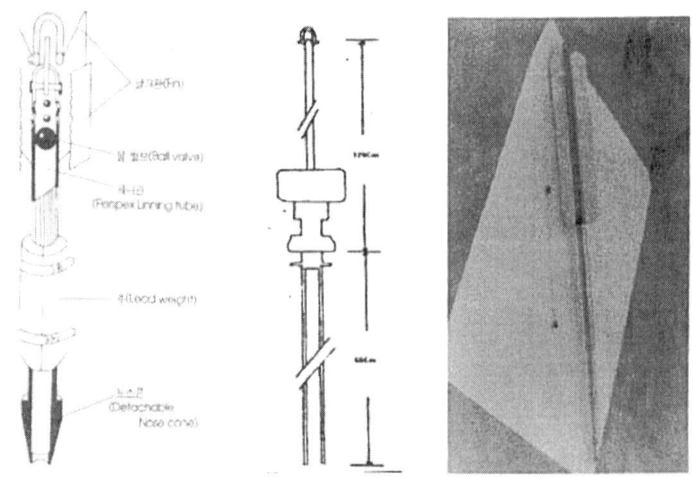

▣ 그림 2.7 Ishida등의 KK식 채니기(좌), MB 채니기(우).

★ 채니기를 조용히 끌어올린 후 진동되지 않게 수면으로 끌어올린다.

★ 채니관의 선단이 수면에 나오기 전에 고무마개로 채니관을 막고 본체에서 뽑아내어 저온실에 보관한다.

★ 채니관 상부에 고무마개를 하고 하부의 고무마개를 뽑아 압출봉으로 저내의 표면이 채니관의 상단에 오도록 밀어 올린다.

★ 채니관의 외측에 투명하게 눈금을 만들고 그 눈금에 맞도록 밀어내어 멸균된 칼로서 저니를 일정한 크기로 (0.5cm또는 1cm)각각 절단한다.

★ 미생물연구용 시료는 채니관 벽에 가까운 부분은 피하고 중앙부분을 취하며, 일정한 저층마다 멸균된 용기에 넣어서 밀봉하고 비닐 테잎으로 봉한후 냉동실에 보관한다.

★ 저니층의 분취는 채니후 가능한 빨리 선상에서 시행하는 것이 바람직하다. Core 그대로는 저온에 보관하기가 곤란할 뿐 아니라 현장의 환경상태를 잃고 물리적 확산작용 등에 의하여 저니의 연직구조가 시간이 경과 되므로서 변화가 생긴다.

2) M.B채니기(그림 2.7(우))

이 채니기는 K.K채니기의 개량한 것으로 소형 선박, 연안 해역에서 윈치 없이 간단하게 채니할 수 있는 장치이다. 이 채니기의 제작비용도 다른 채니기의 10분의 1이상으로 경비 절감으로 만들 수 있다. 이 채니기는 3kg정도로 3등분으로 분해되며, 채니관은 polycarbonate의 투명관을 삽입된 상태에서 목적 해저면에 꽂혀서 베아링 작용에 의하여 채니된다. 조작 방법은 극히 간단하여 쉽게 사용할 수 있고 혼자서도 채니가 가능하다.

이상과 같이 현재 채니를 위하여 연구자들끼리 개량형으로 제작하고 있으나 대게 제작비가 너무 비싸고 또한 사용자가 극히 적은 관계로 실용적인 채니기가 새로이 개발되었으면 한다.

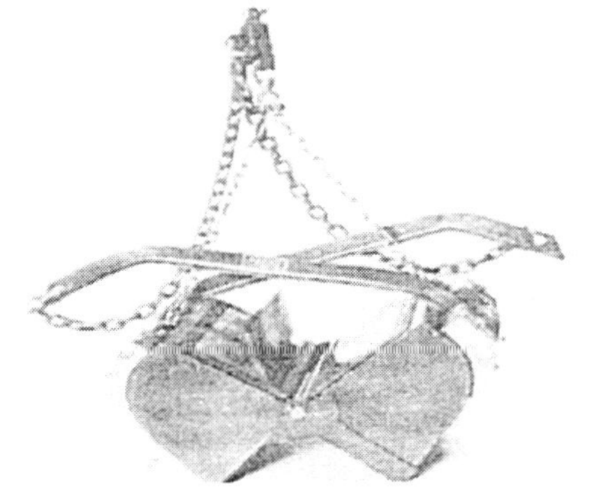

▣ 그림 2.8 Van Veen Dredge(좌), 작동과정(우).

2.3 부착세균 채취법 기타 해산어패류의 미생물 채취 배양법

해양이나 호수의 수중에 존재하고 있는 세균은 부유생활 하면서 살아가는 것과 물체의 표면에 부착하여 생활하는 것이 있다. 전자는 유영세균(Free living bacteria)이고 후자는 부착세균(Attached bacteria)이다. 세균의 부착 기질(Substratum)로는 Plankton이나 Detritus와 같은 해수나 담수중에 부유(浮遊)하는 미소한 고형물과 해조류, 선박 밑부분, 발전소의 취배수관, 양식장의 부이(buoy, 찌)등 해양구조물과 같이 큰 표면을 가진 물체도 있다.

Detritus(懸濁物質)에 부착한 세균은 수종의 동물먹이로서 수계 생태계의 먹이연쇄의 역할로 중요한 의미를 가지고, 산호초, 모래, 조간대에서 부착생활 하거나 해저 底泥에서 생활하는 세균은 유기물질의 분해, 질소 화합물이나 인 화합물의 화학적인 변화에 촉매적 작용도 하는 등 수계생태계의 물질 순환에 크게 기여하고 있다.

일반적으로 선박 밑부분에 부착하거나 해양구조물에 부착하는 세균은 유기물질 등을 분해시키면서 표면에서 빠르게 증식하여 단시간 내에 최대 증식량에 도달하고 세균에 의한 분해산물 등을 이용하여 무척추동물이 정착하게 된다. 이런 현상을 생물오손(生物汚損, biofouling)이 일어난다고 하며 산업적으로도 중요하다.

부착하는 세균은 微小한 현탁 입자에 부착하는 細菌群과 선박과 같은 대형의 물체 표면에 부착하는 細菌群과는 연구법이 조금 다르다.

2.3.1. 부착세균의 실험법

부착실험은 해양구조물 관리 보존 등에 대단히 중요하다. 부착세균은 해양에 부유하는 현탁물질에 부착하여 생활하는 미생물이나 동식물의 사체를 분해하여 생활하는 세균들이 여기에 속한다. 또한 해양구조물인 양식장의 부위(bouy, 찌)등 해양환경에서 생물오손(biofouling)을 일으키는 세균의 경우가 부착세균에 의한 것이다. 부착세균에 관한 실험은 일반적으로 다음과 같은 실험을 한다.

1) 물체(해양구조물)의 표면에 부착하는 세균

유리, P.V.C., epoxy, stainless steel, 고무 등의 고형물체를 해수 중에 침적(浸積)하여, 그 부착하는 세균을 조사한다. 부착재료는 실험 목적에 해당하는 수종의 재료가 사용되어 지지만, 일반적으로 다음과 같이 예비 처리한 후 사용한다.

* 유리 : 현미경용 표준 슬라이드 글라스를 계면활성제로 세척하고 해수에 침적 직전에 살균한 후 사용한다.
* 플라스틱 : 가역제(可逆劑) 含有量이 적은 투명한 아크릴 판 등을 현미경용 슬라이드 글라스 모양으로 잘라서 슬라이드 글라스 처리와 같이 한다.
* Stainless steel : 현미경용 슬라이드 글라스 모양으로 잘라서, 표면을 연마한 후, 계면활성제로 처리한 후, 해수에 침적 직전에 화염(火焰) 살균한다.

2) 해수 중에 설치하는 법(그림 2.9)

고압으로 만들어진 P.V.C.제의 수도관이나 기타 재료를 사용하여 그림 2-9와 같이 간이 지지대에 일정한 간격으로 무착기재들을 고정하여 표층에서 1m 범위내(목적에 따라 조정함) 침적시킨다. 이 지지대는 동시에 많은 재질에 부착하는 세균의 특성을 조사할 수 있다.

목적에 따라 다르지만 대개 1주간 정도 해수 중에 침적시킨 후 지지대를 끌어 올려서 균 상태를 조사하지만, 목적에 따라 개시 후 4, 12, 24, 그 후 24시간마다 재질을 하나씩 분리하여 부착세균의 수와 종을 분리하기도 한다.

이 이외에는 현탁물질에 부착된 세균은 filter법에 의한 것 등이 연구자들에 의하여 개량법으로 이행하고 있다. 이러한 조사는 해류의 흐름 용승이 자주 발생하는 해역, 계절관계등을 충분히 검토하고 시행해야 한다.

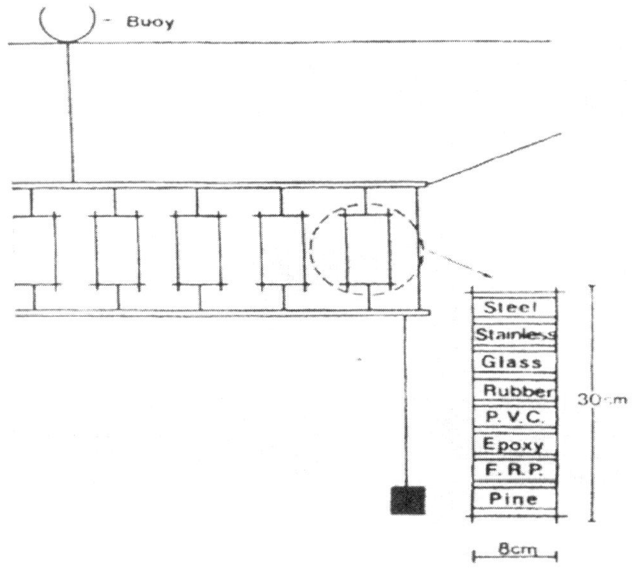

■ 그림 2.9 부착세균의 실험장치

2.3.2. 해산동물(海産動物)의 장관내(腸管內) 세균과 기타 종속영양세균

해산동물의 경우 수계 생태계의 먹이연쇄에 의하여 소화관내에는 다수의 세균이 흡입되기도 하고 먹이(飼料)에 부착되어 장관 속으로 들어오기도 한다. 그러나 세균의 대부분은 소화관내의 환경에 적응하지 못하고 극히 소수의 세균이 적응하여 장내에 서식한다. 이러한 세균은 세균상(細菌相)을 형성하고 장관내의 벽에 부착하여 서식한다. 장관내의 환경이란 담즙산 등에 의한 pH의 변화 혐기성 환경, 기타특수 분비물질 등을 의미한다. 소화관내의 세균조사는 장관내의 내용물과 장관벽 내에 부착하고 있는 세균도 조사되어야 한다. 현재까지 해산동물의 장관내 세균에 관한 연구에는 소화관과 내용물과 구별하여 연구한 경우와 동물장관의 내용물만을 취급한 연구와 소화 관장(消化管腸)을 전장(前腸)과 후장(後腸)으로 나누어 실험한 결과도 있다. 어류의 소화관내 세균에 관한 연구는 해산어에는 *vibrio* 속이 많은 반면에 담수산 어(魚)의 내장에는 *Aeromonas* 속 및 *Enterobacteriaceae* 가 우점하는 것으로 알려져 있다. 또한 장내에는 혐기성 세균이 존재하기 때문에 호기성과 혐기성 세균을 목적에 따라서 각각 조사해야 한다. 해산동식물이나 어패류가 서식하는 해양에는 호기성 종속영양세균과 혐기성 종속영양세균이 서식하고 있다. 호기성 종속영양세균 중에는 한천, 키틴, 셀루로즈, 단백질 등의 고분자 화합물을 분해하는 균들이 해양의 어패류나 현탁 물질에도 부착하여 분해작용을 하고 있다. 현재 종속영양세균의 분리용 배지로서는 Zobell 2216E 가 가장 잘 알려져서 이용되고 있으나 배지에 사용되는 peptone의 종류에 따라 저해물질이 생성하는 경우가 있다.

1) 한천분해세균(寒天分解細菌)

한천분해세균은 평판배지에 일정하게 희석한 해수시료를 도말(塗抹, smear)하여 20-22℃, 5-7일간 배양하여 한천의 액화나 함몰한 집락(集落, colony)을 계수한다. 또한 평판배지 상에 I-KI용액(I_2 1.0g, KI 2.0g, 증류수 300ml)을 부어서 물에 녹지 않은 곳에 적자색(赤紫色)을 나타낸다. 평판배지가 너무 오래된 것은 명확하게 색깔로 판명하기가 힘들다. 한천분해세균의 보존은 polypeptone 5g, $CaCO_3$ 20g, agar 10-20g, 해수 1000㎖의 조성을 가진 사면배지에 접종하여 보존한다. pH가 중성이 되지 않으면 사멸하기 때문에 $CaCO_3$를 첨가하여 중성을 유지해야 한다.

▦ 표 2.1 한천분해세균의 계수용 배지

Ⅰ		Ⅱ		Ⅲ	
KNO_3	0.5 g	KNO_3	0.5 g	Polypeptone	0.5 g
$NaHPO_4$	0.25 g	$(NA_4)_2SO_4$	0.5 g	K_2HPO_4	0.2 g
K_2SO_4	2.0 g	해수	1000 ㎖	$CaCO_3$	2.0 g
해수	1000 ㎖	Agar	15 g	해수	1000 ㎖
Agar	18 g	pH	7.6	Agar	15 g
pH	7.6			pH	7.6

2) 알긴산 분해세균(alginic acid 분해세균)

알긴산 분해과정을 알아보는 방법은 평판배양법과 MPN법이 있다. 평판배양법은 상층배지와 하층배지를 만들어 사용하는데 하층배지 10㎖로 평판을 만든 다음 상층배지 10㎖를 첨가하여 한 시간 이상 방치한다(표 2.2). 20-25℃에서 5-7일간 배양한 후 표면이 파여진(함몰된) 것 같이 된 집락을 계수한다. 다른 방법으로는 하층배지에 10㎖, 상층배지에 6㎖로서 평판배지를 만든다. 도말법과 혼합법을 사용할 수 있다. 해수시료를 접종한 평판은 20-25℃에서 1-2주간 배양하여 주위가 투명하게된 집락을 계수한다.

MPN법에 의한 알긴산 분해세균을 찾는 방법은 희석 Anderson 배지(polypeptone 0.25 g, yeat extract 0.25 g, $FePO_4$ 0.1 g, 해수 750㎖, 수도수 250㎖, pH 7.0)에 알긴산 10 g을 첨가한 배지를 만든다. 알긴산은 시험관 중에 침전한다. MPN법에 따라서 시료를 접종하고 20-25℃에서 배양한다. 배양일수가 증가함에 따라 알긴산 침전 분해세균이 존재하면 시험관 중의 침전이 없어지기 때문에 침전이 없어진 시험관 수로부터 시료 중의 알긴산 분해세균을 구한다.

3) 셀루로즈 분해세균

셀루로즈 분해세균의 배양은 평판배양법과 MPN법이 있다. 평판배지의 조성에서 셀루로즈 분말을 미리 1N HCl에 약 12시간 냉처리한 후, HCl이 없어질 때까지 세척한 것을 사용한다. 도말법이나 혼합법을 같이 사용한다. 평판은 20-25℃에서 약 4주일간 평판표면이 건조하지 않게 하면서 배양한다. 셀루로즈를 분해하는 집락을 계수한다. polypeptone, glucose 등의 배지 중에는 *cellvibrio* 속이 존재할 때는 발육하지 않는 균주가 있으나 무기염류가 함유되어 있을 때만 셀루로즈를 잘 분해한다. MPN법은 배지조성을 함유한 배지 25㎖를 대형 시험관 또는 삼각플라스크에 분주하고 크로마트그라피 용 여과지 조각을 넣어 멸균하다. MPN법으로 시료를 접종한다. 시료 중에 셀루로즈 분해세균이 적게 있을 경우에는 시료를 10㎖ 이상 막 여과지(0.2-㎛)에 여과시키고 이 여과지를 배지 상에 얹어서 20-25℃에서 4주일간 배양한다. 황-갈색 생산균 때문에 여과지가 색을 띄는 경우가 있다.

▦ 표 2.2 알긴산 분해세균용 배지

하층배지		상층배지	
K_2HPO_4	0.3 g	K_2HPO_4	0.3 g
트리프티케스	2.5 g	NaCl	30 g
해수	1000 ㎖	알긴산나트륨	25 g
Agar	15 g	수도수	1000㎖
pH	7.6	pH	7.6

▦ 표 2.3 셀루로즈 분해세균용 배지- I

하층배지		상층배지	
NaCl	20 g	셀루루즈 분말	5g
$NaNO_3$	1.0 g	다른 하층배지와 동일	
$Na_2HPO_4 \cdot 7H_2O$	1.18 g		
KH_2PO_4	0.9 g		
$MgSO_4 \cdot 7H_2O$	0.5 g		
KCl	0.5 g		
Yeast extract	0.5 g		
Casamic acid	0.5 g		
증류수	1000 mℓ		
Agar	15 g		
pH	7.6		

▦ 표 2.4 셀루로즈 분해세균용 배지-II

하층배지		상층배지	
$(NH_4)_2SO_4$	20 g	셀루루즈 분말	5g
K_2HPO_4	1.0 g	다른 하층배지와 동일	
$MgSO_4 \cdot 7H_2O_2O$	1.18 g		
NaCl	0.9 g		
$CaCl_2 \cdot 2H_2O$	0.5 g		
$FeCl_3$	0.5 g		
증류수	1000 mℓ		
Agar	15 g		
pH	7.0-7.5		

▦ 표 2.5 셀루로즈 분해세균용 배지-III

Polypeptone	0.5 g	KNO_3	0.5g
NaCl	15 g	$FePO_4$	0.01g
$Na_2HPO_4 \cdot 2H_2O$	0.5 g	증류수	1000 mℓ
NH_4NO_3	0.5 g	pH	7.6

4) 키틴 분해세균

시판용 키틴 분말 40 g에 진한 염산 400mℓ를 가하고 잘 저어서 용해시킨다. 5-10℃의 냉각수 2000ℓ 에 넣고 여과시킨 다음 5ℓ 의 수도수에 넣어 여과한다. 이 조작을 여액의 pH가 약 3.5가 될 때까지 반복한다. 이상(泥狀)의 키틴은 건조시키지 말고 냉장고에 저장한다. 키틴 분해세균의 배지는 이층법 배지를 사용한다. 도말법이나 혼합법중에서 택하여 실험한다. 평판의 하층배지는 표 2.6과 같이 Ⅰ이나 Ⅱ의 배지조성에서 키틴을 제외한 것을 사용한다. 20-25℃에서 4-30일간 배양하고 집락 주변이 투명하게 된 것을 키틴 분해세균으로 계수한다. 키틴 분해세균의 분리를 위해서는 순수분리한다. 침전 키틴은 입상으로 되기 쉬우므로 배지조성과 혼합한 후 초음파 마쇄기나 고속 blender 등을 사용하여 배지 중의 키틴을 분산시킨 후 한천을 가하여 가열멸균 시킨다. 상층평판 배지도 잘 교반하여 하층배지에 가한다.

세균 중에는 *Vibrio*, *Pseudomonas*, *Aeromonas* 속에 속하는 균종들이 키틴을 분해하는 세균이 비교적 많이 존재하고 있으나 세균, 곰팡이, 방선균들도 키틴을 분해하는 균이 많다. 해양성 방선균의 배양용 배지는 표 2.7과 같다. 하층배지에는 키틴을 뺀 배지조성으로서 배지 상에 세균이나 곰팡이가 잘 자라지 않고 방선균이 키틴을 분해하게 된다. 따라서 방선균의 분해가 일어나는 것을 쉽게 판단하고 계수 가능하다.

▦ 표 2.6 키틴 분해세균용 배지

Ⅰ 상층배지		Ⅱ 상층배지	
키틴 (건조물)	약 4 g	키틴(건조물)	1-4 g
Polypeptone	0.25 g	Yeast extract	1 g
Yeast extract	0.25 g	해수	1000 mℓ
해수	750 mℓ	Agar	15 g
수도수	250 mℓ	pH	7.6
Agar	15 g		
pH	7.6		

▦ 표 2.7 해양성 방선균에 의한 키틴분해용 배지

키틴(건조물)	약 4 g	$CaCl_2$	1.0 g
NaCl	20 g	$NaHCO_3$	0.2 g
KCl	0.7 g	증류수	1000 mℓ
$MgSO_4 \cdot 7H_2O$	6.3 g	Agar	15 g
$MgCl_2 \cdot 6H_2O$	4.6 g	pH	7.6

5) 전분분해세균

종속영양세균의 배지에 가용성 전분을 0.2% 되게 첨가한 배지를 사용한다. 이것도 평판법과 MPN법이 있다. 평판법은 도말하여 보는 법과 상층혼합법으로 전분분해세균을 관찰한다. 시료를 접종한 후 20-25℃에서 5-10일간 배양한 후 I-KI 용액을 평판 상에 떨어뜨린다. 집락 상에 투명한 환이 형성된 집락을 계수한다. 평판상에 전분분해세균이 많을 경우 배양일수가 길어지게 되면 투명한 환의 모양이 확대되어 구별하기 힘들게 되는 경우도 있다. 전분 분해세균은 미리 별개로 정리해 두어야 한다.

MPN법으로서는 모든 실험을 좀 더 정확성이 있는 지를 알기 위하여 시행하는 경우와 단일 방법으로 하는 경우가 있다. 이 방법은 배지조성 상에 한천을 제외시키고 배지를 시험관에 넣은 다음 멸균한 후 시료를 접종한다. 20-25℃에서 7-10일간 배양후 배양액의 일부를 취하여 I-KI 용액을 첨가한 후 남은 배양액에 지시약을 가하고 전분에서의 산 생성도 계수한다.

▦ 표 2.8 전분 분해세균용 배지

Polypeptone	0.25 g	해수	750 ㎖
Yeast extract	0.25 g	수도수	250 ㎖
Soluble starch	2.0 g	Agar	15 g
$FeSO_4 \cdot 7H_2O$	0.01 g	pH	7.6
$NaHPO_4$	0.01 g		

6) 단백질 분해세균

단백질 분해실험에는 카제인과 젤라틴을 사용하여 단백질 분해능을 실험한다. 이층평판배 양법을 사용하여 결과를 얻는다. 하층배지 10ml,상층배지 6ml를 상용한다. 도말법이나 혼합법이나 관계없으나 혼합법에서는 시료와 카제인 배지와는 잘 혼합이 되지 않은 상태에서 응고가 되는 수가 있다. 카제인 분해세균인 경우에는 상층배지로서 skim milk와 한천을 증류수에 용해시키고 멸균시킨 것을 사용한다. skim milk와 해수를 혼합하여 가열멸균 시키면 skim milk는 응고하여 분산되지 않아서 평판상층을 형성하기 힘들다. 게라틴 분해세균의 경우도 카제인 분해세균의 경우와 동일하게 실시한다. 배양은 20 ~ 25℃, 5 ~ 10일간 배양하지만 카제인 분해세균의 경우는 집락(colony)주변의 투명한 대(帶) 형성이 쉽게 판단된다. 게라틴 분해의 경우는 수은시약($HgCl_2$ 15g,Conc. HCl 20ml,증류수 100ml)를 8 ~ 10ml평판상에 부어넣고 게라틴이 분해된 집락 주위에는 투명한 대(帶,band)가 나타나고 분해되지 않은 집락주위에는 불투명하게 보인다.

▦ 표 2.9 전분 분해세균용 배지

Polypeptone	0.25 g	해수	750 mℓ
Yeast extract	0.25 g	수도수	250 mℓ
Phenolptalein	0.25 g	Agar	15 g
$FeSO_4 \cdot 7H_2O$	0.01 g	pH	7.6

7) 요소(urea) 분해세균

요소 분해세균에 관한 계수법은 여러가지 방법이 있는데 많이 사용되는 방법은 평판법이다. 평판배지에 접종한 균을 20-25℃에서 4-7일간 배양후 집락의 주변이 홍색을 띈 것이 분해균이다. 평판 상에 다수의 요소 분해균이 존재할 경우나 배양일수가 길어질 경우 홍색 영역이 확대되어 요소 분해세균의 판정이 곤란하게 된다.

MPN법으로서는 가열 멸균후 다량의 침전이 생기기 때문에 인산염을 별도로 멸균한 시험관에 분주 직전에 전체를 혼합하거나 여과멸균법을 사용하면 해수도 이용 가능하다. 시료를 접종하여 20-25℃에서 7-10일간 배양후 홍색을 띈 시험관부터 요소 분해세균을 구한다.

8) Tween 80 분해세균

Tween은 20, 40, 60 등이 많이 사용되지만 세균에서는 주로 80을 많이 사용한다. 일반적으로 세균은 Tween 80의 농도가 10 ppm 이상이 되면 사멸한다. 식염과 증류수 대신에 해수를 사용하기도 한다. Tween 80을 분해한 집락의 주위는 불투명대가 형성된다.

▦ 표 2.10 요소 분해세균용 배지

평판배지		MPN법 사용배지			
		I		Ⅱ	
Polypeptone	1 g	Kagiton	0.2 g	Polypeptone	0.25 g
Glucose	1 g	Yeast extract	0.2 g	Yeast extrat	0.25 g
NaCl	20 g	Glucose	0.5 g	K_2HPO_4	1 g
K_2HPO_4	2 g	NaCl	20 g	Na_2HPO_4	1 g
0.2% PR	6 mℓ	K_2HPO_4	0.2 g	NaCl	20 g
증류수	1000 mℓ	0.2% PR	6 mℓ	0.2%	6 mℓ
Agar	20 g	증류수	1000 mℓ	수도수	1000 mℓ
pH	6.8-6.9	pH	6.8-6.9	pH	6.8-6.9

▦ 표 2.11 Tween 80 분해세균용 배지

Polypeptone	10 g	증류수	1000 mℓ
NaCl	20 g	Agar	12 g
$CaCl_2$	0.1 g	pH	7.6-7.8
Tween 80	10 mℓ		

9) 유기인 분해세균

유기인은 다수의 화합물이 있으나 효모의 인산분해효소(phosphotase)의 활성 측정에 이용되는 방법을 사용한다. 평판법과 MPN법이 있다. 평판배양법은 평판용 배지를 만들고 페놀프탈레인산 염을 여과하여 균을 제거한 후 평판배지에 첨가한다. 도말법으로 실험하는데 20-25℃에서 4~7일간 배양한 후 평판을 암모니아 증기에 쪼이면 페놀프탈레인이 적색을 띄기 때문에 균을 계수할 수 있다.

MPN법은 한천을 제외한 배지를 만든다. 페놀프탈레인산 염은 여과하여 균을 없애고 가열 멸균된 배지에 첨가한다. 시료를 접종한 후 20-25℃에서 4-7일간 배양후 각 시험관에 10% NaOH 용액을 1-2방울 가한 후 적색을 나타낸 시험관에서 유기인 분해세균을 구한다. 또한 종속영양세균수를 MPN법으로 측정할 때 세균이 발육하고 있는 시험관에 페놀프탈레인산 염을 0.025% 되도록 첨가하고 30-35℃에서 3-5시간 방치후 10% NaOH 용액을 1-2방울 가하는 방법도 있다. 평판배양법보다 MPN법이 높은 유기인 분해세균을 얻을 수 있다.

▦ 표 2.12 유기인 분해세균용 배지

하층배지		상층배지			
		젤라틴 분해세균		카제인 분해세균	
Polypeptone	0.25 g	Gelatine	4 g	Skim milk	100 g
Yeast extract	0.25 g	증류수	1000 ㎖	증류수	1000 ㎖
$FeSO_4 \cdot 7H_2O$	0.01 g	Agar	10 g	Agar	10 g
Na_2HPO_4	0.01 g	pH	7.6	pH	7.6
해수	750 ㎖				
수도수	250 ㎖				
Agar	15 g				
pH	7.6-7.8				

10) DNA, RNA 분해세균

PPES-Ⅱ 배지, Anderson 배지 등 종속영양세균의 계수에 사용되는 배지를 사용하여 다수의 균주를 시료에서 분리하여 각각의 균주에 대하여 Jeffries 등에 의하여 DNA, RNA 분리능을 검사하고 시료 중의 DNA, RNA 분해세균 수를 구할 수 있다. DNA 또는 RNA를 2 ㎎/㎖ 농도가 되도록 배지에 첨가한 평판에 시험균을 접종하여 배양후 1N HCl을 평판 배지 상에 붓고 집락 주위에 투명대가 생기면 분해균으로 판정한다.

이상과 같이 해양에 서식하고 있는 미생물에 관한 다양한 연구를 시도하고 있으나 극히 한정된 것으로 특히 해양환경의 특성에 적합한 새로운 방법이 계속 개발되어야 할 것으로 생각된다. 대부분의 방법이 평판 상의 집락이나 MPN법 등을 사용하고 있으나 실험의 목적에 따라서 현실에 가깝게 접근할 수 있는 다양한 연구방법이 개발되어야 한다.

11) 혐기성 종속영양세균

세균은 산소의 유무에 따라서 편성호기성세균(obligate aerobes), 통성혐기성(facultative anaerobes), 편성혐기성세균(obligate anaerobes) 등의 3 종류로 나눈다. 해양에는 일반적으로 유기물 농도가 극히 낮아 산소의 소비도 적기 때문에 편성혐기성 세균의 분포와 종류가 제한되어 있다. 그러나 국소적이지만 생태적인 측면에서 대단히 중요한 역할을 한다. 예로서 유황의 환원관계로서 특히 황산환원세균과 광합성세균을 생각할 수 있다. 황산환원과 동시에 혐기조건 하에서 미생물에 관여하는 반응으로 유기탄소의 최종적인 산화과정으로서 중요한 것이 메탄생성이다. 양 과정은 동일한 기질을 사용하기 때문에 서로 경쟁관계가 있고 일반적으로 담수역에는 메탄생성균이, 해양에는 황산환원세균이 많다. 그러나 해양의 저니 중에도 황산환원균이 저하하는 저층부에는 메탄생성균이 검출된다.

2.3.3 해수 및 이토(泥土, mud) 중의 세균배양

해수 시료는 연안해역, 특히 육상에서 생활하수나 공장폐수, 선박, 기타 오염물질의 유입으로 부영양화된 해역의 해수는 수십에서 수백배 희석하여 배지에 접종시켜야 균수를 계수할 수 있다. 그러나 육상에서 생활하수나 공장폐수의 유입이 없고 선박등 외부의 오염물질의 유입이 아주 적은 빈영양 해역에서는 반대로 수십배에서 수백배 해수를 농축시켜 배지에 접종 배양시켜도 균수를 계수하기가 힘들다. 또한 수심 1000 m 이상의 해수 시료나 이토는 호압세균과 내압세균이 존재하므로 실험 목적에 따라 시료를 처리해야 한다.

저니(底泥, 즉 이토나 연니 등을 통칭한 것임)는 연안해역에서는 수십에서 수백배 희석하여 배지에 접종시켜야 세균수가 계수 가능하다. 특히 오염된 해역에서는 이토 중에 황산환원세균이나 메탄생성균 등이 많이 서식하기도 하고 심해저의 저니(연니, 연니)에는 호압세균과 내압세균이 서식하고 있어 상압에서 배양했을 경우 배양이 되지 않는다. 다만 통성호압성 세균만이 상압에서 성장가능하기 때문이다. 저니에는 혐기성 세균도 많이 서식하고 있다. 황산환원세균과 같은 혐기성 세균은 혐기성 세균 배양기를 사용하여야 배양이 된다.

해수나 저니 중의 세균을 배양할 때는 일반적으로 Zobell 2216E 배지나 PPES-Ⅱ 배지를 사용한다. 그러나 실험의 목적에 따라서는 다양하게 변형시켜 목적균을 탐색하기도 한다.

▦ 표 2.13 PPES-Ⅱ 배지조성(Taga, 1968)

Polypeptone	2.0 g
Bacto soyton (Difco)	1.0 g
Proteose Pepton No.3 (Difco)	1.0 g
Bacto Yeast Extract (Difco)	1.0 g
Ferric Citrate (0.1%)	10.0 mℓ
Bacto Agar (Difco)	15.0 g
Seawater	1000 mℓ
pH	7.6-7.8

▦ 표 2.14 Zobell 배지조성(Zobell and Oppenheimer, 1952)

Bacto Pepton (Difco)	5.0 g
Bacto Yeast Extract (Difco)	1.0 g
Ferric Citrate	0.1 g
Bacto Agar	15.0 g
Aged seawater	1000 mℓ
pH	7.6-7.8

2.4 해수중의 총균수와 생균수

해수중의 총균수는 직접계수법으로 측정하는법과 생균수는 평판배양법으로 하는 방법이 있다.

● **총균수 측정**(total cell count)

총균수 측정은 직접 형광현미경 측정법(direct epiflourescence microscopic count)이라고도 하는데 세균의 세포에 형광성 염색으로 알려진 Acridin orange(A.O.)나 DAPI (4,6-diamidino-2- phenylindole) 또는 FITC(flouroscein isothiocyanate)와 같은 형광염료로 염색한 후 형광현미경으로 관찰하는 방법이다. 세균세포에 형광성 색소로 염색하게되면 세균세포내의 물질과 반응하여 형광성 색소를 발생하는 균수를 계수하게 된다.

직접 현미경 측정법은 미생물의 총 세포 수를 세는 빠른 방법이다. 그러나 이 직접 측정법은 다음과 같은 단점이 있다. (1) 죽은 세포를 살아 있는 것과 구별할 수 없으므로 같이 계수(세기)된다 최근에는 염색으로 구분가능하다. (2) 크기가 작은 세포는 현미경으로도 보기 힘들며, 형광성을 발색하지 않는 균은 계수(計數,세기) 할 수가 없다. (3) 염색하지 않을 때는 위상차 현미경을 이용해야 한다.

● **생균측정**(Viable count)

총균수 측정 방법에서는 죽은 세포와 산 세포를 동시에 측정한다. 그러나 실험의 목적에 따라서 살아있는 세포만이 중요하기 때문에 생균수 측정법이 개발되었다. 생균이란 증식할수 있고 자세포를 형성할 수 있는 세포로 정의하며, 보통 시료 중의 생균의 수는 적절한 고체 배지에서 집락(colony)을 형성하는 수로 측정한다. 따라서 생균 측정을 평판법(plate count) 혹은 집락 세기(colony count)라고도 한다. 생균 측정법은 한 세포가 하나의 집락을 형성할 것이라는 가정으로 계수(세기) 한다.

평판세기 방법으로 표면 평판법과 주입 평판법 2가지가 있다. 표면 평판법(spread plate)에서는 0.1ml 이하의 시료액 일정량을 살균된 유리봉을 이용하여 한천 평판 배지 표면에 골고루 도말(塗抹,펼친다)한다. 이 평판 배지를 집락이 형성될 때까지 배양한 후 집락의 수를 헤아린다. 이 때 평판 배지의 표면이 건조한 상태이어야 도말한 액이 배지 내로 스며들

수 있다. 표면 평판법에서는 0.1ml 이상의 시료를 절대 사용하지 않아야 하며, 0.1ml 보다 많은 시료를 사용하면 액이 배지로 스며들지 못하므로 집락이 겹쳐져서 형성될 수 있다. 액이 배지로 스며들지 못하고 집락이 겹쳐지면 집락 세기가 부정확하게 된다.

주입 평판법(pour plate) 에서는 배양액 0.1 내지 1.0ml을 정확히 피펫을 이용하여 살균된 페트리 접시에 옮긴 후 녹인 한천 배지를 주입하여 작업대 위에서 약하게 흔들어서 잘 혼합한다. 주입 평판법에서는 시료를 녹인 한천 배지와 혼합하기 때문에 표면 평판법에서 보다 많은 시료를 사용할 수 있지만 녹인 한천 배지 온도 45℃에서 살아남을 수 있는 세포만을 셀 수 있다.

생균측정에서 어느 방법을 쓰거나 평판 배지에 형성되는 집락의 수가 너무 많지 않아야 한다. 너무 많은 세포를 사용할 경우 어떤 세포는 집락을 형성하지 못하게 되어 측정에 오차가 생길 수 있기 때문이다. 집락의 수가 너무 적어도 생균 측정의 통계학적 유의성이 낮아지기 때문에 적정한 집락이 형성될 수 있도록 해야한다. 대개의 경우 30내지 300 집락이 형성된 평판 배양이 통계학적으로 가장 믿을 수 있다.

적절한 수의 집락을 얻기 위해 측정할려는 시료를 희석하여야 한다. 측정하기 전에는 시료중의 생균 수를 잘 알 수 없기 때문에 여러 배율의 희석액을 사용해야한다. 보통 10진법 배율로 희석된 시료를 여럿 사용한다. 10배율로 희석하기 위해 0.5ml의 시료를 4.5ml의 희석액과 혼합하거나 1ml의 시료를 9.0ml의 희석액과 혼합한다. 백분의 일 희석을 위해 10배 희석을 2회 할 수도 있으나 0.05ml의 시료를 4.95ml의 희석액과 혼합하거나 0.1ml의 시료를 희석액 9.9ml에 희석해도 된다. 보통 원하는 최종 희석을 얻기 위해 이같은 연속희석법이 이용된다. 만약 10(1/10)의 희석이 필요하면 10(1/10) 희석을 3번 반복하거나 10 희석을 6번 반복하면 된다. 희석에 사용하는 액도 중요하다. 살균된 무기염 용액이나 인산 완충액도 희석액으로 이용된다. 같은 시료를 희석할 때라도 각 단계의 희석에 별개의 살균된 피펫을 사용해야 한다. 희석 초기의 시료 중에는 균의 농도가 높으며, 액이 다 빠진 후에 벽에 붙여 있던 세포가 다음 희석에 포함되기 때문에 최종 집락의 측정에 큰 오류들 발생시킬 수 있나.

평판 배지에서 형성되는 집락의 수는 접종량에는 물론 배지 성분이나 배양 조건에 따라 좌우된다. 또한 배양 시간에 따라서도 변한다. 평판 배지에 접종된 모든 세포가 꼭 같은 속도로 생장하지 않기 때문에 짧은 배양 시간 동안에는 최고치의 집락이 형성될 수 없다. 형성되는 집락의 크기 또한 일정치 않다. 미세한 집락이 형성되면 세는 과정에서 빠질 수도 있다. 일반적으로 최고치의 집락을 형성하는 배양 조건(배지, 온도, 시간)을 결정하고 모든 실험을 이 최적 배양 조건에서 실시한다. 생균 측정 실험은 오차가 심하기 때문에 정확한 측정을 위해 실험을 정확하게 실시해야 하며, 반복계수를 많이 해야한다. 두 개 이상 뭉쳐진 세포들은 하나의 집락을 형성하므로 생균 측정치가 낮게 나타날 수 있다. 실험 결과를 보다 정확하게 나타내기 위해 생균수라는 말보다 집락 형성 단위(colony-forming unit,CFU)라고 표현한다. (하나의 집락 형성 단위는 하나 이상의 세포를 나타낼 수 있다.)

생균 측정법이 어려운 점이 많은 데도 불구하고 이 방법이 생균수를 측정하는 가장 좋은 방법이기 때문에 널리 활용되고 있다. 생균 측정법은 식품, 낙농, 의료, 수생 미생물에서 통상적으로 활용된다. 생균 측정법은 아주 작은 수의 생균도 셀 수 있을 정도의 높은 민감도 때문에 시료의 낮은 오염도 검출할 수 있다.

●세포 질량

어떤 때는 세포의 수보다 전체 균체의 무게를 측정할 필요도 생긴다. 순수한 미생물체의 무게는 원심분리로 얻어지는 침전의 무게를 달아서 측정할 수 있다. 건조 균체량은 원심분리의 침전을 100-105℃의 건조기에서 밤새워 말린 뒤에 무게를 달아 측정한다. 건조 균체량은 대개 젖은 균체의 약 20-30% 정도이다.

단일 세포의 평균 무게는 많은 세포의 무게를 현미경을 이용하는 직접 현미경 측정법으로 측정된 세포수로 나누어서 계산 할 수 있다. 원핵세포의 건조 중량은 10g 이하에서부터 10g이하까지 널리 분포되어 있으며, 진핵세포의 건조중량은 10g과 10g 범위에 든다.
더욱 간편하고 유용한 세포 질량의 상대적 측정법으로 탁도 측정법을 들 수 있다. 세포는 빛을 산란시키므로 세포의 현탁액은 탁도를 갖는다. 세포의 수가 많을수록 빛의 산란이 커지고 탁도 또한 높아진다. 탁도는 비색계(colorimeter) 혹은 분광 광도계(spectrophotometer)로 알려진 전기로 작동되는 계기를 이용하여 측정한다. 비색계 혹은 광 광도계를 이용하면 탁도를 흡광도(absorbance)로 측정할 수 있다. 단세포 생물의 경우 흡광도는 세포의 수는 물론 세포 무게와도 비례한다. 이 방법을 이용하여 세포 수를 측정할려면 각 미생물에 적용할 표준 곡선을 미리 만들어야 한다. 생균 측증법보다 민감도가 훨씬 낮은 방법이지만 탁도법은 빠르고 쉬우며, 측정한 다음 시료를 버릴 필요가 없어 계속 사용할 수 있는 잇점이 있다. 시료를 계속해서 사용할 수 있기 때문에 탁도법이 미생물 배양의 생장율을 측정할 때 일반적으로 이용된다.

2.5 연습문제

1. 시료 채취에서 해양 환경의 특수성은 무엇인가?

2. 이상적인 채수기란 어떤 것인가?

3. Nansen 채수기와 Van Dorn 채수기란 어떤 것인가?

4. J-Z 채수기란 어떤 것이며 조작법을 적으시오.

5. Piggy-back(ORIT)를 설명하고 장.단점을 적으시오.

6. Niskin 채수기를 설명하고 장.단점을 적으시오.

7. 현재까지 알려진 채수기의 종류를 적으시오.

8. 채니기의 종류는 어떤 것이 있는가?

9. 주상식 채니기에 관하여 설명하시오.

10. 현재까지 사용되는 채수기, 채니기의 문제점, 개선점을 적으시오.

11. 부착세균의 실험목적과 방법에 관하여 쓰시오.

12. 미생물의 생균수와 총균수의 측정법에 관하여 설명하시오

13. 다음 용어를 설명하시오.

    1) Biofouling

    2) 가역제 (可逆劑)

    3) 계면활성제

    4) 부착세균과 유영세균

    5) Detritus

제3장 해양미생물의 분포

해양의 환경은 면적과 용적이 클 뿐만 아니라 높은 염의 농도, 미량의 유기물질, 해수 수괴(水塊)의 연속적인 운동, 심해의 저온 환경과 고압 등의 환경으로 되어 있기 때문에 육상환경과는 현저히 다르다. 이러한 환경에 분포하고 있는 해양세균에 관해서는 19세기 후반 Certes(1984), Fischer(1886), Russell(1981), 1946(1946) 등의 개척적인 연구가 입증되었다.

해양환경에서 분리되는 종속영양세균(Heterotrophic bacteria)의 생리적 또는 분류학적 성상, 해양세균의 지역적 또는 양적 분포의 상태와 변동에 미치는 환경요인의 영향, 해양에서 세균의 대사 활성이나 증식속도 등에 관하여 많은 연구가 되어 있다. 해양환경에서 세균의 생태를 포괄적으로 이해하기 위한 종속영양세균의 양적 분포, 이동에 영향을 주는 환경인자, 해수중에서의 세균군의 활동, 배양방법에 따른 계수법에 관하여 이해하여야 한다. 이 장에서는 해수 중의 해양세균의 분포를 중심으로 하구역, 연안해역, 외양 및 이토 중의 해양미생물의 분포에 관하여 설명한다.

3.1 해수중의 분포

해양 미생물의 분포는 현탁물질, 동식물 등에 부착하여 생활하는 것과 자유로이 유영하면서 수직적 또는 수평적으로 분포하면서 생활한다. Zobell(1946)은 태평양의 남 Califonia 연안 해역의 여러 관측점에서 얻어진 종속영양세균수의 평균치를 그림 3.1과 같이 세균과 식물 plankton의 수직분포 관계를 일반적인 patern으로 표시하였다. 그림에서 해수 중의 세균수는 25 ~ 50m 수심에서는 식물 plankton의 증가와 병행하여 서서히 증가하지만 200m 수심을 넘어서는 경우 세균수가 1㎖ 중 10^4이상의 균수가 측정, 계수(計數)되는 곳이 매우 드문 현상이다. 그러나 Kriss(1963)는 종속영양세균의 수직 분포는 대부분의 경우 어떤 일정한 patern으로 정해진 것이 아니며 해양세균의 양적 분포도 합성유기 배지상(合成有機培地)에 발육한 세균집락(colony)을 계수한 것으로 사용된 배지(人工培地)의 성분이나 농도에 발육 가능한 종속영양세균수(세포수 또는 세포의 凝集集團數)만 근사값으로 나타내는데 불과하므로 이러한 방법으로 얻어진 균수는 해수중에 존재하는 전 세균세포 중의 극히 일부분인 특정한 세균집단의 수를 상대적으로 또는 선택적으로 나타내게 된다. 또한 양적 분포는 불균일성(不均一性)과 국소성(局所性)으로 나타내는 것이 보편적인 현상이다

흑조류(黑潮流)의 해수 중의 수직분포하고 있는 종속 영양세균의 분포는 그림 3.2와 같다. 세균수는 표층에 많고 200m를 향하여 점차 감소하는 경향을 보여주고 있다. 이러한 수직분포의 patern은 흑조류 중 독립된 수괴(水塊) 중에는 정상적인 분포형으로 생각된다. 그러나 흑조의 분기류가 유입하는 동경만의 경우는 그림 3.2와 같은 전형적인 부포형은 볼 수 없고 불균일성을 나타내었다. Taga(1968)는 그림 3.2의 결과에 의하면 해수 10㎖중 종속영양세균의 평균 측정치를 95%의 신뢰범위를 구하면 흑조류의 균수와 상층수(0 ~ 50m) 중에서 102 ~ 153, 중층수(100 ~ 200m) 중에서 24 ~ 39, 400m 수중에서는 13 ~ 27이였다.

일반적으로 해수중의 세균수는 흑조류 해역에서는 상층의 수괴에 가장 많고 중층부터 심층으로 갈수록 점차 감소, 환경인자인 pH, 용존산소, 수온도 낮아지는 경향이다.

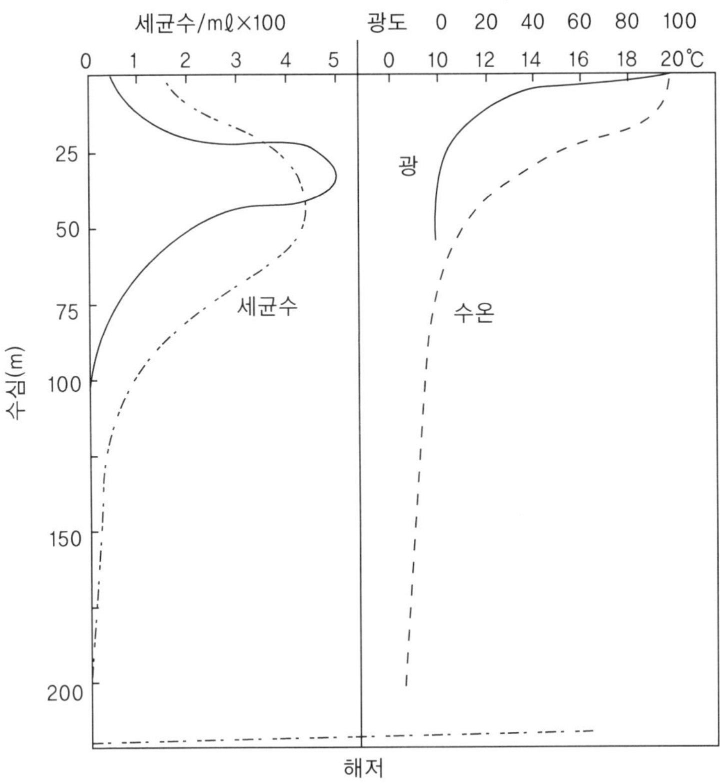

▣ 그림 3.1

남 California 연안의 세균수 식물 plankton 수, 태양광선 및 수온수직분포(Zobell, 1946). 세균수는 1㎖ 당 평판배지상의 colony수, 식물 plankton은 1 ℓ 중의 규조류를 나타낸 것임.

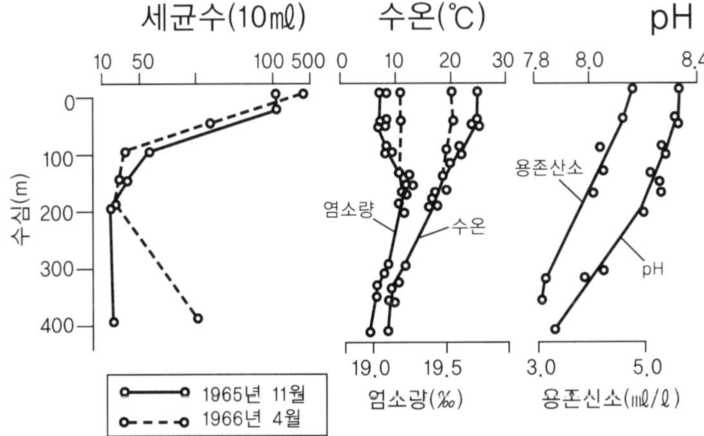

▣ 그림 3.2 흑조류(黑潮流)의 해수중 종속영양세균수와 환경요인 관계(Taga, 1968)

그림 3.3는 동해안의 울릉도와 독도사이의 4개 정점에서 생균수와 총균수를 조사한 결과이다. 그림 3.3에서는 평판배지상의 형성되는 집락(colony)과, 직접계수법으로 계수(計數)한 것으로 직접 계수법으로 측정한 것이 $10^2 \sim 10^4$ cell/㎖의 차이를 보이고 있으며 표층에서 120m까지의 생균수는 점차 감소되고 있음을 알 수 있다.

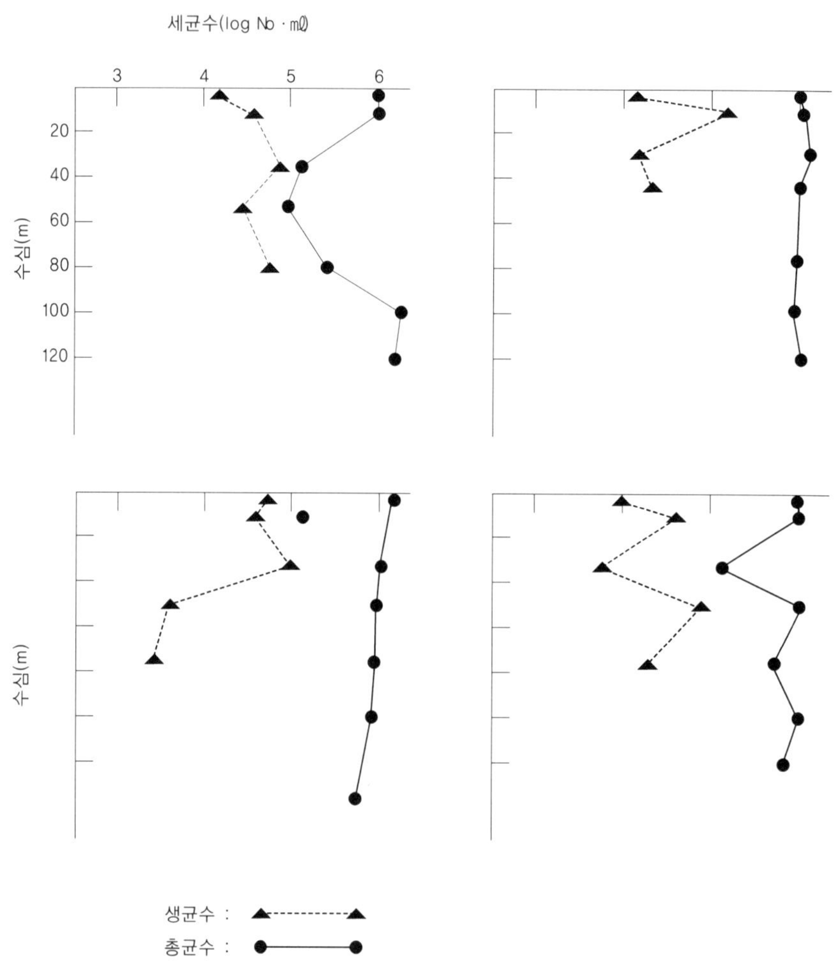

■ 그림 3.3 동해안 독도와 울릉도 사이의 해양세균의 수직분포(李 등, 1992)

淸水 등(1987)은 남극 및 인도양의 중심해역에서 깊이에 따른 해양세균의 분포를 직접법 총균수(TC), 지접법 생균수(DVC)과 한천 평판법 생균수(PC)를 측정한 결과, 그림 3.4와 같다. 직접법에 의한 세균수와 평판배양법으로 한 세균수의 차이는 외양 해역이 크고, 동경만의 경우도 내만보다 만 입구가 차이가 큰 것으로 측정되었다.

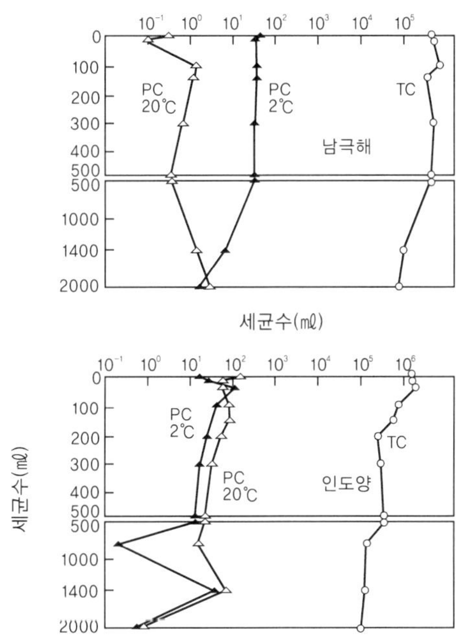

▣ 그림 3.4 남극 및 인도양의 세균수.TC는 직접 검경법. PC는 평판 배양법에 의한 해역의 수심에 따른 세균분포.

3.2 하구역의 미생물

하구역은 대부분 생활하수, 공장폐수, 농약 등 다양한 물질 등이 하천수에 혼입되어 해수와 혼합되는 곳이다. 또한 하구역은 하천수의 유속이 급속히 저하되는 곳이기 때문에 현탁물질의 입자중 무거운 부분은 빠르게 침강하기도 하고 하천수 중에 현탁하고 있는 하전입자(荷電粒子)는 서로 반발하여 만나기 때문에 응집하기도 힘들고 침강하기도 힘들지만 해수중에 환입되면 전해질과 접촉하여 하전(荷電)을 빼앗겨 서로 응집하여 침강하기 쉬우며 또한 세균에 의하여 분해 이용된다.

따라서 세균은 점질 다당질(粘侄 多唐侄)을 형성하면서 이상 증식을 하고 균괴(菌塊, floc, flocculation)를 형성하는 경우가 생기며 세균상도 다양하게 형성된다. 특히 하구역은 하절기 장마 등으로 육상에서 혼입되는 균이 다양하며 해수와 혼입된 저염분인 곳에 일시적으로 생존하는 균과 서서히 적응하여 생존하는 균들이 대부분이다.

하구역의 N화합물의 수직분포를 조사한 결과를 보면 수온 약층이 존재할 경우 수온 약층의 하층에는 NO_2^-가 높게 분포하고 있는 경우가 많고 세균수도 10^5 ~ 10^7cell/㎖의 총균수가 발견되고 수온 약층의 약간 위층에는 NO_3^-가 NO_2^-보다 높게 분포하고 있으나 세균수는 10^4 ~ 10^5 cell/㎖ 범위이다. NH_4^+는 산소의 감소와 서서히 증가 현상으로 수온약층보다 깊은 곳에서 높게 보여준다. 현탁물질 중 입상 유기상태 P의 경우도 주로 세균의 Phosphate에 의하여 무기상태의 인으로 전환되어 동,식물 플랑크톤이 이용하고 남은 인은 Fe^{2+}에 의하여 포착, 침전된다. 빈 산소상태의 환경인 저층에는 탈질 세균, 유산 환원세균, 메탄 생성균 등이 발견된다. 일반적으로 부 영양화된 하구역에서 많이 발견된다.

우리나라는 주로 서해안, 남해안 동남 해역인 온산, 울산 등을 생각할 수 있지만 대표적으로 낙동강 하구역을 들 수 있다. 낙동강 하구역은 생활하수, 공장폐수 등 다양한 유기물질 유입으로 세균상도 다양하다. 또한 조사, 연구도 다양하게 보고되어 있다. 지금까지 연구보고에 의하면 *Escherichia coli, Micrococcus, Fungi, Bacillus subtilis, Pseudomonas spp. Flavobacterium spp.* 등 육상 세균 등이 많이 포함되어 있다. 낙동강 하구 간석지에 존재하는 세균의 분포 및 활성 등의 조사에서 *Pseudomonas spp.* 가 42%라고 한 보고도 있다(김 등, 1985).

3.3 연안해역의 미생물

연안해역의 유기물 농도는 해역주변의 환경에 따라 다르며 분포하고 있는 세균수, 세균상(細菌相)도 다르다. 연안해역에 분포하고 있는 세균은 대부분 현탁물질(Detritus)이나 비생물체 등에 부착하여 생활(기생)하거나 동물의 장내 또는 식물의 조직이나 표면에 부착하여 생활하는 세균군(群) 또는 해수중에 자유롭게 부유(浮遊)하면서 용존 유기물질을 분해 섭취하면서 생활하는 군(群)으로 나눈다. 이러한 세균들을 형광 현미경으로 세균수를 계수(計數)하면 $10^6 \sim 10^7$cell/mℓ정도이고 부영양화된 해역에서는 $10^6 \sim 10^8$cell/mℓ의 균수가 존재하고 있음을 알 수 있다.

연안해역의 현탁물질 중 90%가 비 생물체이고 여기에 부착(기생)하면서 물질분해, 생성 등의 물질순환에 중요한 역할을 담당하고 있는 것이 해양미생물이다(Parson, 1984).

우리나라의 부 영양화 해역으로는 진해만이 대표적이며 적조가 발생할 때(bloom 일 때)의 총 세균수는 $10^6 \sim 10^9$cell/mℓ이고 적조가 진행되는 과정에 세균상도 달라진다. 즉 적조 발생 직전의 해수중에 *Pseudomonas spp.*, *Flavobacterium spp.*, *Moraxella spp.*, *Vibrio spp.*의 순으로 우점적이였으나 적조발생(bloom)중에는 *Flavobacterium spp.*, *Acinetobacter spp.*, *Moraxella spp.*, *Vibrio spp.* 순으로 되었고, 적조가 소실된 후에는 *Flabobacterium spp.*, *Vibrio spp.*, *Acinetobacter spp.*, *Pseudomonas spp.* 순으로 변하였다(이 등, 1986).

현탁물질(식물플랑크톤) 분해과정에서 *Vibrio spp.*, *Acinetobacter spp.*, *Pseudomonas spp.* 등의 우점순으로 세균상이 현탁물질 분해 후에는 *Vibrio spp.*, *Pseudomonas spp.*만 발견되는 세균상의 변화가 관찰되었다(Fukami 등, 1981). 연안 해역에서는 대부분 10 ~ 50m사이에 유광층이 형성되고 세균수는 식물플랑크톤 극대층보다 조금 깊은 층에서 가장 높은 분포를 보이며 세균의 성장 속도도 빠르다(Furman and Azam, 1982).

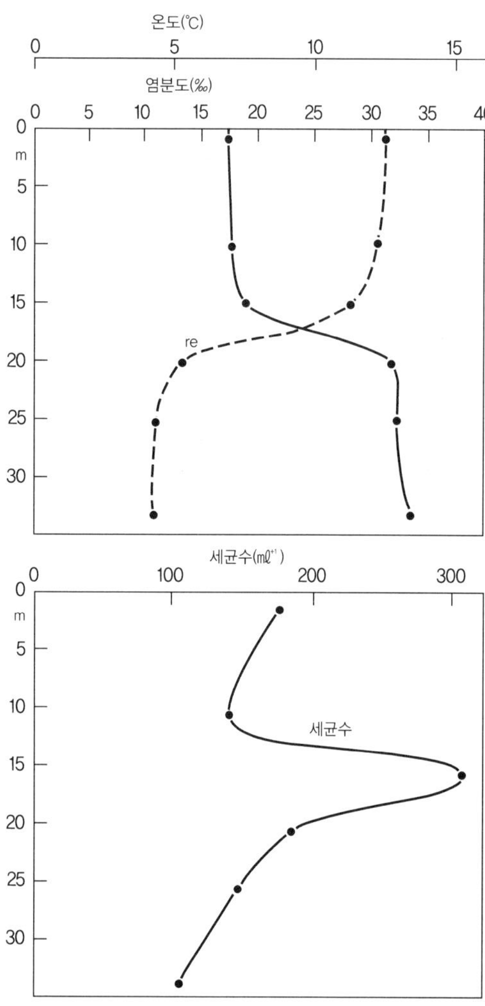

■ 그림 3.5 염분, 수온과 성층 부근에의 부착세균의 분포(Rheinheimer,1992)

그림 3.5는 염분, 수온이 급변하는 즉, 성층(Thermocline)이 형성된 곳에 세균이 높게 분포하고 있음을 보여주고 있다. 이것은 성층이 형성된 곳에 밀도가 다른 수괴(水塊, water mass)가 현탁물질과 세균의 침강을 방해하는 성층이 형성되는 곳에 현탁물질 등이 축적되어 영양물질이 많아진 관계로 세균이 활발하게 번식하고 높은 분포를 보여준다. 천해역인 경우 바람에 의하여 종종 성층이 파괴되고 높은 현탁현상이 생겨 세균의 수직분포가 표층과 저층이 동일한 관계를 가진다. 심한 경우에는 저질까지 교란시켜 일시적으로 유기물 증가와 동시에 세균수도 증가현상을 보이기도 한다. 또한 조석의 차가 심할 경우에도 세균의 분포가 다르게 나타나지만 대부분 날씨가 좋아지면 원래의 성층이 형성된다.

일반적으로 연안해역에서 해양 미생물은 유기물질을 분해하여 무기물질 생성하고 식물 플랑크톤 등이 섭취하게 된다. 세균은 응집(Floc.;Flocculation)현상으로 동물 플랑크톤에 포식되기도 하고 물질이나 섭취 등의 관계로 섬모충류나 편모충류의 먹이 연쇄에 관여하여 먹이에 중요한 역할을 담당한다.

3.4 외양의 미생물

외양 해역은 하구역이나 연안해역과 다른 여러 가지 요인 중 가장 중요시 되는 것이 영양물질, 즉 유기물질(무기물질 포함)이 극히 적은 빈영양(貧營養)의 환경이다. 따라서 외양에 분포하고 있는 균체는 하구역이나 연안수역에 분포하고 있는 균체에 비하여 극히 작기 때문에 높은 배율의 현미경이나 형광 현미경을 사용하여 세균의 크기와 직접계수법에 의하여 총균수를 계수한다. 일반적으로 외양의 세균수는 10^5~10^6 cell/mℓ로 표층수에는 비교적 많은 균수가 발견되지만 심층일수록 총균수는 적어진다. 그림 3.7은 서 Gibraltar해엽의 염분, 수온, 총균수, 현탁물질 등에 기생하는 세균과 Glucose의 최대흡수율을 표층에서 900m수심까지의 수직분포를 나타낸 것이다.

표층에서는 0.4×10^6 cell/mℓ의 높은 총균수가 수심에 따라 감소 현상을 보여주며, 염분, 수온, 현탁물질 등에 부착(기생)하는 세균수도 감소 현상을 보여주고 있다. 특히 특징적인 현상은 염분과 수온은 400 ~ 600m에서 극소층 현상을 보여주며, 총균수와 현탁물질 등에 부착(기생)하는 세균은 100m에서 극심한 감소현상으로 Glucose의 최대흡수율도 극히 낮은 것을 알 수 있다. 심층인 경우 난분해성 물질이 표층에서 침전되어 존재할 경우 그림과 같이 900m 수심에서 다소 높은 현탁물질에 부착(기생)하는 세균이 발견되며 저층으로 수괴의 이동이 생길 경우에도 저층에서 다소 높은 수온이 측정되기도 한다.

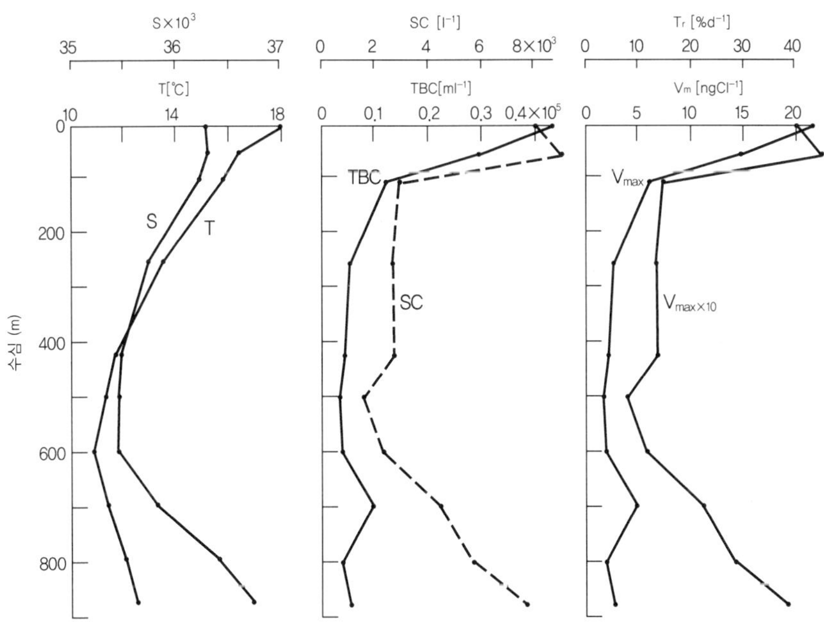

■ 그림 3.6 서 Gibraltar 해엽의 염분(S), 수온(T), 총균수(TBC), 현탁물질 기생부착세균(SC), Glucose최대흡수율 등의 수직분포(Gocke와 Rheinheimer, 1987)

일반적으로 심해의 세균수는 10^5cell/㎖이하지만 특수층인 열수 분출공(Thermal vent)인 경우는 10^5cell/㎖이상이 존재한다. 예로서 태평양 Galapagos섬 근처 열수분출공은 수심 2500m인 곳이며 수온이 270 ~ 380℃이고 분출공 주위에는 *Thiobacillus*, *Thiothrix*, *Beggiatoa*와 같은 유황 환원 세균, 망간, 철 환원 세균이 발견된다.

그림 3.7은 Lee 등(1983)이 아열대 해역인 남지나해와 태평양 해역에 분포하고 있는 세균수를 LPS(Lipopolysaccharide)로서 현존량(Biomass)을 측정한 것으로 Chlorophyll a(Chl a), 동물 플랑크톤, 세균수의 수직분포를 나타낸 것이다. LPS, Chl a, 세균수의 수직분포에서 양적으로나 수심차이는 다소 있으나 대개 30 ~ 100m사이에 높은 분포를 보여주지만 100m이심(以深)부터 낮은 분포를 보여준다. 세균수와 LPS의 상관관계는 0.84인 높은 상관관계를 보여주고 있다(그림3.8)

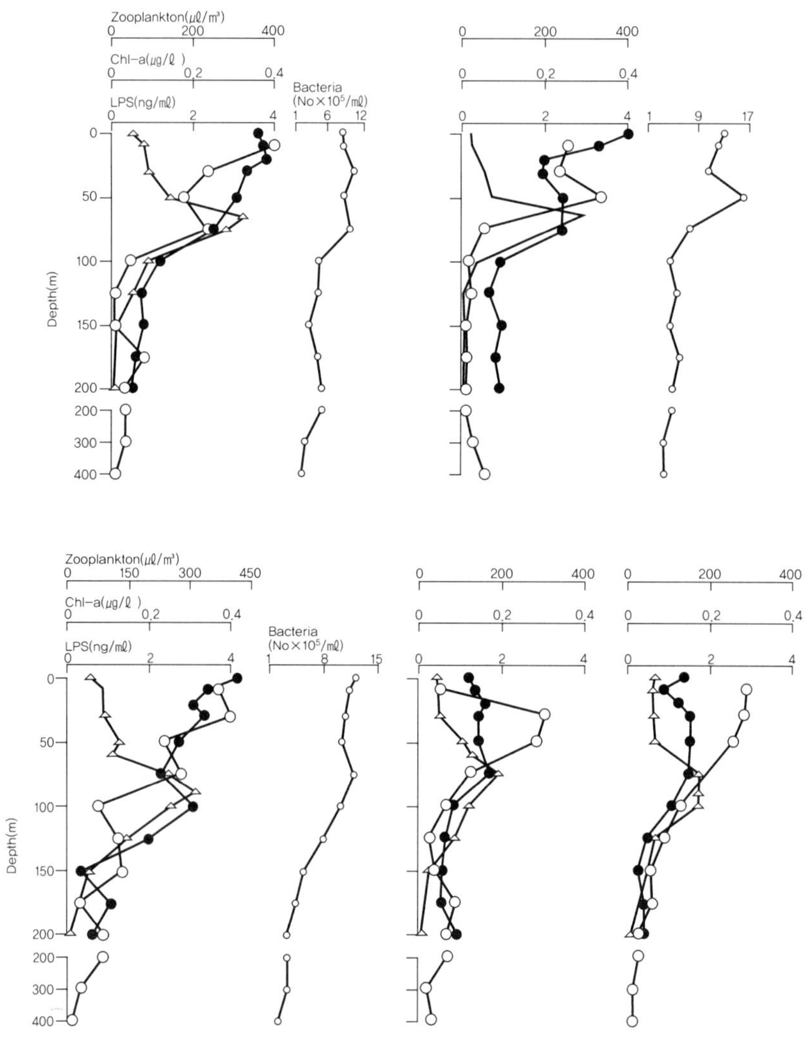

■ 3.7 해수중의 LPS, Chl a, 동물 플랑크톤, 세균수의 수직분포(Lee등 1983).
O : LPS, △ : Chla, o : 동물 플랑크톤, ● : 세균수

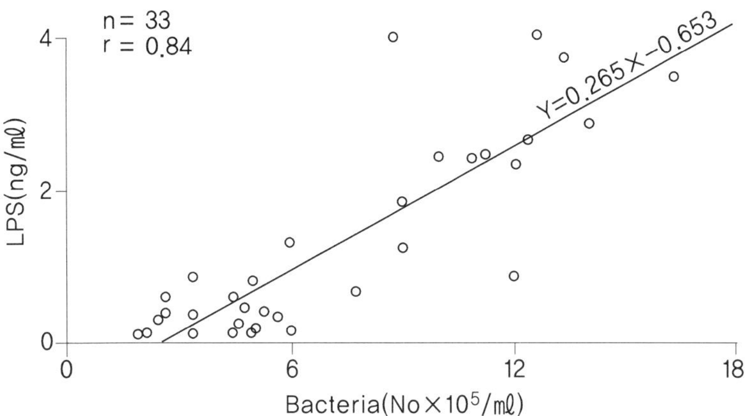

■ 그림 3.8 LPS와 총균수와의 상관관계(Lee, et al. 1983)

3.5 이토 중의 미생물

연안해역에서 심해에 이르기까지 해수 중의 현탁물질 등의 유기물질이 생산분해되고 남은 난분해성물질 등이 해저로 침강하여 저층에 침적된다. 이러한 현상은 해역이나 수심에 따라 차이가 있겠지만 일반적으로 해양은 표층에서 저층으로 유기물질 등 난분해성 물질이 침강하는 현상을 marine snow라 부르기도 한다. 담수인 호수에서도 거의 비슷한 현상이 진행되고 있다. 표 3.1은 호수의 저니(底泥)에 미생물의 분포량을 나타낸 것이다(Kusnezow, 1959).

이토(泥土, mud)의 표층은 연안 해역이나 하천에서 유입된 풍부한 유기물질이 함유되어 많은 미생물들이 서식하고 있다. Kusnezow(1959)는 호소(湖沼)의 저니에서 많은 미생물들이 서식하고 있다고 하였다.

▦ 표 3.1 여러 호수의 저니 중의 세균수(cell/g)

	습기가 많은 이토	건조한 이토
Byeloye lake	2.3×10^{8}	5.4×10^{9}
Tshornoye lake	1.3×10^{8}	3.5×10^{9}
Swyatoye lake	9.2×10^{7}	3.0×10^{9}
Lake Gab	1.9×10^{8}	1.6×10^{9}
Krugloye lake	1.1×10^{8}	7.9×10^{8}

일반적으로 저니의 세균은 육상에서 멀어진 거리일수록 세균수의 차가 생긴다. 저니의 표층에서 일반적으로 높은 균수를 보이고 있으나 저니 주위가 혐기적 환경으로 되면 호기성균은 감소되고 유산환원 세균이나 메탄 생성균이 분포하고 있는 것을 알 수 있다. 우리나라의 연안해역이 부영양화 현상으로 문제시되고 있는 곳이 마산만으로 생각할 수 있다. 이러한 해역의 저니의 표층 1-1.5 cm 정도의 부분에 유산환원균이 집중 분포하고 있으며, 광합성세균이나 효모 등도 분포하고 있으며 저니중에 부패세균도 10^5-10^8cell/g정도 서식하고 있다. 심해의 연니(軟泥,또는 퇴적물)에서는 한정된 세균의 종이 분리되고 있다. 李와 大和田(1995)은 Suruga만의 4000m의 해저 연니(軟泥)중에 서식하는 세균을 계수한 결과 10^4-10^5cell/g의 세균이 서식하고 호압, 저온성 세균인 *vibrio*균을 분리하였다. 이와 같이 호수나 연안 해역, 심해에서 상당한 미생물이 서식하고 있는 것을 알 수 있다.

3.6 연습문제

1. 해수중에 분포하고 있는 미생물의 특징에 관하여 설명하여라.

2. 연안해역의 미생물의 상(相)은 하구역의 영양염류의 영향을 많이 받는다. 주된 영양염류와 세균과의 관계를 설명하여라.

3. 성층과 세균의 분포 양상을 설명하여라.

4. 연안해역과 외양에 분포하고 있는 해양미생물의 특성은 무엇인가?

5. 해수중의 현존량(biomass) 측정법을 설명하여라.

6. 다음 용어를 설명하시오.

   1) 성층현상(成層現象, thermocline)

   2) 용승현상(湧昇現象; upwelling)

   3) 수괴(水塊; water mass)

   4) 황색물질(黃色物質; yellow substance)

   5) 먹이연쇄

7. 이토중의 세균의 생태를 설명하시오.

제4장 해양미생물의 생리

지구의 70.8%를 점유하고 있는 해양은 평균 수심이 3800m이며 1,000m에서 수온이 5℃ 이하가 되므로 해양의 95%정도의 용적이 5℃이하인 저온의 환경이다. 또 남극과 북극은 지구 표면의 14%를 점유하고 있으며 -1.9℃ 이하를 유지하고 있다. 이러한 저온의 환경에 적응하여 생활하는 해양미생물은 10m 마다 1기압씩 상승하는 환경 즉, 평균수심 380기압과 국부적이지만 초호열 환경인 200-300℃가 넘는 극한 환경에서 서식하는 세균과 저온환경에서 생활하는 해양미생물들은 해양생태계에서 물질순환, 먹이 연쇄 등에 중요한 역할을 하고 있다. 또한 저온세균은 중온세균과는 다르게 난분해성 물질등 대사기능이나 물질 생산이 특이 할 것으로 생각되며 연안해역의 부영양화 환경이나 태평양이나 대서양 등 빈영양의 환경에서 서식하는 해양의 미생물들의 생체내에는 특수한 생리활성 물질을 가질 수도 있으며 해양생태계에서 중요한 역할을 할 것으로 생각된다.

4.1 저온세균

저온세균은 1887년 Forster가 0℃의 얼음 조각을 시험관에 넣고 실험해 본 결과 실온에서 증식하는 세균과 같이 성장하는 것을 발견한 것이 최초이다. 1902년 Schmidt-Nielsen은 0℃에서 살아 있어야 하고 증식이 가능한 세균을 호냉세균(Psychrophile, coldloving)이라 불렀다. 그러나 이러한 균은 많은 실험 Data에서 0℃에도 증식되고 20℃ 이상의 최적증식온도를 가지는 균이 있어 호냉세균이란 명칭은 부적당하다고 지적되어, 이러한 균을 내냉균(耐冷菌, cold tolerant)이라고 불러졌다. Eddy(1960)는 5℃나 그 이하의 온도에서 증식 가능한 세균을 저온세균(Psychrotroph)이라고 정의하였다. 이 정의에는 저온에서의 증식온도 범위만을 기재하여 최적증식온도(最適增殖溫度)나 增殖가능최고 온도와는 관계가 없다. Stokes(1963)는 0℃에서 일주일 이내에 육안에 검출 증식 가능한 세균을 好冷細菌으로 하고 지적증식온도가 20℃이상인 세균을 통성호냉세균(通性好冷細菌, facultative psychrophile), 20℃이하의 지적증식 온도를 가진 세균을 편성호냉세균(偏性好冷細菌, obligate psychlophile)이라 한다. 북태평양의 해수, 넙치알, 남극이나 북극에서는 20℃이하의 지적 증식 온도를 가진 본래의 호냉세균이 발견되어 왔다.

이러한 배경에서 Morita(1975)는 지적증식온도가 15℃ 부근 또는 그 이하에서, 증식 상한 온도가 20℃ 부근에, 증식 하한 온도가 0℃ 또는 그 이하에 있는 세균을 호냉세균으로 하고 그 이외의 저온 세균을 Psychrotroph(低溫細菌)이라고 제안하였다. 현재에는 Morita의 정의가 일반적으로 인정되고 있다. 또 효모에는 Watson(1987)에 의하여 편성 호냉성 효모(obligate psychrophilic yeast)는 증식 상한 온도가 20℃거나 또는 그 이하에 있는 효모를 정의하고 있다.

이상에서 본 바와 같이 저온 세균중에는 20℃이외의 30℃와 40℃ 부근에서 증식온도를 가지는 세균이 인정되기 때문에 Waston의 효모에 대한 정의와 같이 증식 상한 온도를 기준(criteria)으로 하여 저온 세균을 Morita(1975)가 정의한 것과 같이 호냉세균(Psychrophiles)과 저온세균(psychrotroph)으로 나누고, 증식 상한 온도가 30℃이하의 것을 Obligate psychrophile로 하고, 30℃ 이하에서 증식하는 것을 facultative psychlophile이라 한다. 또 Psychrotroph에 대해서는 Eddy(1960)가 정의한 40℃ 부근까지의 증식온도를 생각하고 40℃ 부근에는 동물의 체온이 있고 이 온도에서 저해되고 5℃ 또는 그 이하의 저온에서 증식 가능한 세균을 Psychrotroph이라 하면 중온 세균과 구별이 명확해진다. 또 Psychrotroph이란 용어는 Eddy(1960)가 제안하여 사용된 용어로 "troph" 은 영양의 뜻이고 autotroph(무기영양생물), heterotroph(유기영양생물)으로 생물의 영양섭취 양식에 따라 표현되는 용어이다. 따라서 저온에서 증식 가능한 세균을 정의하는 말은 Psychrotroph이란 것을 생각해야 할 것이다. 즉 여기에는 Psychrophile과 Psychrotroph의 양자가 포함되어 저온세균으로 표현되었다. 따라서 저온세균은 Morita가 정의한 20℃ 이하에서 증식하는 세균을 정의한다.

4.1.1 저온세균의 분포

해양세균의 분포에 관한 연구는 Zobell(1964)의 연구를 비롯하여 관련된 보고서가 많으나 저온세균에 관한 연구는 최근에 와서 관심을 가지고 연구가 진행되고 있다. 연안해역에서 심해에 이르기까지 또는 양극지역에서 저온세균에 관한 분리를 하고 있다.

Gow와 Mills(1984)는 년간 평균 수온이 0~14℃의 저온해역 시료에 대하여 생균수에 미치는 온도의 영향을 검토하였다. 수온이 2℃인 해수 시료는 5℃ 배양에서 더욱 높은 생균수가 얻어졌고, 20℃나 25℃배양에는 생균수가 현저하게 감소한다. 한편 수온 13.5℃ 시료에는 20℃배양에서 최고치를 표시하고 1℃와 5℃에는 생균수는 극단적으로 적어진다. 이와 같이 저수온의 해수중에는 저온세균이 우세하게 되어있다. 또, Simidu등(1986)은 남극대륙가까이 저온해역과 Australia근해의 해수중 세균수를 조사하였던 결과를 발표하였는데 남극해 및 인도양의 해수중의 세균수로 해수온도 2℃에서 증식하는 균이 20℃에서는 1~2단계 높게 나타났다. 한편 인도양 해수중 20℃배양에서 생균수가 2℃보다 더욱 높게 나타났다. 이것은 저온 환경에 있는 남극해의 해수중에는 20℃ 증식 불가능한 저온세균이 많이 존재하고 있는 것을 생각할 수 있다. Dellie와 Perret(1989)는 남극해역 (수온 -1~2℃)나 아남극해역(1~8℃)해수중 종속 영양 세균의 생균수를 4℃와 -18℃에서 배양하였는데 4℃배양분리균주 약 140균주가 분리되었고 대부분의 균주는 호냉세균보다 저온세균이라고 하였다.

마루야마(丸山)등(1990)은 수심 5000~6000m되는 심해해역에서 저온세균의 출현율

(20℃배양에서 생균수CFU에 대한 4℃배양의 생균수CFU의 비율 : $PC_4/PC_{20} \times 100$)를 비교한 결과 표층수, 심층수 및 해저 퇴적물이 어느 경우의 시료에 대해서도 수 10%값을 얻을 수 있고, 저온세균의 출현율과 시료 채취 심도와는 거의 관계가 없는 것으로 조사되었다. 그러나 각 시료에서 분리한 세균 약 70균주의 증식온도를 조사한 결과 4℃에서 증식 양호한 균주의 비율은 해저 퇴적물에도 더욱 높고, 심층수, 표층수순으로 시료 채취심도와 상관관계가 인정되었다. 심도 또는 수온에 기인한 저온세균의 습성분리(habitat segregation)이 있는 것으로 추정되었다. 마루야마등(1990)은 오키나와 근해에서 종속 영양저온세균의 출현율을 조사했는데 열수분출공 주변의 저층해역에는 출현율($PC_4/PC_{20} \times 100$)이 1%이하로 되고, 타 해역과는 완전히 다르게 표시되었다. 그래서 저온 환경에 있어서도 국부적인 고온 환경이 존재하는 수괴에는 물의 순환에 따라 고온성 세균이 우점하고 있는 것으로 생각되기도 한다. 지금까지는 배양가능한 저온세균의 분포나 분리균주의 증식온도등에 대하여 설명되었지만 극역(極域)의 저온환경에서는 세균군집의 생활에 미치는 온도의 영향에 남극해역의 해수나 해빙이 세균군집의 호냉성을 나타내게 하였다. 이상과 같이 평판배양법에 의한 저온 세균의 분포나 분리균주의 증식온도가 현장에서 직접 측정한 미생물군 활성이 결과와 반드시 일치하지 않고 분리수법, 분리균주와 자연의 세균군집의 성질이 다르고 현장 세균군집활성의 측정법등의 기술적인 문제에 기인되고 있다고 생각된다. 심해 세균이나 호압성과 호냉성의 양자의 성질을 가지고 있는 저온세균의 계수법이 개발되어야 할 것이다. 해양의 저온세균의 종류는 해양에 분포하고 있는 해양세균이 거의 차지하고 있으며 대부분 *Pseudomonas, Vibrio, Photobacterium, Moraxella, Acinetobacter, Flavobacterium, Alcaligenes*속 등이다. 남극이나 북극에서 분리된 균도 *Vibrio*가 많다고 한다.

4.1.2 저온세균의 특성

저온세균의 특성은 저온에서의 효소활성, 세포막의 지질등이 중온세균이나 고온세균과 다른 특징을 가지는 것이 중요한 것이다. 특히 저온세균은 20℃ 이하의 온도에서 잘 서식하고 잘 서식하고 있기 때문에 세포내에 존재하는 생리활성 물질의 종류 열활 등이 연구의 대상이 되고 있다. 특히 최근에는 생물공학적 기법을 이용한 생리활성 물질의 연구가 활기를 띄고 있다.

1) 증식 온도

Morita(1975)는 증식 상한 온도가 9 ~ 10℃, 지적 증식온도가 5℃부근에 있는 호냉세균 *Vibrio*를 남극해에서 분리하였다. 또 남극해역 해수 및 새우의 체표면에서 분리한 약 400 균주중 증식 상한 온도가 20℃, 지적증식온도가 13℃부근에 있는 호냉균의 1균주와 30℃에서 생육저해를 받고, 20℃부근에서 지적 증식온도를 가지는 저온세균 2균주를 발견하였다(그림. 4.1).

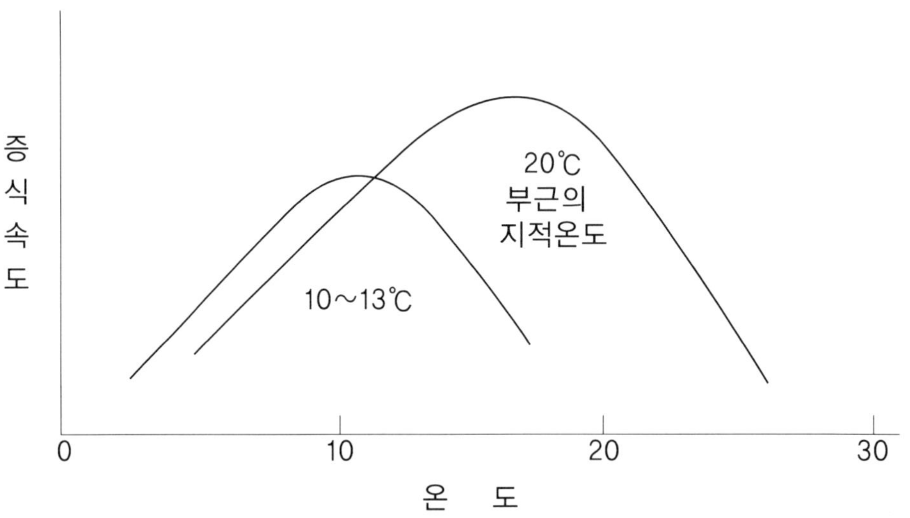

■ 그림 4.1 남극에서 분리된 저온세균의 증식속도의 변화

이러한 저온 세균을 취급하기 위해서는 시료채취에서 분리, 배양, 보존까지 전 조작을 5-15℃의 저온에서 시행해야 한다. 사용기기, 배지등도 미리 냉각 시킬 필요가 있다. 일반적으로 세균의 증식속도나 균체 收量은 저온에서 배양하면 저하된다. 그러나 Morita(1975)는 호냉세균은 그 개념에 맞지 않는다고 하였다. 호냉세균 *Vibrio marinus* MP-1의 지적 증식 온도는 15℃에서 그때의 균체수량(菌體收量)은 24시간으로 13×10^{11}cells/ml, 현장의 온도 3℃에는 9×10^{9}cells/ml이다. 또 저온세균(psychrotrophic bacteria)의 세대교체 시간은 표 4.1과 같다. 다른 저온세균(psychrotroph)에 비교하여 *Vibrio marinus* MP-1은 저온에 있어서도 빠른 증식속도를 보여주고 있다.

▦ 표 4.1 저온세균(psychrotrophic bacteria)의 세대시간과 온도

	-5℃~-7℃	0℃	0.5℃	2℃	3℃	4℃	5℃	10℃	15℃
Pseudomonas Fluorescens*1		30.21	6.68						
Pseudomonas Fluorescens*2		26.41					10.65		
Pseudomonas sp.		10.33						2.66	
Starin 82		21.23					21.58		
Pseudomonas Fluorescens*3									
Bacillus psychrophilus	6.30								
Micrococcuscryophilus		28.33							
Pseudomonas strain92				11.10					
Vibrio marinus MP-1*4					3.77				1.35

(注) *1 : 20℃에서 배양된 것을 접종

*2 : 5℃에서 배양된 것을 접종

*3 : 세대시간은 기질, 정치 또는 통기 배양에 의하여 차이가 있다.

*4 : 호냉세균(Psychlophilic bacteria)

2) 효소의 활성

저온세균의 효소는 중온세균에 비하여 일반적으로 열에 불안정하다. 예로서 저온세균 *Vibrio marinus* MP-1 균주의 세포내에 malic dehydrogenase의 활성은 0℃에서 15℃ 사이에서는 안정하지만 그 이상의 온도가 되면 활성이 현저하게 저하된다. Kato(1972)등은 해양성 저온세균 *Pseudomonas* No.548이 높은 단백질 분해 활성을 나타내고 있음을 알 수 있다. 이 균의 지적 증식온도는 20℃에 있고 배양액 중에 생성된 protease는 5℃에서 가장 많고 활성이 높으나, 온도가 높아짐에 따라 감소하고 35℃ 이상에는 효소의 활성이 소실되었다. 한편 하천(河川)에서 분리된 저온세균 *Acinetobacter sp.*의 증식온도 범위는 0-30℃이다. 이 균이 생산하는 균체외 lipase의 최적온도는 35℃이다. 그러나 배양액에서 분리, 정제된 4종류의 protease의 최적 온도는 35℃와 50℃이다. 이와 같이 저온세균의 효소는 중온세균에 비하여 일반적으로 최적온도를 가지고 있다.

3) 세포막의 지질

저온에서 영향을 받는 것은 주로 세포내의 효소와 세포막을 생각한다. 세포막은 영양물질을 투과하여 세포내 물질을 외부로 분비, 배설하기도 하고 또는 외부환경의 변동에 대응하여 세포내의 항상성을 일정하게 유지하는 것 같은 기능을 하고 있다. 이 막의 주요한 구성성분은 단백질과 지질이고 그 중에서 지질은 막 기능을 유지하기 때문에 중요한 일을 하고 있다. 세포막의 지질은 온도에 대응하여 상변화(相變化)를 받는다. 일반적으로 저온세균의 세포막에는 불포화 지방산이나 분지 지방산 함량이 높은 것으로 보고되고 있는 것도 저온환경과 관계가 있다. 예로서 Fulco(1969)는 *Bacilus megaterium*을 20℃와 30℃로 배양하여 비교하여 보았다. 30℃에서는 palmitic acid가 불포화되지 않으나 20℃가 되면 불포화 산소가 급속히 유도되어 palmitic acid가 불포화로 된다. 그러므로 이 유도 산소는 30℃ 배양에 짤려지고 불활성화(不活性化)된다. 이와 같이 온도의 변화에 대응하여 막의 포화지방산과 불포화 지방산의 비율이 조절되고 있다. 최근 심해에서 분리된 저온 호압 세균을 가압하에서 2℃에서 배양하면 EPA(Eicosapentaenic acid, $C_{20:5}$), DHA (Docosahexaenoic acid, $C_{22:6}$)등의 고도불포화지방산(HUFA)이 생성되는 것이 인정되었다(Delong and Yayanos, 1986; Wirsen, et al., 1987: 李와 大和田, 1995). 이상과 같이 저온에서 미생물이 증식하기 위해서는 저온에서도 막의 유동성을 유지하고 막 기능을 운영하기 때문에 최적구조가 되는 막지질의 지방산 조성을 조절하는 것으로 관찰된다. 막의 구조나 유동성 및 인지질이나 지방산 조성에 미치는 온도에 대해서는 Herbert(1981, 1986) 총설이 있다.

4) 호흡활성

V. marinus MP-1의 glucose에 대한 호흡 활성이 (15℃ 측정)세포를 20.4℃에서 80분 처리하면 20%이하로, 110분 처리하면 10%이하로 저하하는 것을 관찰하여 저온 세균이 낮은 증식 최고 온도를 나타내는 원인중의 하나로 추정된다(Morita, 1968). 최적 온도가 14℃인 *Peudomonas sp.* L12균은 증식 범위가 0 ~ 19.8℃인데 lactase를 기질로 하는 O_2의 소비는 최적 온도가 23℃, 최고 온도가 29 ~ 30℃로 되어 기질에 따라 온도의 차이를 보여 주고 있다. 세포를 25℃의 해수에 5시간 방치하여도 O_2소비는 10℃에 방치한 경우와 변화가 없었다(Harder and Veldkamp, 1968). 비 해양성효모 *Candida* No.5에 있어서도 증식 최고 온도가 25℃부근에 있음에도 불구하고 glucose를 기질로 하는 산소 소모는 30℃에서 최적 온도가 되고 최고 온도가 40℃로 된다. 이와 같이 기질에 따라서 호흡의 활성이 온도차로 달라진다. 세포내의 대사는 온도 상승과 동시에 활성이 높아지고, 최적온도를 넘어서 ATP생산은 그대로 계속되나 대사의 평형이 깨어져 기질량 당의 세포 수율도 점차 저하되고 호흡량은 변화 온도 상태에 따라 나타나게 된다.

4.1.3 저온 미생물의 이용

종래 미생물 공업으로 이용되어져 온 미생물은 주로 중온 세균(mesophile)이고 저온 세균에 관한 연구는 맥주나 청주등 양조분야에서 조금 이용되고 있지만 연구사례는 적다. 그러나, 1970년경에 중온 세균과는 다른 대사 기능이 기대되는 저온 미생물에 관심을 가지고 저온발효에 관한 선구적인 연구가 진행되고 있다. 육상의 저온균 *Streptomyces sp.*는 20℃이하의 배양조건에서 생육하고 항생물질을 만들지만, 28℃이상에서는 항생물질을 만들지 못한다. 저온세균 *Brevibacterium sp.*는 배양온도에 따라서 아미노산 대사의 발효전환이 일어나고 5℃에서는 L-glutamine산을, 28℃에서는 L-alanine을 많이 생성하는 것을 알 수 있다. 최근 항 혈전 작용 등의 생리활성물질을 가지는 $C_{20:5}$나 $C_{22:6}$의 HUFA가 *深海* 細菌에 의하여 생성되는 것이 보고되어 있다. 이와 같이 HUFA는 해양 미세조류에 많이 함유되어, 해산어의 필수 지방산으로서도 알려져 있으나 일반적으로 세균과 같이 원핵 생물에서는 만들어지지 않는다고도 한다. 암흑의 심해에는 호압 저온성의 심해세균에 의하여 생성된 HUFA가 먹이 연쇄를 통하여 심해의 고등동물의 필수 지방산의 공급원으로 되어있다고 생각된다. 또 아라키돈산($C_{20:4}$)을 생성하는 육상의 사상균이 6 ~ 16℃의 저온하에서만 $C_{20:5}$를 생성한다고 되어있다. 이러한 것이 생리활성이 있는 HUFA의 미생물 생산이 주목되고 있다.

저온 미생물의 연구를 진행하는 것에 의하여 종래의 중온세균에는 발견되지 않은 새로운 대사 기능이나 신규 생리 활성 물질이 기대되고 저온 미생물의 응용면에서의 길이 열릴 것으로 생각된다.

4.2. 해양의 고유세균(固有細菌)

해양고유세균이란 말의 참뜻은 해양이 가진 본질적인 특징으로서 영양요구가 단순하고, 또 저 농도의 영양원으로 생활 가능한 균, 낮은 온도에서 생활하고, 해수 중에서 장기간 생존해야하고, 호염성인 것으로 많은 연구자들이 주장해 왔다. 이러한 주장의 배경에는 원양(외양)과 수 백, 수 천 m이상의 수심의 심해라고 하는 眞의 해양 image가 있음을 알아야 한다. 고유세균만이 가지는 특징의 하나로서는 염류 요구성으로 생각해 온 것은 사실이나 여기에 대해서도 많은 연구가 되어야 한다. 해양고유세균은 해수, 해산어 및 육지 기원균에 대하여 각각의 무기염류 요구성을 조사하여 3가지형으로 볼 수 있다. 즉, 1) 미량의 무기염류가 존재하면 증식 가능한 균. 2) 증식을 위한 어느 농도 이상의 Na^+을 필요로 하는 균 3) Na^+이외 다시 Mg^{2+}, Ca^{2+}, K^+을 요구하는 것, 즉 인공해수에도 증식 가능한 것. 등으로 나누어 표시하였다. Hidaka는 이 3가지형의 세균중 증식에 제3조건인 인공해수를 요구하는 균만이 眞의 해양 고유 세균이고 Na^+가 존재하면 Mg^{2+}, Ca^{2+} 등은 없어도 증식 가능한 세균, 예로서 *Vibrio*과 세균종 등은 본래 육지에서 유래된 것으로 생각했다. 이와 같이 해양세균의 염류에 대한 거동을 몇 개의 pattern으로 나누어 생각하는 것은 재미있는 연구이지만 해양의 현장에서 미생물이 생활하고 있는 조건과 연구실 조건에 대한 고찰, 해양세균의 생태학적 지위(地位), 특히 해양환경 등에 관련시켜 생각해야 한다. 예로서 Maeda와 Taga는 해양에 유래된 Vibrio종에 대하여, 이 균의 증식은 Na^{+}만 투여하면 정상적으로 자라지만 이 균이 분비하는 핵산 분해 효소의 활성발현과 안정화에는 Mg^{2+}, Ca^{2+}이 필요하고, 최적 농도는 해수중의 염 농도와 거의 일치함을 주장하였다. 이와 같이 해양에서 세균의 영양흡수에 핵산 분해 효소가 큰 의의를 가지고 있다면 실험실 인공 배양기 중에서 균이 Mg^{2+}, Ca^{2+}을 필요할 때와 필요 없을 때를 생각할 수 있다.

4.3. 빈영양과 미생물(Oligotrophs and Oligotrophic bacteria)

연안 해역은 도시 하수나 공장 폐수 등이 하천을 통하여 많은 유기물이 유입되기 때문에 영양물질이 풍부하지만 연안에서 외양으로 갈수록 유기 물질의 양은 적어진다. 유기 물질의 농도는 외부에서 유입되는 경우나 해역에서 생존하는 생물들로 인하여 현탁물질(Detritus)로 존재하기도 한다. 일반적으로 해수에 존재하는 유기성 입자(particulate organic matters;POM)와 용존상태로 된 입자(Dissolved organic matters;DOM)로 나눈다. 해양의 유기물 농도는 대단히 낮으며 탄소로 측정하여 용존상태 유기탄소(DOC), 입자상태 유기탄소(POC)등으로 표시한다. 외양 해수중의 용존상태 유기물(DOM)농도는 유기 탄소로서 표시하여 0.35 ~ 0.70 mgC/ℓ 로 극히 적다. 그러나 이 DOM 일부는 무기상태 현탁 입자에 흡착되어 실제로는 종속 영양성의 해양세균군이 이용되는 유기물양은 실제 소량이다. 이러한 추정치는 연구자에 따라서 다르겠지만 실험실내의 실험으로 산출된 추정치는 DOM으로서 측정된 값으로 약 6%이고, 현장에서의 실험결과에는 20 ~ 50%로 되어 있다. 이것은 추정치를 생각해 보면, 해양세균이 이용가능한 해수중의 용존 유기물은 20μ gC/ℓ 에서 350μ gC/ℓ 정도가 된다. 유기물이 적은 외양의 해수중에도 해양세균이 존재하기 때문에 다음과 같은 두 가지를 생각할 수 있다. 하나는 증식은 하지 않으나 낮은 생리활성을 유지하는 기아 상태의 생존(Starvation-survival)이 있는 균, 다른 하나는 저영양 환경에 적응하여 증식(Oligotrophic growth), 즉 저영양 증식균이 있다. 빈영양 환경에서 기아 상태로 생존하고 있는 해양세균의 생리적 연구는 대부분 고 영양배지(유기물 농도가 1ℓ 당 수

gram정도)를 사용하여 배양실험을 하여 왔다. 따라서 이러한 배지를 사용하여 배양한 균수는 형광현미경을 사용하여 직접계수법으로 계수한 균 수의 차이는 크다. 즉 한천 평판법으로 배양한 생균 수와 현미경 관찰에 의하여 얻어진 총 균수의 차이는 10^2-10^4/ml(g) 정도의 차이를 나타내기도 한다. 이러한 외양해수 정도의 저 영양 환경에서 증식하는 세균군을 빈영양(저영양)세균이라고 부른다.

고영양배지에서 증식한 해양 세균을 인공 해수 중에서 기아 상태로 생리적 변화를 조사하여 그결과를 관찰하여 외양 해역(빈영양해역의 세균)에 서식하고 있는 빈영양 세균의 생리 상태를 추정할 수 있다. 해양 세균을 고영양 환경에서 기아 상태의 환경에 옮길 때 생균수의 변화는 몇 가지 형태로 변화된다. 하나는 세포의 체적이 급격이 감소되어 소형으로 변화되는 상태가 많은데 대장균의 경우가 대표적이다. 다른 하나는 종속 영양세균 이나 독립 영양세균(초화세균)등은 시간이 경과됨과 동시에 세균체적이 서서히 감소하는 경우, 또 다른 경우는 기아 환경에 옮겨질 때 처음 균수가 증가하다가 각 균체의 체적이 감소하는 경우, 즉 외양 해역에서 분리한 대부분의 해양세균은 처음 증가하였다가 감소하거나 일정 기간까지 증가하는 경우이다. 세포가 소형의 경우 균수가 증가하는 현상은 순수 분리한 많은 해양세균의 기아 상태 실험에서 관찰되는데 이것을 증식없이 분열(division without growth), 소형화(dwarfing), 또는 단편화(fragmentation)현상이라 한다. 이와 같은 해양세균이 유기물 농도가 낮은 환경에 실제로 존재하는 사실은 1942년 Zobell에 의하여 실제로 검증되었는데, 0.1mg/ℓ 의 glucose나 peptone농도가 해수중에 함유될 때 해양세균이 증식한다고 보고하였다. 그러나, 해양에 분포하고 있는 종속 영양세균의 계수나 분리, 배양, 또는 기타의 실험적 연구에 있어서는 고농도의 유기영양원이 포함된 배지를 관습적으로 사용되기 때문에, 빈영양 환경에 존재(분포)하고 있는 세균군의 분리 배양에는 실제로 균이 없는 것 같이 보여 진다. 빈영양 세균의 일반적인 개념은 Kuznetsov등(1979)이 review한 것이 있다. 그들은 자연에 분포하는 세균군 중에 대략 1 ~ 15mgC/ℓ 의 소량의 유기물을 함유한 배지에서 최초로 분리 배양하였고, 부영양 배지에서도 증식되고 빈영양 에서도 계속 증식되는 세균을 잠정적(暫定的)인 빈영양 수생세균(oligotrophic aquatic bacteria)이라 하였다. 국제적으로 인정된 것은 아니지만 일반적으로 1mgC/ℓ 이하를 빈영양이라 한다. 남태평양등 외양의 실측값은 0.5 ~ 2mg C/ℓ 이다. 부영양화된 진해만의 경우 17mgC/ℓ 이상이며 보통 사용하는 배지의 경우 2,000 ~ 6,000mgC/ℓ 이다. Agaki등(1977)은 17mgC/ℓ 의 배지에서 세균을 분리하였는데 해수중의 탄수화물 양이 0.5mgC/ℓ 이하인 해역에서는 빈영양세균이 일반세균보다 많이 발견되었으나 0.5mgC/ℓ 이상인 경우 일반세균이 많았다고 하였다. 또한 이들이 고안된 멸균 glass fiber filter상에 희석된 유기영양 액체 배지를 침투시킨 것을 일반배지 대용으로 사용한 것이 특징이다. 고영양 세포를 기아 환경에 옮겼을 때의 기아 생존의 생리적 특징을 정리하면 다음과 같다.

1) 모든 대사 활성이 저하되고, 휴면(休眠)에 가까운 상태가 된다.
2) 단편화에 의한 세포수가 증가하는 경우가 많다.
3) 세포구성단백질(細胞構成蛋白質)의 분해 再合成이 일어난다.
4) 저농도 유기물 환경에 있어 기질 친화성이 높아진다.
5) 대부분이 구균상의 형태로 되고 소형화된다.

통성 저온성 해양세균(고영양세포)을 인공해수만으로 된 액체배지에(기아 환경) 옮긴 후 24시간 지난 후에는 세균수가 4 ~ 5배로 증가하였으나, 세포의 체적은 6시간 이후에 고 영양세포(0.66μ m)의 약 40%, 24시간 후에는 약 20%까지 감소하였다. 세균의 형태는 간균상에서 구균상의 형태로 변화되었다. 단편화라고 하는 것은 기아세포를 나타내는 특이한 현상으로 그 기구에 관한 것은 완전하게 설명되어 있지 않고 다만 두 가지의 서로 다른 pattern을 가진다고 보고 되어 있다. 하나는 단편화(斷片化)에 DNA합성을 필요하지 않는 경우이다. 이것은 해양세균 300균주(*Vibrio spp.*)의 기아상태실험에서 항생물질로 DNA 합성을 저해하여도(Nalidixic Acid) 단편화가 일어났다는 것만으로도 단편화에는 DNA합성은 관계없고, 고영양세포가 가지고 있는 염색체를 분열한 기아 세포에 단순히 분배하는 것만으로 되어 있다(Novitsky and Morita, 1977). 여기에 대해서 다른 하나는 해양세균 S14주(*Vibrio sp.*)의 기아의 실험에는 기아 세포의 DNA합성 활성을 중금속ion(Cd^{2+})이나 Nalidixic Acid으로 완전히 저해시키면 단편화는 일어나지 않고, 생균수가 감소하는 점으로 보면 단편화의 과정에는 DNA합성이 필요한 것으로 보고되어 있다(Nystrom and Kjelleberg, 1987).

4.4 심해의 미생물

심해 해양환경과 생물에 관한 연구는 1880년 프랑스의 해양 조사대가 세계에서 처음으로 심해저 6,000m에서 해저 연니(軟泥, clay)를 채취하여 수종의 생물을 발견하였다. 이것은 당시에 너무나 충격적인 연구 결과라 볼 수 있다. 현재는 급진적인 장비의 개발, 발전으로 여러 가지 생물, 예로서 성게, 불가사리, 새우, 어류 등 많은 생물이 살고 있음이 보고되었다. 심해 생물은 원래는 연안의 얕은 곳에서 살다가 생존 경쟁의 결과로 점차 깊은 곳으로 해저 환경에 적응하며 이동하여 사는 것으로 설명되고 있다. 해수의 표층에서 심해저(深海底)로 침강(沈降)하는 미생물은 심해환경에 적응하며 또한 동, 식물의 유체나 플랑크톤의 배설물등이 심해에 침전되어 갈 때 부착되어 같이 침전하고 쌓여지게 된다. 이러한 미생물 중에는 심해 고압과 저온에 견딜 수 있는 세균이 극히 일부지만 긴 진화의 시간을 생각해 보면 심해의 환경에 적응하여 왔다고 할 수 있다. 심해 미생물의 생활 환경은 고압과 저온의 두 가지 조건이 중요한 인자로 되어 있고 최근에는 고염과 고열수의 환경도 중요한 인자로 되어 있다. 이러한 환경에 관하여 집중 실험한 결과는 미국의 Scrips 해양연구소에서 필리핀 해구의 심해의 저니(底泥)를 채취하여 1000 기압에서 미생물을 배양하여, 증식하는 세균의 colony 수를 계수한 세균수가 발견되었다. 이 실험에서 심해에 살고 있는 미생물의 대부분은 옛부터 심해의 저니 속에 살아 온 것으로 추측되었다.

심해에는 고압과 저온에 견디어 살아 있는 미생물 중에는 수많은 세균이 살고 있다고 판명되었고, 그곳에서 활발히 활동하여 증식하고 있는가에 대한 논의는 계속되었다. 해수중에는 10m씩 깊어짐에 따라 약 1 기압씩 기압이 높아진다. 해양의 평균 수심 3800m에는 약 380 기압이 작용한다. 빈 콜라병에 두껑을 하여 심해로 내리면 약 4000m 수심에서 수압에 의하여 깨어진다. 미생물의 경우는 콜라병 모양 속에 공기가 찬것(빈것)이 아니기 때문에 곧 파열되는 일은 없으나 압력이 높아 짐에 따라 일반적으로 세균은 증식이 중단되고 따라서 加壓에 의하여 사멸된다. 압력을 가하면 미생물(세균)이 왜 죽어버릴까? 세균의 효소는 압력에 약한 것이 대부분이다. 천해 해양세균의 효소를 뽑아서 압력을 가하면 100기압 정도로서 효소 활성을 잃는다. 그러나 효소중에는 1000기압에도 견딜 수 있는 것이 있다. 이와 같이 압력에 대한 저항성의 차이는 효소 단백질 분자의 크기와 구조 차이에 의하여 설명되고 있다. 일반적으로 큰 효소 또는 몇 가지의 단백질 분자가 옆으로 모여서 된 효소가 압력에 약한 경향을 보인다. 압력에 의한 세포막의 변화, 영양 섭취가 불가능하게 되면 생존에서 사멸하게 된다. 따라서 세균이 심해에 적응하고 고압에 생존하는 것은 특수한 효소에 의한 것으로 추정된다.

4.4.1 심해호압성 미생물

심해는 저온, 높은 수압이라는 극한 환경의 하나로 이러한 환경에 적응하여 상압(常壓) 즉 1기압보다는 증식이 활발한 호압성 미생물이 확인 분리, 동정되었고 미생물학적인 성상이나 호압성과 생화학적 작용에 관하여 연구가 되어 있다. 일반적으로 400기압에서 보다 1기압에서 높은 대사율로 성장속도를 보이는 균이 내압성(耐壓性, barotolerance)균이고, 1기압보다 400기압에서 대사의 활성이 높고 성장이 빠른 균들을 호압성균(好壓性菌, barophilic)이라 한다. 심해 4000m 이상의 수심에서 분리한 세균중 통성호압성인 *vibrio* 균이 1기압(4℃)에서도 분리동정되어 1기압에서 600기압까지 배양실험 한 결과 형태적으로도 현저한 차이를 보였다. 심해의 세균을 1기압하에서 배양 4℃에 방치했을 경우 균괴(菌塊, aggregate)를 형성하는 것으로 발견되었으나 400기압이상에서는 1기압에서 배양된 균체의 약 10배에서 50배 이상으로 긴 간균의 형태로 변형되는 것을 알 수 있었다.(李와 大和田, 1995)

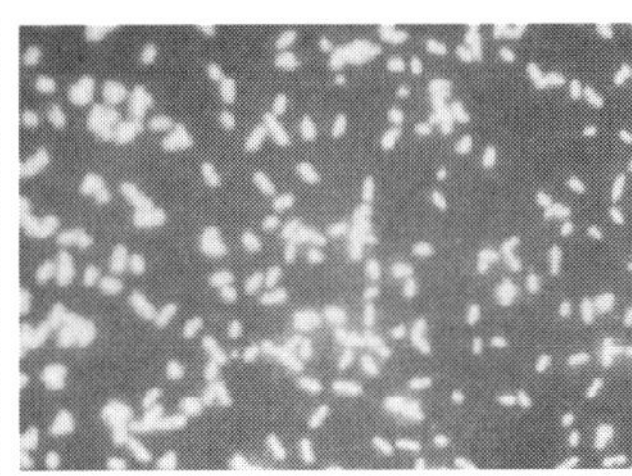
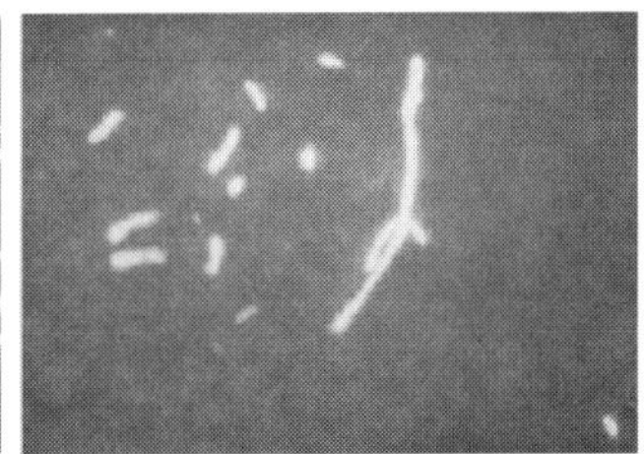

■ 그림 4.4 남극에서 분리된 저온세균의 증식속도의 변화

왼쪽사진의 윗부분은 400기압에서 배양한 균을 1기압에 방치 했을 때의 균괴(aggregate)를 형성한 형태이고, 사진 중앙은 1기압에서 배양한 세균(*vibrio sp.*)이다. 아래 사진은 400기압에서 배양했을때의 형태이다. 1기압에서 배양했을 때 보다 약 10배에서 50배 이상 긴 간균의 형태이다.

Zobell과 Johnson(1949)은 고압에서도 상압(1기압) 에서와 같이 또는 그 이상의 증식 속도나 대사활성을 가진 해양세균을 인정하고 이 세균을 호압세균(好壓細菌,barophilic bacteria)이라 부르도록 제창하고, 수심 10,000m를 넘는 많은 해구에 대하여 해저 퇴적물중의 미생물 조사를 하였다. 측정 방법중 MPN법으로 1기압에서 계수된 균수에 비교하여 현장압력(700 및 1,000기압)과 같은 조건에서 배양된 균수가 10내지 100배 이상 많았다. 물론 해구에 따라서 常壓이 균수가 높은 곳도 있었다. 이 연구 중에는 편성호압세균(偏性好壓細菌, Obligate barophilic bacteria), 즉 가압조건에 증식지적영역이 있어, 상압에 있어서는 증식 불가능한 세균, 즉 유황 세균이 발견된 보고도 있다. Zobell(1968)은 호압성 세균을 실험실에서 보존하는데는 대단히 곤란하다는 점을 보고하였다. 그것은 호압세균 군집을 포함한 집적(集積)된 저니시료에도 2~3회 계대, 이식하는 동안에 사멸해 버리거나 호압성을 잃어버리기 때문에 배지 조성의 검토를 충분히 하여도 번번히 실패가 되었다는 보고가 있다. Yayanos(1978)는 5700m의 심해에서 갑각류 *amphipoda*를 현장 압력 그대로 채취되는 Trape를 사용하여 채취하여 그 생물의 사후에도 현장온도(2~4℃)와 압력 조건에서 약 5개월간 유지시켰다. 이 시료에 Silicagel 고형배지를 사용하여 *Spirillum* 모양의 호압세균(CNPT-3) 균주를 분리하는데 성공하였다. 이 세 균주는 1에서 825 bars(1atm = 14.696 Dsi = 1.01325 bars = 0.101325 Mpa)의 압력 범위에서 증식 가능하고, 증식 최적 압력은 약 500 bars 였다. 그 때의 倍加時間(doubling time)은 86시간으로 세균 밀도는 $2 \sim 3 \times 10^8$ cell/㎖이었다. Yayanos 등은(1981) 같은 방법으로 마리아나 해구의 수심 10476m에서 *amphipoda*를 채취하여, Silicagel 고형배지를 이용, 편성호압세균주 MT-41를 분리하였다. 증식의 지적 온도 및 압력은 각각 2℃ 및 690bars에서 분열속도는 25시간, 또한 세균이 채취된 현장 압력 1035bars에는 2℃에 있어서 분열시간이 33시간이었다고 보고하였다.

심해의 저온, 고수압의 환경에 있어서는, 세포막의 투과성을 가진 것은 중요한 것으로, 그런 점에서 Delong과 Yayanos(1985)는 호압성 세균 CNPT-3균주를 다른 압력 조건하에서 배양하고 세포막 지질중의 지방산 측정을 한 결과 표 4.2와 같다. 이 균주에 대해서는 배양 압력조건이 높아짐에 따라서 전 불포화지방산의 함량이 증가하는 경향이 인정되었다. 심해역으로 부터 분리된 11균주의 해양세균에서, 탄소가 많은 고도불포화지방산이 검출되었는데 그 중에서 호압성인 3균주에 대하여 상세히 조사하여 본 결과 탄소가 많은 고도불포화지방산 함량은 각각의 균주에 대하여 그 최적압력조건에 가까울 때 가장 높게되는 것을 알 수 있었다.

해양성 호냉세균(*Vibrio marinus*)에 있어서는 상압하에서 배양온도가 내려감에 따라 탄소가 긴 불포화지방산 함량이 높아진다는 점에서 이들 불포화지방산이 막의 고화(固化)를 막아줌과 동시에 내압성 또는 호압성에 밀접한 관계를 가지고 있는 것으로 생각되어진다. 호압세균의 세포막 지질중의 지방산조성에 대하여 Wirsen과 Jannasch도 같은 결과를 보고하였다.

심해 2500m에서 분리된 호압성세균 SS 9균주에서 압력에 의하여 유도되는 단백질 합성에 관계하는 유전자 ompH가 cloning되는 것이 보고되어 있다(Bartlett et al., 1989). 280기압에서 배양되었을 때의 유전자 ompH에 전이되는 messenger RNA가 발견되지만 1기압에서 배양된 경우에는 발견되지 않았다. 즉 ompH의 전사는 압력조건에 따라서 달라진다는 것을 나타내고 있다. 미생물의 압력에 대한 반응이 유전자 수준에서 명확해 질 것을 기대해본다.

▦ 표 4.2 CNPT균주의 지질중의 지방산비율(2℃에서 5가지의 다른 압력하에서 실험한 것. 값은 중량%, 5개의 평균값±표준편차)

지방산의 종류	압력				
	1	172	345 (시간)	517	690
	17.2	10.1	7.9	8.0	17.2
14:1	20.0±0.8	19.6±0.8	17.4±1.0	13.7±0.7	11.5±0.1
14:0	7.5±0.2	5.7±0.3	5.2±0.2	4.8±0.5	3.5±0.4
16:1	40.2±0.7	44.0±1.2	47.9±1.1	46.8±1.6	56.3±0.9
16:0	25.2±0.6	22.2±0.6	20.7±0.3	18.7±10	18.5±0.8
18:1	5.5±0.4	5.9±1.8	6.6±1.8	11.0±1.6	7.3±0.5
18:0	1.5±0.2	2.5±0.5	2.1±0.4	4.9±1.1	2.8±0.4

압력에 따른 증식 또는 대사속도에 대한 압력의 영향에 관한 연구로서 미생물을 몇 가지 Group으로 나누어 생각한 것이 그림4.5와 같다. 그림에서 A군에 해당되는 균이 많으나 육상기원으로 해수표면에서 많이 발견된다. 이 그룹의 세균은 내압성 균으로 생각된다. 상압에서 가장 활성이 높고 압력증가에 따라서 활성이 떨어져 결국 사멸된다. A^1는 A에 비하여 상당히 높은 압력까지 견디며 역시 상압쪽이 높은 활성이 인정된다.

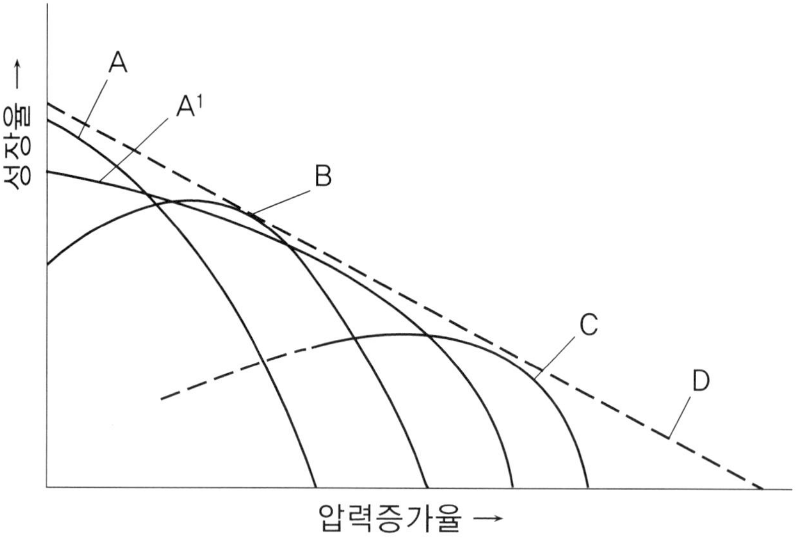

■ 그림 4.5
미생물 증식에 대한 압력을 표시한 모형도(지금까지 얻은 자료). A와 A^1는 정도는 다르나 내압성을 나타냄.B와 C 는 상압보다 높은 압력에서 증식속도가 높다.C는 편성호압성.D는 압력증가에 따라서 대사활성의 저하를 표시한 것임.

4.4.2 심해미생물의 생태

심해의 극한 환경에서 적응하여 서식하는 세균에 관한 연구가 진행되어 분류, 동정한 균이 실험실내에 보존케 되었고 이 균에 관한 생태적인 연구도 진행되고 있다. 심해 현장에서 많은 미생물이 그 활성을 가지고 서식하고 있으며 해양에서 중대한 역할을 하고 있다. 남극이나 북극 심해 호압적인 극한 환경에서도 쌓여진 유기물을 분해하여 무기화 하는 것, 해수나 이토의 유기물등 오염물질도 정화시키는 일, 극한 환경에서도 충분한 대사 활성을 행하는 것은 지구환경 정화의 측면에서 대단히 중요하다.

심해미생물 군집의 대사활성을 알기 위하여 해수나 이토 시료의 탄산고정속도를 측정한 결과 약 9500m의 해구의 해수시료에 대하여 3℃에서 0.22 ~ 0.32μ gC/day, 또 이토(泥土)에는 0.70 ~ 1.00μ gC/Kg/day의 값이 얻어지나 이 측정값은 1atm 선상에서 분석한 값이다. 연구용 잠수정이 침몰사고로 인하여 승선자의 식사가 10개월후 1540m의 해저에서 그대로 회수된 것은 즉, sandwich등이 그대로 보존되어 있었다는 점과 육상 냉장고에서(2℃) 보존했을 때 수주간 지나면 부패하는 현상을 보아도, 해저는 육상과 다른 특수환경이란 것을 생각할 수 있다. Sieburth와 Dietz(1974)는 샌드위치와 스프를 여러 가지 형태로 변형시켜 실험한 결과 미소동물의 관여가 분해에 중요한 역할을 한다고 하였고, 심해미생물들의 활성이 수압에도 관계된다는 점을 확인하였다. 이들은 배양장치를 해저현장에 설치하고 장시간 배양하는 방법으로서 용존이나 고형상태의 여러 가지 기질의 분해실험을 하였다. 여기서 1기압에 비하여 심해역에서는 유기물의 분해속도가 늦었고, 미생물 종에 차이 또는 기질 종에 따라 분해속도가 차이가 생겼다. 이 결과는 높은 수압 때문에 심해에서는 생물대사 활성이 상당히 억제되고 있는 것을 알 수 있었다. Peptone를 기질로 사용한 현장실험에 의하면 1atm과 거의 같은 속도를 가진 미생물 군이 5,000m에서도 존재하고 있음을 알 수 있었다. 이러한 현장에 배양기기를 설치한 경우에는 반응시간 경과를 측정하기가 힘들며, 또한 설치장소에 자주 관찰할 수가 없는 점이 결점이다. 최근 새로운 장치로서 압력 유지형의 채수기나 감압없이 해저에서 시료를 채취하는 배양장치가 개발되었다. 압력유지형의 채수기를 이용하여 현장 미생물의 대사활성을 측정한 결과는 상당히 많았으며 그 측정값은 1기압에서 측정한 값보다 큰 차이를 가지며, 1기압에서 배양한 것과 비교했을 때 호압성을 나타내는 예가 많다 대서양의 두 정점의 수심 약 5200m에서 얻어진 해수시료를 압력 유지한 상태로 배양하여 시료중의 미생물에 의한 Glutamic acid의 동화와 호흡활성을 시간에 따라서 측정하였는데 두 정점이 비슷한 활성을 나타내었다. 표층해수에서 생산된 현탁 유기물이 장시간에 걸쳐서 침강하는 경우에는 부착한 세균도 심해까지 운반되어 지는 과정에서 수온의 하강과 압력 상승 등을 접하게 된다. 표층에서 공급된 미생물이 그 후 어느 정도 어떠한 상태로 갈 것인가? 사멸되는가? 아니면 대사가 억제되어진 상태로 남아 있는지 또한 유기물 분해에는 어느 정도 관여하는지는 아직 확실치는 않다. 일반 미생물은 효소반응, 고분자 합성이나 막의 투과성에 대한 압력의 영향, 압력실험을 하기 위한 기기관계 등에 많은 개발 문제가 남아 있다.

심해미생물에 관한 압력 범위는 1000기압 정도로 생각할 때 물리, 화학적 연구나 압력에 의한 단백질 변성을 이용하여 식품화학 등에 응용, 특히 발효식품에 이용하는 것과 미생물 생체내의 특수한 효소 등의 역할구명과 이용 등의 연구가 많이 발전되어야 한다.

4.5 초호열 미생물

초호열미생물의 발견은 생태계의 연구자들이 1977년 적도 부근의 태평양에서 2,600m의 해저를 잠수함으로 탐사하던 중 따뜻한 액체를 분출하는 새로운 열원이 있는 곳을 발견하고 여기에 흥미를 가지고 주변을 조사한 결과 기묘한 여러 가지 생물을 발견하여 연구자들간에 큰 화제가 되었다. 그 후 화산이 자주 발생하는 일본열도 주변이나, 태평양등의 해저 열수분출공(熱水噴出孔,hydrothermal vent)에 관하여 연구조사를 시작하고 발견된 온수공(溫水孔)의 고온과 극한환경에서 미생물과 생물이 서식하고 있는 것을 발견하고 특수생태계의 존재를 인정하게 되었다. 해저 열수공의 특징은 크게 두 가지로 나눈다. 하나는 분출공의 수온이 6 ~ 23℃이고, 유속이 1 ~ 2㎝/sec의 온수형(溫水形)과 다른 하나는 분출공(噴出孔)의 온도가 270 ~ 380℃로 유속이 1 ~ 2m/sec의 열수형이다. 그 중에서도 후자는 해저열수공에서 분출하는 열수중에는 다량의 H_2S와 H_2, CH_4, NH_3, SO_3^{2-}, NO_2^-, Fe_2^+, Mn_2^+ 등이 함유되어 있다. 이것은 해저지층 plate(평판모양)모양에 틈이 생겨 지각의 틈을 해수가 순환할 때 현무암에서 침출하는 것이다. 그림 4.7은 Jannasch 등(1984)에 의하여 발표한 내용으로 열수 및 온수 분출공 부근의 화학반응 과정을 표시한 것이다. 이와 같이 열수분출공 주변의 생태계는 열수중의 무기물을 효율적으로 잘 이용하는 세균과 세균을 포식하는 특유한 동물군집으로 구성되어 있다.

분출공 근처에는 채취된 시료를 조사한 결과, 세균으로서는 *Thiobacillus sp.*, *Thiomicrospira sp.*, *Thiothrix*, *Beggiatoa*와 같은 유황산화 세균들이 분리되었고, 이 세균들은 CO_2를 energy원으로 고정하여 H_2S, $S_2O_3^{-2}$를 산화한다. 이외에도 질산세균, 수소산화세균, 철 및 망간산화세균, 메탄이용세균 등이 분리되었다.

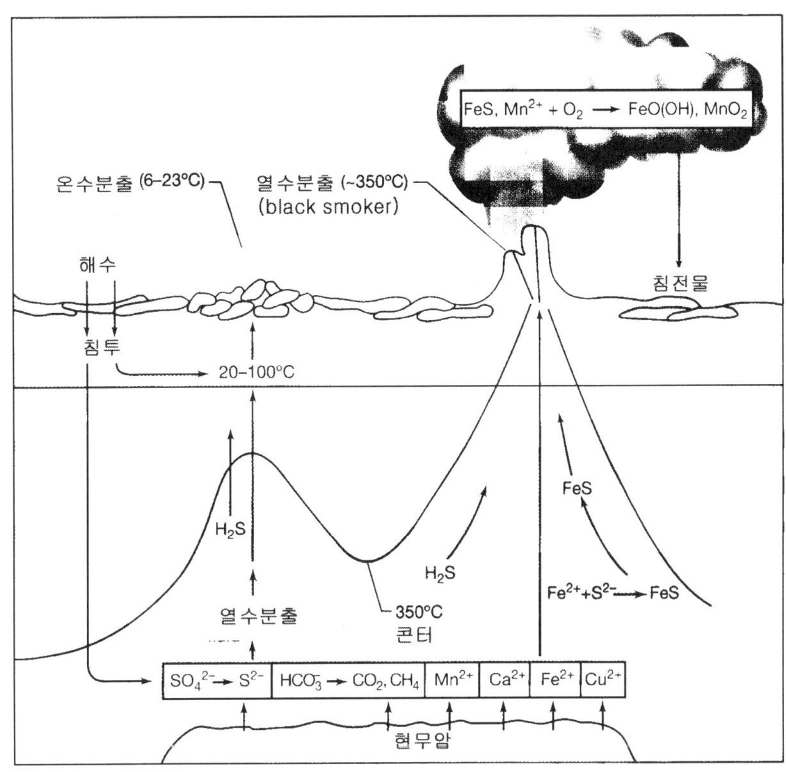

■ 그림 4.7 열수분출공과 온수분출공의 모식도.
분출공에서는 주로 유황성분이 많이 분출되고 유산환원세균 메탄생성균이 많이 발견되었고 생물도 많이 서식하고 있는 것으로 밝혀지고 있다.

4.6 광합성 세균

광합성 세균은 수계에서 폐쇄된 만의 저층과 같은 산소가 없는 곳인 혐기적인 환경이나 산소가 1ml/ℓ 이하인 환경에서 광을 이용하여 ATP등의 광 에너지 화합물로 전환시키면서 증식하는 미생물로 연안 해역의 오염된 곳, 천해 퇴적 이토(泥土), lagoon이나 tide pool 등에서 생활한다. 연안 해역의 폐쇄된 만의 경우는 종속 영양세균의 활성으로 용존산소를 소모하고 또한 많은 생물들의 호흡으로 인하여 혐기적인 환경이 되기 쉽다. 따라서 이러한 환경에 광합성 세균이 잘 번식하고 폐쇄된 만 내에는 가끔씩 대량 번식하여 赤色으로 물들 때도 있다. 특히 lagoon이나 tide pool의 경우 혐기적인 조건이나 빈산소 상태에서 적색으로 나타나는 경우도 있다.

일반적으로 광합성을 하는 생물인 남조류나 식물에는 이산화탄소를 이용하여 산소를 생산하고 chlorophyll a를 함유하고 있다. 녹색식물(綠色植物)이나 남조류(藍藻類)에는 물을 수소 공여체(水素 供與體)로 이용하여 산소를 발생하지만, 광합성 세균은 유기물을 탄소원으로 이용하여 증식하면서 산소를 생성치 않는다. 그것은 물 이외의 수소 공여체 H_2A등을 산화하기 때문이다. 이때의 수소 공여체로 이용되는 것은 S^{-2}, $S_2O_3^{-2}$, H_2및 유기 화합물 등이다.

즉,

남조류의 경우 : $CO_2 + 2H_2O \xrightarrow[\text{빛}]{} (CH_2O) + O_2 + H_2O$로 되며,

광합성 세균은 : $CO_2 + 2H_2 \xrightarrow[\text{빛}]{} (CH_2O) + 2A + H_2O$로 되기 때문이다.

광합성 세균에는 수계 빈산소 층이나 혐기층에 분포하며 산소를 발생치 않는 상태로 생육하고 있는 세균으로만 알려져 왔으나, 호기적인 환경에서도 호기성 광합성 세균이 존재하고 있음을 Shiba등(1982, 1986)에 의하여 밝혀졌다. 광합성 세균의 일반적인 분포를 보면 그림 4.8과 같다.

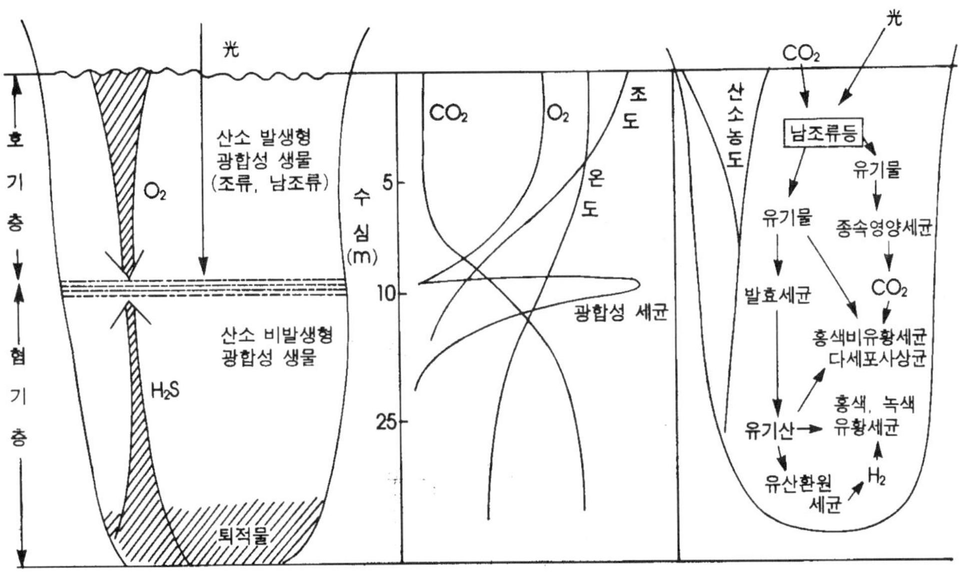

▣ 그림 4.8 광합성세균의 수괴에서의 분포

수계 환경에서 표층과 저층의 확산 과정이 원만히 이행되지 않을 경우 용존산소의 공급이 표층에서 저층까지 원활히 되지 않고 생물의 활동으로 용존된 산소도 소비된다. 따라서 저층은 빈산소 또는 혐기적인 상태로 되어진다. 그림 4.8에서 나타낸 것은 호수의 단면으로 용존 산소와 유기물 공급 관계(a)를 보여준 것이고 광합성 세균이 일반적으로 많이 분포하고 있는 장소와 환경 인자(b)를 보여준 것과 연안 해역에서 수괴에서 광합성세균의 분포과정을 보여 주고 있다. 이와 같은 환경에서 유화수소나 유기물 등의 광합성 세균의 기질로 되는 물질이 축적되고 光을 이용할 수 있는 장소가 되면 광합성 세균은 증식한다. 호수와 같은 환경에서는 정제상태이므로 광합성 세균의 생활에 최적 조건으로 생각되나 해양환경은 일반적으로 해류등에 의하여 연중 수직 수평으로 이동되고 있다. Tide pool과 같은 곳은 해수중의 염분, 유산염 등이 농축된 곳으로 광합성 세균의 최적지로 되어 있는 특수한 환경으로 형성되어 있다. 저층에 H_2S를 많이 함유하고 혐기적인 층이 년간을 통하여 형성되는 것을 부분 순환(meromictic)이라 하며, 이러한 환경에서는 홍색 유황세균이나 녹색 유황세균이 사계절 서식하고 있다. 한편 순환형(holomictic)은 호수는 전체가 순환되며 연안이나 해양에서도 해류에 의하여 순환이 일어나기 때문에 혐기층은 일어나지 않고 혐기적인 광합성 세균은 그다지 서식하지 않는다. 해양환경에서 광합성 세균이 분포하고 있는 조간대의 모래나 이토(泥土), Tide pool에서 발견되기도 하고 간조대(干潮帶)에 노출되는 해조류, 바위표면등 光을 충분히 받을 수 있는 곳에 조류가 서식하여 용존산소가 높은 곳에서 발견되지만 전 종속 영양세균의 10%정도이다(Shiba et al., 1979).

표 4.3에서 보면 혐기성 광합성 세균은 연안의 lagoon이나 tide pool, 염전, 해수가 농축될 수 있는 海水池등에서 많이 분리된다. 이러한 환경에서 분리된 *Rhodospirillum salexigenes*나 *Rhodospirillum salinarum*등은 해수보다 높은 식염 농도를 요구한다. 해양성 *Rhodobacter*, *Rhodoseudomonas*는 일반적으로 육수계의 세균보다도 유화수소의 독성에 대한 내성이 강하고 유화수소를 잘 이용한다. *Rhodobacter sulfidophilus*나 *Rhodobacter adriaticus*의 유화수소의 이용능은 상당히 높은 특징을 보여주고 있다.

부영양화가 진행되는 해역에는 유기물의 산화적 분해로인하여 산소를 소비하여 혐기적 환경이 되고 이러한 환경에는 유산 환원균이 증식하여 유독한 유화 수소를 발생 집적한다. 광합성 세균은 광 에너지를 이용하여 유화수소를 유황 또는 유산까지 산화하고 유화 수소를 무독화하기 때문에 환경보전에 큰 역할을 하고 있다.

해양에서 호기성 광합성 세균의 분포는 tide pool이나 해수, 해변의 모래, 조류 특히 조류표면등 해양의 여러 곳에 분포하고 있다(Shiba et al., 1979, 1991). 해양성 호기성 광합성 세균에는 *Rhoseobacter lithoralis*와 *Rhoseobacter denitrificans*가 알려져 있고, *Erythrobacter longus*가 발견되어 있으나 앞으로도 더 많은 종이 존재하고 있는 것으로 추정된다. 특히 *Erythrobacter*는 조간대의 해조류, 해변의 모래, 또는 이들의 표면, 연안

▦ 표 4.3 해양에서 분리된 광합성 세균

紅色 非硫黃 細菌(홍색비유황세균)	
Rhodospirillum salinarum	鹽田(염전)
Rhodospirillum salexigenes	濃縮海水池(농축해수지)
Rhodobacter sulfidophilus	海岸泥(해안니)
Rhodobacter adriaticus	海水湖(해수호)
Rhodoseudomonas marina	海綿(해면), 干瀉(간사), lagoon
紅色 硫黃 細菌(홍색유황세균)	
Chromatium buderi	海岸泥(해안니)
Chromatium purpuratum	海綿(해면)
Ectothiorhodospira mobilis	干瀉(간사)
好氣性 光合成細菌(호기성광합성세균)	
Rhoseobacter litoralis	해변의 모래, tide pool
Rhoseobacter denitrificans	해변의 모래, 해조류
Erythrobacter longus	해조류, 해변의 암초, 바위등

해수나 나류 한류가 혼합되는 해역등 호기적인 환경에 넓게 분포하며 해조류 표면에서는 $10^2 \sim 10^3/cm^2$, 해수 중에는 10^3/㎖의 분포를 보여주고 있다.(Shiba and Simidu, 1982). 李등(1997)은 해운대 동백섬근해의 해조류에서 호기성 광합성 세균을 분리하였다.

4.7 호염미생물

식염에 관해서는 인류의 역사가 시작하면서부터 사용해 온 것은 사실이다. 식품의 보존용으로 사용되어 왔다. 이러한 환경속에서 미생물이 공존하면서 발효 숙성 등 다양한 양상으로 작용하면서 서식해 왔다. 미생물 중에는 염류가 있어야만 잘 증식하는 호염성 미생물, 염류와 그 환경에 적응하면서 살아가는 내염성 미생물 등의 미생물들이 다양한 생태적 특징을 가지고 자연에 서식한다.

1) 호염성 미생물이란 무엇인가?

식염이란 특히 인류와 밀접한 관계를 가지고 있는 것을 알 수 있다. 인류의 생활이 시작되면서 식염을 사용해 왔다. 예로부터 식염으로 식품을 보존해 온 것이 오늘의 염장품이나 젓갈류등의 식품을 우리는 쉽게 접할 수 있다. 젓갈의 숙성은 미생물의 발효 식품으로 미생물의 종과 발효조건에 따라 맛도 달라진다. 일반적으로 미생물은 고농도의 식염환경에서는 존재하지 않는다고 생각하였으나, 염장식품에도 부패가 생겼고 염장품 중에는 적색으로 변화되는 현상이 알려져 그 원인이 무엇인가에 관하여 궁금하게 생각해 왔다.
이러한 식품의 착색 원인은 적색을 발생하는 호염세균에 의한 것이라는 것을 알게 되었다. 해양이나 일반식염 중에는 염류가 있어야 증식하는 균과 염류에 적응하면서 생존하는 세균이 있다. 이들 중 염류가 있어야 증식하는 균 즉 염을 좋아하는 균을 호염균이라 한다. 예로서 염호(鹽湖)라고하는 사해(Dead sea)나 대염호(Great salt lake)등이 유명하며 이 염호의 이온소성을 해수와 비교해 보면 표 4.4.와 같나. 이러한 환경에서 서식하고 있는 균들은 주로 호염성 세균이다.

▦ 표 4.4 해수 및 염호의 이온 조성(g/100ml)

구분	Na^+	K^+	Mg^{2+}	Ca^{2+}	Cl^-	SO_4^{2-}	HCO_3^-
해수	1.09	0.04	0.32	0.04	1.97	0.25	0.04
사해	3.49	0.75	4.19	1.58	20.8	0.54	0.24
대염호	8.99	0.47	0.80	–	15.0	0.20	–

표 4.4에서 식염의 주성분뿐만 아니고 Mg^{2+}함량이 많은 것이 주목된다. 이것은 호수에도 또한 염호나 암염에서 수종의 호염성 미생물이나, 내염미생물이 분리된다. 식염의존성이라는 면에서 미생물을 관찰해보면, 대부분의 미생물은 0.2M이하의 식염농도에서 가장 잘 증식하고 있는데 해양세균의 대부분은 0.2 ~ 0.5M 식염농도로서 잘 증식한다. 0.2M 이하는 육생형(Terrestrial type), 0.2 ~ 0.5M은 해생형(Marine type)이라고 구분한다. 증식에 대한 식염의존성을 착안한 미생물의 분류는 타 성상을 무시하고 편의적(便宜的)인 분류법으로는 좋은 점도 있지만 나쁜 점도 많다. Flannery이나 Larson에 의한 분류법이 현재 많이 사용된다. 이들의 분류표가 표 4.5와 같다.

▦ 표 4.5 식염의존성에 의한 미생물의 분류

분류	배지 식염농도와 증식과의 관계	예
비호염성	0.2M 식염이하에서 가장 잘 증식	대부분의 진성세균, 담수산 미생물
저농도 호염성	0.2-0.5M 식염에서 가장 잘 증식	대부분의 해양세균
중농도 호염성	0.2-2.5M 식염에서 가장 잘 증식	*Vibrio costicola,* *paracoccus halodenitifi-* *cans*
고도 호염성	0.2-5.2M(포화) 식염에서 가장 잘 증식	*Halobacterium,* *Halococcus*
내염성	0.2M 식염 이하에서 가장 잘 증식 하지만 0.2M 이상에도 증식한다.	*Stapylococcus aureus,* 내염성 조류

위의 표와 같이 대부분의 미생물은 0.2M 이하의 식염농도에서 잘 발육하기 때문에 이 Group을 비호염미생물(nonhalophilic microorganisms), 또 0.2M 이하의 식염농도에 왕성한 발육이 보이나 고농도에도 발육 가능한 것을 내염미생물(halotolerant microotganisms)라 한다.

식염의존성이 가장 현저한 것은 고도 호염미생물(extremely halophilic microorganisms)로서 2.5 ~ 5.2M(포화) 식염농도에서 잘 발육하고, 발육에 필요한 최저 식염농도는 2M 부근이다. 대표적인 고도 호염세균은 *Halobacterium*및 *Halococcus*로서 이 group은 여러 종의 성상에서 원핵생물이라기 보다는 오히려 제 3의 생태계통인 고대세균 *Archaebacteria*라고 생각되어 진다. 광합성세균 *Ectothiorhodospria halophila*나 방선균의 *Actinopolyspora halophila*도 고도 호염세균이다. 0.2 ~ 0.5M 식염농도에서 잘 번식하는 그룹을 저농도 호염미생물(Slightly halophilic microorganisms)라고 하는데, 대부분의 해양미생물이 이 그룹에 속한다. 중도 호염미생물(moderately halophilic microorganisms)은 0.5~2.5M(조건에 따라서는 4.2M까지)이란 극히 광범위의 식염농도에서 증식하는균으로, 대표적인 중농도 호염세균으로서는 *Vibrio costicola*, *Paracoccus halodenitrificans*가 잘 알려져 있다. 중농도 호염세균은 이와 같이 넓은 범위의 식염농도 환경에 적응하는 능력을 가지고 있는 것이 특징이다. 또 저농도 호염세균을 포함해서 배양온도에 따라 식염 발육농도 영역이 달라진다는 보고도 있다. 즉, 온도와 식염농도와의 관계가 세균의 증식에 관계가 있다.

내염미생물중의 세균에는 화농성질환이나 식중독의 원인균인 *Staphylococcus aureus*가 대표적인 예이고, 효모나 균류에는 수많은 종류가 알려져 있다. 고농도 식염중에서 미생물은 용질인 식염에 좌우되는 수분활성(Water activity : A_w)의 영향을 받는다. 수분활성(A_w)는 다음 식으로 나타낸다. 용질이 용매에 녹은 상태에는, 용매분자의 자유도가 감소하고 고농도의 용질이 있으면 생체내의 용매 이용도에 영향을 줄 가능성이 있다.

$$A_w \fallingdotseq \frac{P}{P_0} \fallingdotseq \frac{n_2}{n_1+n_2}$$

P : 용질의 증기압　　　　P : 용매의 증기압

n_1: 용질의 분자수　　　　n_2: 용매의 분자수

미생물의 생육 가능한 수분활성의 下限은 표 4.6와 같다. 이것은 Scott, Kushner와 Brown 등이 발표한 내용이다.

■ 표 4.6 미생물의 발육과 수분활성과의 관계

미생물	발육가능한 수분 활성의 下限
세균	
비호염세균	
Bacillus subtilis	0.949
Pseudomonas aeruginosa	0.945
Escherichia coli	0.932
내염세균	
Staphylococcus aureus	0.86 – 0.88
중농도 호염세균	
Vibrio costicola	0.86 – 0.98(식염중)
Paracoccus denitrificans	0.86 – 0.98(식염중)
고농도 호염세균	
Halobacterium 및 *Halococcus*	0.75 – 0.88(식염중)
효모	
비내염, 비내당효모	
Saccharomyces cerevisiae	0.94(식염중) 0.92(glucose중)
내염, 내당효모	
Saccharomyces rauxii	0.86(식염중) 0.857(sucrose중) 0.845(glucose중)

일반적으로 세균에는 호염세균의 생육 가능한 수분활성의 하한(최저 한계점)은 비호염 세균에 비하여 낮다. 호염세균의 수분활성은 외부환경과 비교하면 동일 한 정도이거나 또는 낮은 경우가 어떠한 기구에 의하여 낮은 수분의 활성 환경중에 생육하고 있는가가 문제이다.

고농도 호염세균의 균체내 이온농도는 외부 환경보다 K^+의 축적이 높은 상태로 되고, Na^+은 외부환경보다 낮은 농도인 것으로 알려져 있다. K^+의 일부는 대개 결합형이다. 중농도 호염세균이나 해양세균의 일부에는 균체내 K^+이온농도가 외부환경 이온농도 보다도 현저하게 농축되어 있다. 이와 같은 Na^+/K^+ pump의 기능은 정말 흥미있는 문제이다. 그런데 고농도 용질(식염이나 설탕 등)중에 살아 있는 진핵 미생물은 세포내에 효소활성을 저해 또는 불활화하지 않는 용질(Polyol)을 고농도로 합성 축적하여 삼투압을 조절하고 있다. 이 현상에 대하여 Brown은 적합용질설(Compatible solute theory)를 제창하였다. 예로서 단세포 조류 *Dunaliella*는 celluose 세포벽을 뚫고, 고농도 식염수중에 광합성으로 다량의 Glycerol를 합성하여 세포내에 축적한다. 적합용질설에 따르면, 고농도 호염세균의 적합용질은 주로 K^+인 것으로 생각한다.

호염미생물은 생육에 적당한 농도의 식염을 필요로 하고, 농도가 낮은 용액중에는 용균하거나 또는 저분자 물질을 누출한다. 호염세균막 단백질의 아미노산 조성이나 인지질 조성을 비교하면 음성 하전기의 대부분에서 Na^+의 역할로 음성하전기의 중화에 의한 단백질의 활성형 구조가 유지된다.

2) *Archaebacteria*

*Archaebacteria*인 고대세균은 Wose(1977)에 의하여 제창되었고, 30~40억년전에 출현된 세균군으로 생각되며 원핵생물이나 진핵생물과 다른 제3의 생물계통이다. 현재까지는 *Archaebacteria*로 생각되어지고 있는 것은 Methane 생성균(*Methanobacterium, Methanococcus, Methanospirillum*), 고농도 호염세균(*Halobacterium, Halococcus*), 유황세균(*Sulofobus*), 호열호산 *mycoplasma* (*Thermo- plasma*)도 되어 있고 앞으로도 새 종이 발견될 가능성이 있다.

Wose에 의하면 *Archaebacteria*로 생각되어 지는 일군의 미생물은 많은 점에서 세균과 완전히 다른 특징이 보인다. 이 미생물의 일반적 특징은 다음과 같다.

① 세포벽 : 일반세균에 존재하는 peptidoglycon층이 없고, 단백질을 주체로 하는 외층을 가진다(단, Thermoplasma는 제외). 이러한 외층은 진핵생물로 인정되어 지는 것이다.
② 유전정보의 번역장치 : rRNA의 전사후수식(post- transcriptional modification) 양식이 진정세균과의 완전히 다르고 Archaebacteria에 공통성이 있다.
③ 지질 : 일반생물에서 보이는 Ester 결합형 지질은 없고, 탄소쇄는 지방산에서 없는 폴리 이소프레노이드이다.
④ 생식환경 : 고농도 식염환경이나 고열, 고산 환경등의 극한 환경에서만 서식하고 있다.

*Archaebacteria*는 또 진핵생물에 유사한 성상을 가지고 있다. 고농도 호염세균은 예로서 표층에 리보단백을 가지고 박테리오로도프신을 가진다.

4.8 부착미생물

해양이나 호수에 분포하고 있는 세균에는 자유스럽게 떠돌며 생활하는 세균 즉, 부유생활세균과 물체의 표면에 부착하여 생활하는 세균 즉 부착생활세균이 있다. 부착생활하는 세균이 부착하는 기재(基材, substratum)로 되는 것은 플랑크톤이나 현탁물질과 같은 물속에 부유하는 작은 고형물체, 해조류, 선박의 밑부분, 발전소의 열교환이기나 취수(取水) pipe, 해양구조물과 같은 표면이 넓은 물체 등에도 부착한다. 현탁물질에 부착된 세균은 여러 종류의 동물먹이로서 수계생태계의 먹이연쇄 작용에 중요한 의미를 가진다. 연안해역의 암초, 모래, 산호 등에 부착된 세균은 유기물 분해, 질소화합물이나 인산화합물의 화학변화 등 수계의 물질순환등 단시간내에 최대 증식양의 균체를 형성하고 먹이 연쇄작용으로 원생동물이나 무척추동물이 부착하여 생물적 피해(biofouling)을 발생시키고 따라서 산업적으로 피해를 주는 경우도 있다.

4.9 탄화수소분해 미생물

해양에 유출된 석유는 단시간내에 표면에 퍼짐과 동시에 휘발성분은 휘산(揮散)하는 석유의 성분 중 150℃까지의 부분, 즉 탄소수가 거의 10까지의 paraffin, naphthene, 방향족 화합물들로 수일 사이에 대기중으로 휘산해 버린다. 약 4ℓ 의 원유를 흘리면 40-100시간 사이에 4,000m^2의 넓이로 퍼지고 그 주변은 두께 0.04-0.1㎛의 막으로 된다. 한편 대부분의 비휘발성 성분들이 표면에 퍼지면서 해수와 혼합하고 emulsion을 만들고 plankton이나 세균 등의 현탁물질을 흡착하여 해저에 침전해 간다.

해수중에 분포된 일부는 자외선에 의하여 자동산화에 의하여 화학적으로 산화되지만 대부분은 미생물에 의하여 분해된다. 분해속도는 석유를 구성하는 탄화수소의 산화능력에 따라 달라진다. 방향족 탄화수소, 환상탄화수소는 n-paraffin에 비해 미생물 산화가 늦으며, 탄화수소가 적은 화합물일수록 빠르게 산화된다. 한편 탄소수가 적은 탄화수소는 세균에 대한 증식저해 작용도 강하기 때문에 일반적으로 탄소수 14전후의 n-paraffin이 가장 빠르게 산화분해된다.

▦ 표 4.7 각종 탄화수소 기질의 상대적 생분해성

	n-alkane	$C_{10} - C_{19}$	
	직쇄 alkane	$C_{12} - C_{18}$	
생*	기체 탄화수소	$C_2 - C_4$	
분	alkane	$C_5 - C_9$	특**
해	분지(分枝) alkan	$< C_{12}$	이
성	alkene	$C_3 - C_{11}$	성
	분지 alkene		
	방향족 화합물		
	Cycloalkane		

* 분리균주 중 표에 나타난 기질에 증식할 수 있는 수는 위에서 아래로 감소한다.

** 어떤 기질에 증식할 수 있는 분리균주는 일반적으로 그것보다 위에 있는 기질에 증식할 수 있다.

(Perry and Cerniglia, 1973)

해양에서 유출된 석유는 미생물에 의하여 서서히 분해되고 이로 인하여 정화작용이 진행된다. 일반적으로 탄소수가 낮은 경우는 쉽게 용해되어지기도 하지만 탄소수가 높아질수록 미생물에 의하여 분해되어진다. 저온에는 분해속도가 느리지만 25~30℃ 에서는 분해가 잘 일어난다.

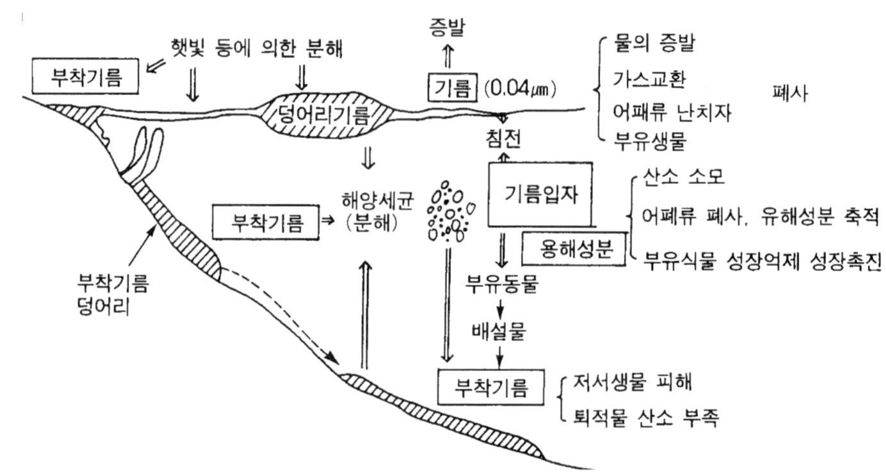

▣ 그림 4.9 각종 탄화수소 기질의 상대적 생분해성

4.10 발광세균(發光細菌)

발광세균은 어두운 곳에서 광을 내는 세균으로 대부분의 종류가 해양에 존재하는 해양세균이다. 발광세균은 해양생물 특히 어패류에 기생 또는 공생하면서 중요한 역할을 하고 있는 것으로 생각된다. 발광세균이 공생이나 기생하게 되는 과정, 그 역할이나 생태적인 역할에 관한 상세한 연구는 많이 검토 되어야 할 것으로 생각된다.

발광세균은 16SrRNA 염기배열에 의한 계통상 또한 Gram염색등으로 보면 음성의 간균, 운동성을 가진다. 해양의 발광균을 *Vibrio*속, *Photobacterium*속 및 *Shewanella*속이 주종이다. 발광세균을 형광성을 나타내는 것으로 쉽게 발견할 수 있다. Haygood와 Distel(1993)는 어류와 공생하고 있는 발광세균을 분리, 배양하려고 시도했지만 순수분리는 실패했으나 공생발광기관에서 세균DNA를 추출하여 16SrRNA에 의한 계통적인 위치는 규명하였다.

지금까지 알려진 발광세균은 *Vibrio harveyi*, *V.splendida*, *V.orientalis*, *V.fisheri*, *V.vulrificus*, *V.cholerae*(담수성이라는 의견도 있다), *V.logei*, *Photobacterium phosphoreum*, *P.leiognathi*, *Shewanella hanedai*, *Shewanella woodyi*, *Photohabdus luminescens*(토양선충인 *Heterorhabditis bacteriophora*의 장관내에 공생한다).

세균의 발광반응을 발광기질이 산소의 존재하에서 산소를 산화시키고 광을 발생시킨다.

4.11 연습문제

1. 저온세균을 설명하고 저온세균의 특징을 설명하여라

2. 호냉세균 과 내냉세균을 설명하여라

3. 저온세균의 세포내 물질의 특징을 설명하여라

4. 해양의 고유세균이란 무엇인가?

5. 빈영양세균을 설명하여라

6. 호압새균과 내압세균을 설명하여라

7. 광합성세균을 설명하고 그특징을 설명하여라

8. 호염세균이란무엇이며내염세균란무엇인가?

9. 부착세균에 관하여 설명하여라

10. 초호열세균이란 무엇인가?

11. 석유분해세균을 설명하여라

12. 수분의 활성에 관하여 설명하여라

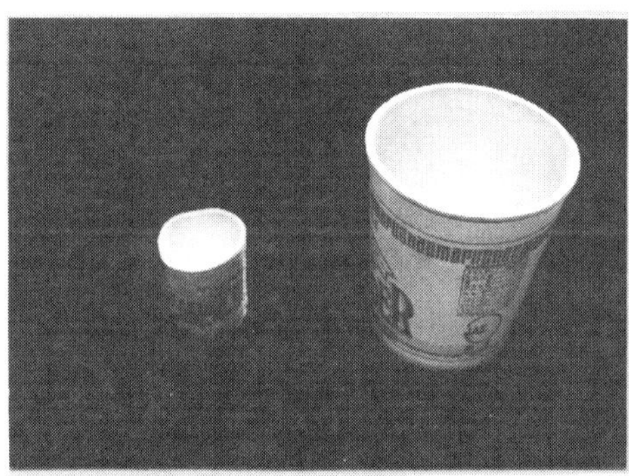

라면컵;4580m 수심에서 약 60배로 압축되었다.

제5장 해양미생물의 상호작용

해양 생태계에서 해양미생물은 중요한 역할을 하고 있다. 미생물들은 해수중에 현탁물질(懸濁物質) 에 부착 서식하면서 유기물질을 분해하여 무기물질로 만들고, 만들어진 무기물질을 식물 플랑크톤등 생물들의 영양원으로 공급되는 중요한 역할을 하고 있다. 또한 미생물 상호간의 생성물질을 서로 이용하면서 공생하는 균도 있고, 배출된 물질로 인하여 서로 생육을 억제하는 미생물도 있다. 길항작용(拮抗作用), 상리작용(相利作用), 편리작용(片利作用), 편해작용(片害作用), 포식작용(捕食作用), 용균작용(溶菌作用) 등이 해양환경에서 상호 관계를 가지며 서식하고 있다. 해양미생물은 해양에서 청소자인 동시에 물질 순환 등의 작용을 하고 있으며, 미생물과 미생물간 미생물과 생물간 생물과 생물간의 먹이연쇄 등 중간 역할로 생태계에 매우 중요한 역할을 한다.

5.1 해양미생물의 생태

해양생태계의 생물군집(生物群集)을 생산자 소비자와 분해자의 3단계의 영양단계로 나누어 생각할 때 과거에는 해양세균을 분해자만의 역할로 취급되어 왔다. 즉, 유기물질→유기물질 분해자에 의한 무기물질화(미생물) → 식물(식물플랑크톤 등, 생산자) → 식동물(소비자형) → 육식동물(포식자)의 단계로 단순한 포식관계로 알려졌으나, 최근에 와서 미생물은 단순한 분해자의 역할 뿐만 아니라 다른 생물군(원생동물이나 자치어 등)의 먹이로서의 역할도 한다는 것이 알려졌다. 수계에서 현탁물질(懸濁物質)에 미생물이 부착하여 유기물질을 분해하여 먹이연쇄(부식성 연쇄나 분해자 연쇄)를 통하여 해양세균들은 유기물질 분해, CO_2생성 등 중요한 역할을 한다. 따라서 현탁물질(懸濁物質)과 세균과의 관계는 해양세균이 현탁물질에 부착하여 현탁물질의 분해와 동시에 먹이로서 이용되는 것이고, 또한 원생동물과 해양세균과의 관계는 원생동물이 해양세균을 포식함으로 해서 분해자 역할뿐만 아니라 먹이로서의 중요한 역할을 한다는 것을 주지해야 할 것이다. 예로서 *Uronema sp.*는 *Chromobacterium sp.*, *Pseudomonas sp.*, *Vibrio sp.*, *Micrococcus sp.* 및 *Serratia marinorubra* 등의 해양세균을 포식한다. 부착생물 중의 하나인 진주담치도 부유물질을 제거한 후 현탁물질이나 균괴(菌塊) 등을 섭취 또는 포식한다. 동물플랑크톤 *Calanus helgolandicus*는 규조류 현탁물질에 부착된 세균을 포식한다. 동물플랑크톤인 *Tigriopus japonicus*는 세균 중 *Acinetobacter sp.*를 잘 포식한다. 윤충류(輪蟲類.rotifer)는 해양세균 중에서 *Erythrobacter sp.*, *Pseudomonas sp.* 등을 잘 포식하면서 성장한다. 최근에는 해양세균인 *Erythrobacter sp.* SⅡ-1의 균주를 분리동정하고 이 균을 이용하여 윤충류, *Artemia*, *Moina sp.*등을 영양가 높은 기초먹이 사료로 개발하여 기초먹이사료로 사용한다. 이러한 결과로서도 세균은 분해자인 동시에 먹이의 역할을 하고 있다.

그림 5.1은 수계에서 진행되는 먹이망을 표시한 것으로 용존 유기물을 세균이 이용하고 세균을 플랑크톤이 이용하는 먹이 연쇄를 보여주고 있다. 용존 유기물이나 현탁물질을 세균이 부착하여 분해시키고 유기물질이 무기화 된 것을 식물플랑크톤 등에 의하여 섭취되며 세균은 원생동물이나 동물플랑크톤 등에 포식되기도 한다. 따라서 해양세균은 생태계에서 분해자인 동시에 먹이 연쇄의 역할로서 중요한 역할을 하고 있다.

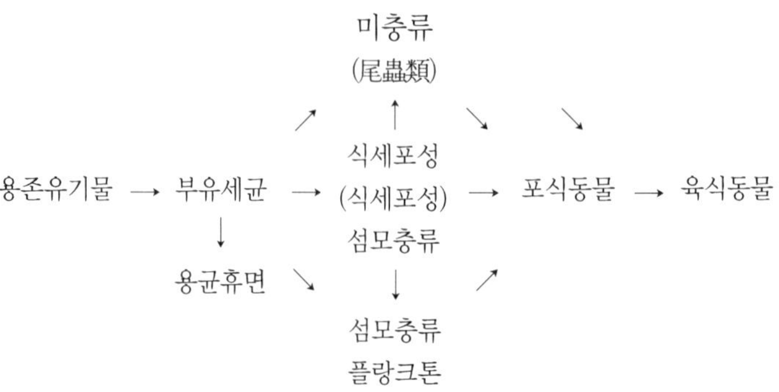

■ 그림 5.1 간단한 종속영양 세균의 먹이연쇄(King et al., 1980)

해양에서 먹이연쇄에 의한 생물간의 관계를 나타낸 것이 그림 5.2와 같다. 그림에서 보면 해수 중에서 먹이연쇄가 일어나는 경우와 해저에서 일어나는 경우를 생각 할 수 있다. 해수 중에는 해양미생물이 주로 현탁물질에 부착하여 유기물질을 분해시키거나 부유성 유기물을 분해하면서 원생동물 등에 포식되기도 한다. 저질 중에는 갯지렁이가 대표적인 유기물질 분해 균으로 혐기적인 환경에서 서식하고 있다. 즉 갯지렁이는 저질중의 유기물질을 분해하면서 유황 등 독성물질을 생산한다. 이러한 유황성분과 같은 유독성 물질을 유산환원세균이 분해흡수하고 다시 유화수소 등을 배출한다. 이러한 유화수소는 유황세균에 의하여 다시 분해 흡수된다. 따라서 갯지렁이(*Capitella sp.*) 는 유황세균이나 유산환원세균을 포식하고 혐기적인 환경에서 유기물을 분해하면서 서식하고 있다.

진해만 연안해역의 저질(泥土,mud)에 분포하고 있는 *Scrippsiella trochoidea*의 cyst를 발아시켜 *S. trochoidea* 배양액 중에 투여한 해양세균 *Pseudomonas spp.*와 *S. trochoidea*의 세포 내 지방산 조성 관계를 조사한 결과 지방산 조성이 전이가 일어남을 알 수 있었다.

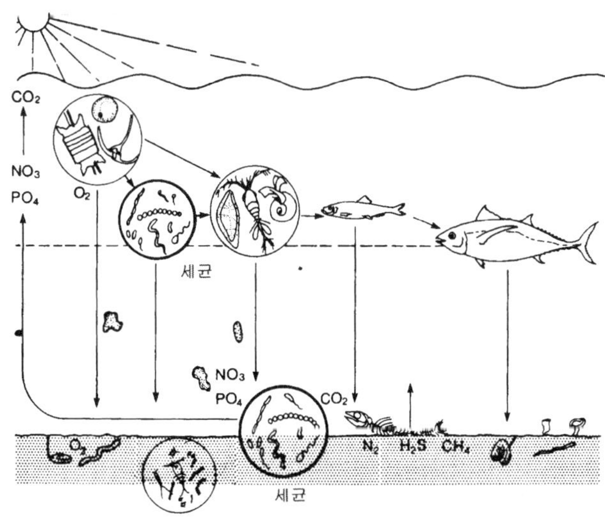

■ 그림 5.2 해양에서 생물 상호간의 먹이망 형성

▦ 표 5.1 적조생물의 배양액에 해양세균을 투여하였을 때의 적조생물체내의 지방산조성의 변화

Fatty acids	S. trochoides(%)			Pseudomonas spp.(%)
	before imoculation	after inoculation		inoculation
		L	S	
16:1	3.93	10.33	14.84	27.41
18:0	16.36	4.48	8.97	4.26
20:0	2.15	0.26	0.05	0.02
20:5	0.81	53.29	40.87	14.10
22:1	5.27	-	1.40	0.02
22:6	3.27	-	-	1.03

표5.1은 적조생물 *S.trochoidea*가 해양세균인 *Pseudomonas spp.*를 섭취하고 생장하면서 적조생물 체내의 지방산조성이 변화된 것을 보여 주고 있는 것이다. 적조생물의 생체내의 지방산 조성은 해양세균과 배양직전에는 $C_{20:5}$가 0.81%이던 것이 해양세균과 배양 후에는 40.87%에서 53.29%를 나타내었다. 또한 $C_{16:1}$도 해양세균과 배양 전에는 3.93%가 배양 후 10.33%에서 14.84%로 증가됨을 보여주고 있다. 한편 $C_{18:0}$은 16.36%가 해양세균과 배양한 후에는 오히려 감소되어 4.84%에서 8.97%로 감소 현상을 보였다. 해양세균의 생체 내 지방산조성의 함량을 보면 $C_{20:5}$가 14.10%로 높고 C16:1도 함량이 높았다. 이러한 현상은 세균이 포식되어 적조생물의 체내 지방산조성의 변화를 보여주고 있다(임등1993).

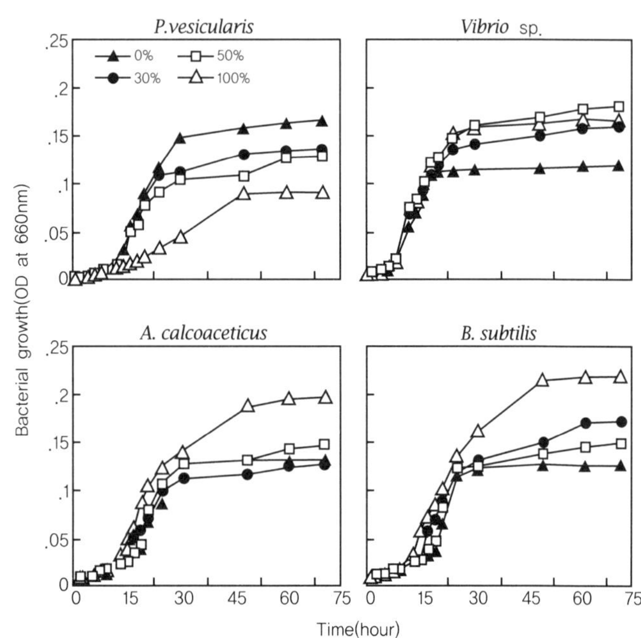

▣ 그림 5.3 *Chaetoceros spp.*의 여액에 의한 해양세균의 성장 관계(김과이,1993)

김과이(1993) 는 부산의 근교 수영만에 서식하고 있는 식물플랑크톤 과 몇 종의 해양세균과 상호관계를 조사하였다. 실험에 사용된 플랑크톤은 Chaetoceros spp.를 사용하여 추출한 액을 4종의 해양세균에 접종하여 성장관계를 조사한 것이 그림5.3과 같다. 그림에서 보면 Chaetoceros spp.의 추출 액을 0%,30%,50% 100%로 구분하여 투여했을 때 세균의 성장관계를 보았을 때 균 종에 따라서 현저한 차이를 보이는 것도 있었다. 즉 해양세균과 플랑크톤과의 상호관계를 생각할 수 있다.

5.2 해양표영층(海洋漂泳層)의 먹이사슬

해양생태계에서 1차 생산자에 의하여 생산된 유기물 energy가 어떠한 단계로 어느 정도 고차적 영양단계까지 전환되는가? 즉 먹이사슬의 구조와 먹이사슬을 통하여 energy 전송과정을 정성적으로나 정량적으로 해명할 수 있을까?를 생각해 볼 수 있다. 일반적으로 천해 역(淺海域)의 경우 대형식물이 1차 생산자라고 하지만 공장이나 생활하수 등으로 인한 유기물질이나 현탁 물질이 세균에 의하여 분해되고 유기물질이 무기화되는 기초적인 원인이 큰 역할을 하고 있다. 해양에서 가장 많은 공간을 차지하고 있는 표영층(漂泳層, pelagic zone) 즉 해수 중 에는 현탁물질(懸濁物質)이 많으며 여기에 부착하여 생활하는 미생물들은 유기물질을 무기화 하여 식물플랑크톤 등이 이용함으로서 대량 번식하여 1차생산자의 역할을 한다. 이 식물플랑크톤은 동물플랑크톤의 먹이가 되며(植食性動物)다시 어류(魚類)등의 육식성(肉食性)에 의하여 먹이사슬이 형성되는 것이 기본개념이다. 그림 5.4는(kogure et al.,2006) 크기별(size) 생물군(生物群)과 먹이사슬을 표시한 것이다. 이 그림에서 최고위(最高位)의 어류(mega 動物)의 생산량을 1로 했을 때 경우 상대의 생산량을 비교표시한 것이다.

그림에서 가장기본이 용존(溶存態)유기물질이 pico이하의 크기에서 mega인 동물플랑크톤 까지 먹이사슬과정을 나타낸 것인데 먹이사슬에서 가장중요시 되는 것이 용존태 유기물질이고 이것은 육상의 여러 요인에서 유입되는 것도 있지만 주로 해수중의 현탁 물질이 세균에 의하여 분해되기 때문이다. 현탁 물질은 일반적으로 생물의 사체(死體)나 분(糞) 비생물체의 조각(파편)등으로 형성되어 있는데 매우 다양한 물질이 응집되어 있다. 일반적으로 미생물중 세균이 1차적으로 분해하여 입자성 유기물질과 용존태 유기물질, 용존태 무기물질 등으로 전환된다. 또한 다양한 미소 생물들이 부착하여 생활하기도 하는데 이것이 주로 요각류(橈脚類)의 먹이가 된다. 현탁 물질 자체가 하나의 먹이입자로 되는 경우는 크기가 대형화 된 mega형의 먹이다. 표층의 경우는 광합성이 일어남과 동시에 다른 생물을 포식하는 혼합영양을 나타내는 와편모조류(渦鞭毛藻類)나 원생동물 등이 식물과 동물과의 중간적 영양섭취를 하는 생물군도 존재한다.

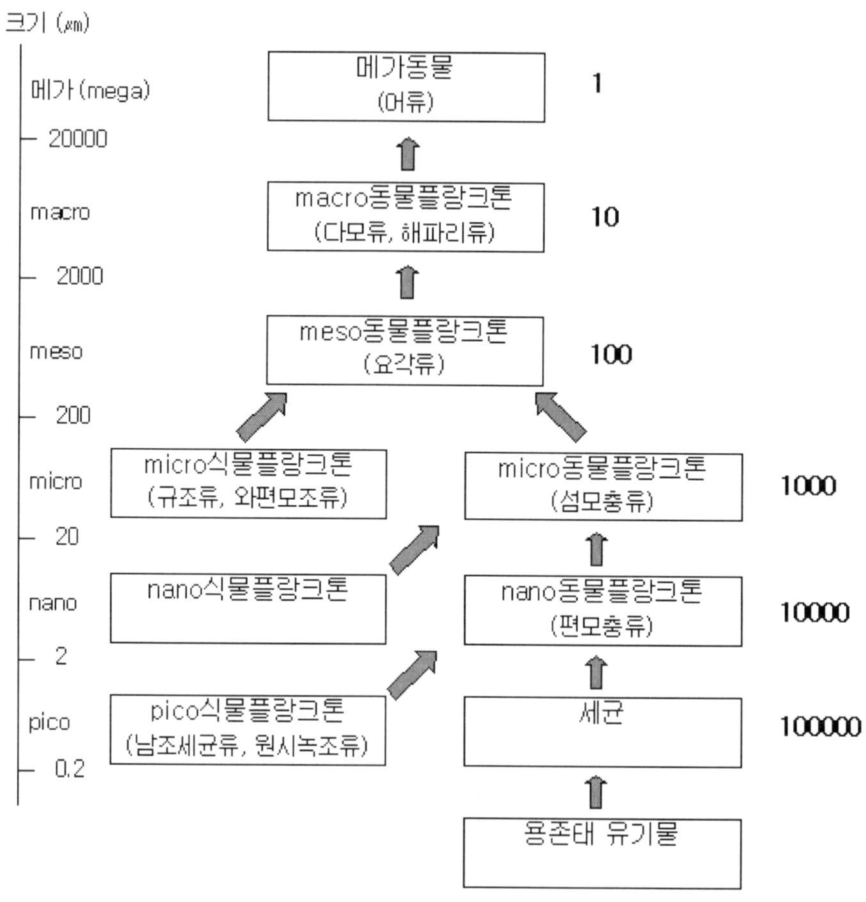

■ 그림 5.4 주요 생물군의 크기에 따른 먹이사슬관계를 표시(kogure등,2006) 최고위 어류의 생산량을 1로 할 경우에 상대적 생산량을 우측에 표시함

5.3 수산어개류 종묘생산환경과 미생물

생태계의 구성하는 생물은 생산자, 소비자 및 분해자로 구별된다. 1차 생산에는 동식물의 사체나 배설물 등의 유기물질을 세균이나 원생동물이 분해하고 또한 먹이로 이용하기도 한다. 지금까지 수산동물의 종묘(種苗)생산의 먹이로는 동, 식물 plankton이 주로 이용되어 왔다. 돔, 방어, 가자미 등의 치어에는 식물 plankton이나 효모, Chlorella sp.등을 주로 이용하여 배양한 윤충류(*Brachionus plicatilis*)나 *Artemia*를 먹이로 사용하였다. 최근에는 많은 연구자들이 해양세균을 먹이로 하여 동물 plankton을 배양하고 이것을 치자어의 먹이로 사용하려는 실험 결과도 있다. 小川(1977)는 세균의 균체가 모인 균괴(菌塊, aggregate)를 이용하여 동물 plankton을 배양하였고, *多賀 安田*(1979)는 해양세균을 이용, 동물플랑크톤인 *Artemia*를 대량으로 배양하였으며, 李(1991)는 해양세균을 이용, 동물플랑크톤인 *Tigriopus japonicus Mori*를 대량 배양한 것 등이 있는데, 이와 같이 해양세균을 동물 플랑크톤의 먹이로 사용하여 수산어개류 종묘생산을 시도한 결과도 있다. 부산 다대포 연안에서 분리된 효모(Yeast-14, Yeast-16)를 *Moina macrocopa* STRAVS에 먹이로 투여했을 때 물벼룩인 *Moina macrocopa* 의 체내 지방산 조성의 변화, 즉 불포화지방산인 DHA나 EPA가 증가됨을 알 수가 있었다. 효모(Yeast-14, Yeast-16)의 체내에 함유되어 있는 DHA나 EPA가 물벼룩인 *Moina macrocopa*의 체내에 흡수됨과 동시에 물벼룩의 체내 지방산의 전위가 일어 난 것을 알 수가 있었다(표 5.2).

■ 표 5.2 효모의 먹이에 의한 *Moina macrocopa* STRAVE의 체내 지방산 조성

분 석 항 목	분석결과(% Fatty acid)				
	모이나1	모이나16	모이나14	Yeast16	Yeast14
Capric acid $C_{10:0}$	–	–	–	1.44	2.76
Lauric acid $C_{12:0}$	–	0.64	–	–	1.10
Myristic acid $C_{14:0}$	3.54	2.75	–	1.61	0.93
Myristoleic acid $C_{14:1}$	–	1.53	–	–	–
Pentadecanoic acid $C_{15:0}$	–	1.69	–	0.58	–
cis–10–Pentadecanoic acid $C_{15:1}$	–	1.26	–	–	–
Palmitic acid $C_{16:0}$	22.18	14.93	17.52	15.81	22.94
Palmitoleic acid $C_{16:1}$	9.80	1.04	8.48	11.20	1.36
Magaric acid $C_{17:0}$	–	1.28	–	0.36	–
Magaroleic acid $C_{17:1}$	–	5.30	–	0.99	–
Stearic acid $C_{18:0}$	8.54	5.30	–	4.33	10.10
Oleic acid $C_{18:1}$	24.53	28.91	25.65	39.41	39.10
Elaidic acid $C_{18:1}$,trans–9	13.69	11.26	6.69	17.69	10.38
Linoleic acid $C_{18:2}$	–	0.59	–	2.06	3.49
Linolenic acid $C_{18:3}$	–	0.95	–	–	–
Arachidonic acid $C_{20:0}$	2.88	0.76	–	–	–
cis–11,14,17–Eicosatrienoic acid $C_{20:3}$	–	3.92	–	1.35	–
EPA $C_{20:5}$	4.27	2.08	–	0.41	–
DHA $C_{22:6}$n3	–	0.56	5.51	–	3.55
Unknown	10.56	6.51	36.15	2.73	3.18
Total	100	100	100	100	100

표5.2에서와 같이 연안해역의 효모의 세포내에 불포지방산인 EPA나 DHA 가 함유되어 해양 생태계에 중요한 먹이연쇄의 역할을 하고 있는 것을 알 수 있다. 특히 효모를 *moina macrocopa*에 투여했을 때 Oleic acid가 효모에서는 39.10 - 39.14% 였던 것이 모이나 생체 내에서는 25.65-28.91%였고, DHA 의 경우 효모 Y-14에서는 3.55%가 *moina macrocopa*의 생체 내에서는 5.51%로 전위가 되어 증가 된 것을 알 수가 있다. 이러한 형상은 자연생태계 내에서 미생물이 중대한 역할을 하고 있다는 것을 보여 주고 있는 것이다.

또한 동물 플랑크톤의 경우 다양한 세균을 포식하고 있다는 것이 알려져 있다.
이러한 관점에서 李와多賀(1991)는 동물플랑크톤인 *Tigriopus japonicus*의 먹이로 유용한 해양세균을 탐색하여 *Tigriopus*의 각 생장 단계별 체장 체중등을 측정하고 성장 전환 효율을 측정하여 먹이로서의 중대성을 조사한 것이 표 5.3와 같다.

▦ 표 5.3 동물플랑크톤의 성장단계별 체중 증가율(李등,1991)

생장기	(P) 체중증가 (μg-C/개체)	(C) 섭취세균량** (μg-C/개체)	E.C.I* P/C(%)
Nauplius	0.024	0.114	21.1
Copepodite	0.130	0.239	54.3
Adult	0.230	0.564	40.8

* E.C.I : Efficiency of conversion of ingested food to body substance

** : 먹이로서는 *Acinetobacter sp.* AG-3가 섭취되어 감소된 균수를 직접 계수법으로 구하고 여기에 탄소량을 환산환 값.

5.4 용균, 항균작용을 가진 미생물

자연계에서 세균은 기본적으로 길항작용(Antagomistic)과 상조작용(다른 세균의 영양요구를 채워주는 물질 등)등으로 서로 작용하면서 서식하고 있다. 해양의 생태계에서 현저하게 발견되는 것을 *Pseudomonas spp.*와 *Arthrobacter spp.*는 서로 길항적 관계를 가지고 있다(Sieburth, 1967). 식물플랑크톤 중에 규조류인 *Skeletonema costatum*과 해양세균중의 *Flavobacterium sp.*와는 서로공존하나 *Vibrio sp.*는 길항 작용으로 공존하기 힘든 것을 알 수 있다.즉 규조류는 항생물질을 생산하고 생산된 항생물질을 *Flavobacterium sp.*가 섭취하면서 공생을 한다. 그러나 *Vibrio sp.*는 생산된 항생물질에 생육억제 또는 사멸현상이 생긴다(그림5.5).이러한 현상이 자연환경에서 계속되고 있다. 또한 세균간에 기생관계(parasitism)나 포식(捕食)관계를 가지는 균도 있다. 한 예로 *Bdellovibrio sp.*는 대장균이나 장염 비브리오(*vibrio parahaemolyticus), salmonella sp.*등에 기생하면서 균체를 용균시킨다. *Bdellovibrio sp.* 는 균체내에 침투하여 핵을 파괴시키고 영양을 섭취하면서 균체 내에서 분열을 시작한다. 이 *Bdelovibrio sp.*는 연안해역에 10%내외로 분포하고 있으나 우리나라연안에서 연구한 결과는 찾아보기 힘들다.

그림 5.6은 *Bdellovibrio*의 생활사를 나타낸 것이다. 형태적으로 육상 *Bdellovibrio*와 동일하나 Gram 음성균으로 *vibrio sp., E. coli* 등의 세포질을 영양원으로 이용하며 증식하는 콤마형으로 1.0㎛이하의 작은 균체이다. Mg^{2+}, Ca^{2+}을 잘 이용하는 특징이 있다. 우리나라 연안에서는 조사보고 된 것을 아직 볼 수가 없으나 일본의 경우 12월부터 서서히 증가하며 6~11월사이에는 10^4/㎖에 해당되기도 한다.

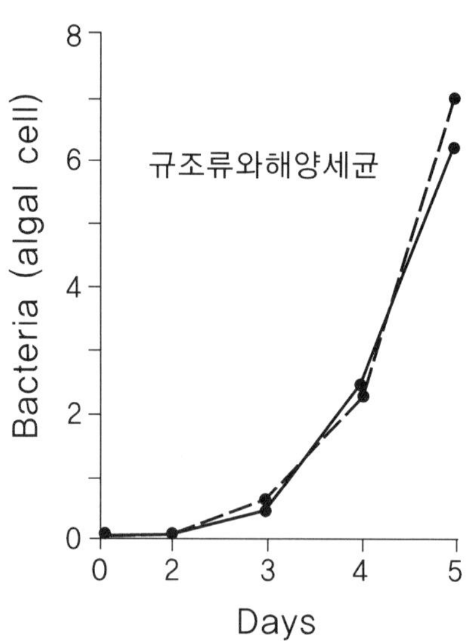

■ 그림 5.5 규조류(*Skeletonema costatum*)과 세균(*Flavobacterum sp.* ●)관계.

이러한 현상은 용균시킬수 있는 효소생산균이 자연에 분포하고 있으면서 대상물질을 부착등으로 공격하기 때문이다. 자연환경에서 용균효소(溶菌酵素)를 생산하는 능력을 가진 생물은 미생물, 동식물등으로 알려져 있다. 여기에 생산되는 용균효소는 여러 가지로 알려지고 있다.

해수중에서 세균을 용해시키는 세균종은 종속영양세균의 약 24~50%정도 존재하고 있고 해수중의 현탁물질에 부착하고 있는 균 보다 해수중에 자유스럽게 유영하면서 생활하는 균이 많았다(Santa,et al.,1985).또한 플랑크톤에서 분리된 종속영양세균중 용균효소를 생산하는 균이 63~75%정도라 하였다. 해저퇴적물 중에서도 상당수의 세균이 세포의 용해성 효소를 가진 균이 12%에 해당된다고 하였다(Sugahara,et al.1988,1990). 알려진 균으로서는 *Pseudomonas sp.*, *Flavobacterium sp.*, *Vibrio sp.*등이다. 특히 해양퇴적물 중에는 *Bacillus sp.*, *Alteromonas sp.*, *Vibrio anguillarum*, *Bdellovibrio* 등이 분리되어 있다.

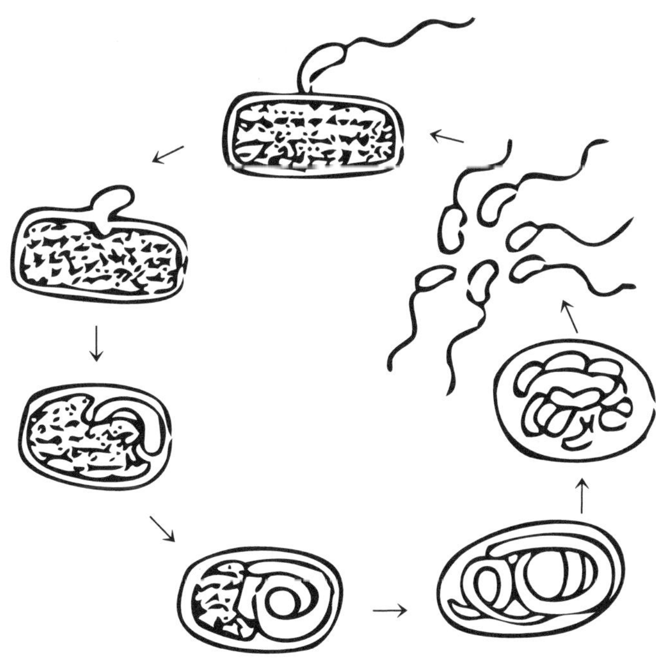

▣ 그림 5.6 *Bdellovibrio sp.*의 생활사

5.5 해양미생물의 phage

세균 바이러스라고 부르기도 하고, phage라고 부르기도 한다. phage는 활성이 높은 세균 세포내에 기생증식하고 세균의 증식 활성을 억제한다. 세균 세포의 phage감염은 phage가 세포내 흡착 DNA의 세포내 주입, 또는 주입 phage DNA세균의 제한 효소 등의 작용을 받아 phage DNA가 복제될 때 감염된다. 이들은 해양환경에 순응하는데는 Na, Cl, K, Ca, Mg 염류도 요구하고 용균작용도 한다.

해양환경중에 부유하는 바이러스의 밀도는 1㎖당 10^7-10^9개체정도다(proctor and Fuhrman;1990). 이수치는 세균의 밀도 보다 높다. 해양 생태계 있어서 바이러스는 양적으로도 해양생물생태계에 대단히 중요한 역할을 하며, 중요한 구성원으로 생각된다. 형태, 크기, 핵산의 형태 및 숙주는 아주 다양하고 해양에 부유하는 바이러스의 성상은 극히 일부가 연구되어 있다. 이중 식물plankton에 숙주하는 바이러스를 algal virus, 원핵성 남조류를 숙주로 하는 바이러스를 cyanophage, 진핵성 조류를 숙주로 하는 것을 *phycovirus* 라고 한다.

5.6 해양 퇴적층의 미생물

연안 해역과는 다르게 외양의 퇴적물은 일반적으로 고압, 저온의 특수한 환경이다. 퇴적물중에는 혐기성 조건이 형성되어 있는 경우도 많다. 해양 상층의 유광층에서 식물 plankton에 의하여 생성되는 유기물의 분해, 무기화와 영양염류의 재생의 장소로서도 천해 해역에는 퇴적물이 큰 역할을 하고 있다. 퇴적물 중의 미생물도 큰 역할과 중요성을 가진다.

오염물질 뿐만이 아니고 환경문제에 관련한 화학물질의 형태변화(transformation), 움직임, 수송(transformation)을 생각해도 퇴적물중의 미생물의 중요성을 알 수 있다.

5.7 미세조류와 세균의 상호작용

식물 plankton을 비롯하여 미세조류와 세균류는 해양에 분포하고 있는 미생물 중에서 가장 많은 수가 분포하고 있는 생물군이고, 서로 다양하게 상호작용을 하면서 생활하고 있다. 미세조류와 세균류의 상호작용에 대해서는 비교적 많은 연구가 진행되어 있다. 미세조류와 세균류의 상호관계를 표시한 것이 그림 5.7이다.

미세조류가 세균류에 미치는 영향이나 세균류가 미세조류에 주는 영향, 직접 간접관계, 증식을 촉진하는 경우 또는 저해하는 경우 등의 상호관계를 표시한 것이다.

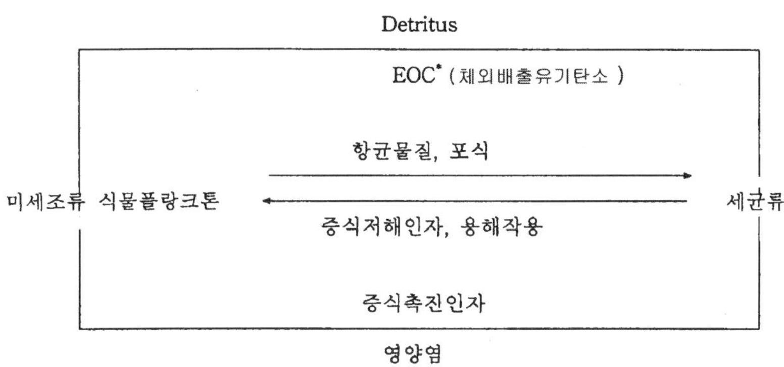

EOC* : Extracellular released organic carbon

▣ 그림 5.5 규조류(Skeletonema costatum)과 세균(Flavobacterum sp.●)관계.

5.8 동위원소 분석을 이용한 해양세균의 유기물 이용 측정

생태학 연구 분야에서 천연 안정 동위원소(natural stable isotope)의 이용은 지난 수십 년 동안 빠르게 진보, 확대되어 왔다. 지구화학자와 고 해양학자들이 주축이 되어 전 지구적 원소 순환, 고기상, 심해 열수광상, 암염 기원 등의 연구에 안정 동위원소의 응용을 위한 다양한 이론적, 실험적 근거를 마련해 왔다. 식물학자, 생태학자 및 환경화학자들은 식물과 동물을 연구하기 위한 안정동위원소의 이용을 위해 현재도 이론적, 실험적 기초들을 개발하고 있다. 결국에가서는 안정 동위원소의 분석은 환경에서 원소와 물질의 순환을 연구하는 생리학자와 생태학자들 및 나아가서 전 과학자들을 위한 하나의 표준 기구(standard tool)가 될 수 있을 것이다.

동위원소 질양분석기(isotope ratio mass spectrometer)의 이용이 보편화되고 시료분석을 위한 비용이 절감되었기 때문에 동위원소 화학자로서 훈련받을 필요가 없는 다양한 분야의 생태학자들이 그들의 연구에 이 안정 동위원소 분석을 점점 더 포함시키고 있다. 실제로 지난 30년 동안 탄소, 질소, 수소, 황 및 산소 안정 동위원소들이 이들 원소들의 순환 요인을 분리, 추적하기 위하여 이용되어 왔다. 기본적으로 그 원소들의 동위원소 비에 의해 나타나는 특별한 흔적(signature)이 그 원소의 기원과 운명을 조사하는데 사용된다. 생물연구에 있어 이 접근법은 대형 타가영양생물군(large heterotrophic organisms)에 의해 순환하는 탄소를 조사하는데 많은 연구들이 집중되어온 반면 현재까지 세균에 의해 순환하는 탄소를 조사하는데 이 안정 동위원소 분석기법은 널리 사용되지 못했다. 이 분야의 연구는 최근에 와서야 다양한 연구가 시도되고 있지만 아직은 초기단계에 머무르고 있어 해양미생물을 연구하는 학자나 학생 모두에게 대단히 흥미로운 관심 연구 대상이 될 수 있는 미지의 연구 분야로 남아있다. 이 장에서는 천연 안정 동위원소의 개념과 함께 어떤 해역에 존재하는 해양세균이 어떤 기원의 탄소 혹은 유기물을 이용하는가? 하는 단순하지만 생태학적으로 대단히 중요한 물음에 답할 수 있도록 안정 동위원소비를 이용할 수 있는 접근법과 그 분석방법을 소개한다. 여기서 다루는 것은 여러 동위원소 중 해양환경에서 탄소순환의 중요성 때문에 주로 탄소 안정 동위원소 $^{13}C/^{12}C$의 비를 위주로 기술한다.

5.8.1 안정 동위원소비 (Stable isotope ratio)

동위원소란 핵속에 같은 수의 양성자(protons)를 가지지만 그 원소의 질량수를 결정하는 중성자수(neutrons)를 다르게 갖는 원자들(atoms)로서 정의된다. 또한 동위원소는 안정(stable)과 불안정(unstable: 방사성 radioactive) 종으로 구분되며 안정 동위원소에는 약 300여종이 알려져 있으며 방사성 동위원소로는 1200여종이 있다. 안정(stable)이란 용어는 상대적인데 방사성 붕괴시간의 검출한계에 따르게 된다.

많은 원소들은 표 5.4에서 보는바와 같이 중량이 다른 두 개 이상의 동위원소를 가지는데 대개 한 원소가 다른 원소에 비해 높은 분포비를 나타낸다. 예를 들면 자연계에 존재하는 모든 탄소의 98.89%는 ^{12}C이고 1.11%가 ^{13}C이다. 이와 같은 질량의 미세한 차이는 밀도, 분자의 체적, 증발 혹은 응축온도, 침전, 증기압, 점도 및 반응속도, 평형상수 등과 같은 원소의 몇몇 무리-화학적 특성의 차이를 가져오고 생물의 경우 효소의 반응속도가 동위원소의 조성에 의해 영향을 받기도 한다. 따라서 반응의 과정 중에 반응물들과 생성물들 사이에 동위원소의 조성에서 차이가 일어나게 되는데 이것을 동위원소의 분별(isotopic fractionation)이라 한다.

▦ 표 5.4 주요 천연 동위원소들의 존재비

질소 Nitorgen	^{14}N 99.63%	^{15}N 0.37%
탄소 Carbon	^{12}C 98.89%	^{13}C 1.11%
수소 Hydrogen	^{1}H 99.98%	D 0.01%
산소 Oxygen	^{16}O 99.76%	^{18}O 0.20%
황 Sulfur	^{32}S 95.00%	^{34}S 4.22%

동위원소 조성의 차이는 대체로 %로 나타낼 때 소수점이하 3-4자리에서 영향을 미칠 정도로 절대치(absolute value)에서는 아주 낮은 변동폭을 보인다. 따라서 어떤 물질의 동위원소 조성비(탄소의 경우 $^{13}C/^{12}C$) 변화는 무거운 원소의 농축(enrichment)과 결핍(depletion)의 관점에서 연구되고 또한 동위원소 조성 측정에 필요한 정도(precision)를 얻기 위하여 어떤 표준물질(a standard)을 정하여 상대적인 조성비 차이를 정량화 할 수 있는 관계식을 고안하여 사용하게 되었다. 탄소의 경우 표준물질은 PDB(Pee Dee Belemnite)로서 알려진 $CaCO_3$ 표준물질을 사용하는데 동위원소 조성비 값은 아래와 같은 관계식으로 계산을 하고 단위는 천분율(‰)로 나타내며 표시는 $\delta\ ^{13}C$로 한다.

$$\delta\ ^{13}C(‰)= \frac{(^{13}C/^{12}C)_{sample} - (^{13}C/^{12}C)_{PDB}}{(^{13}C/^{12}C)_{PDB}} \times 1000$$

예를들어 해양의 식물플랑크톤은 약 -20‰의 $\delta\ ^{13}C$값을 보이는데 이것은 이 식물플랑크톤의 ^{13}C함량이 PDB에 비하여 2.0% 결핍된 것을 의미한다.

5.8.2 동위원소 조성분석

자연계 내에서 생물에 관련된 물질에서 탄소 안정 동위원소 조성의 변동은 ^{13}C이 가장 농축된 경우와 가장 결핍된 경우 사이에 10%이상의 차이를 보이지 않을 정도로 비교적 적은 변동을 보이는데 실제로 0.1-1% 정도의 미세한 변동도 생물학, 지질학 및 고기상 연구 분야에서는 대단한 의미를 내포할 수 있다. 이와 같은 적지만 유의한 변동을 여러 연구에서 이용하기 위해서는 안정 동위원소비($^{13}C/^{12}C$) 값의 측정이 아주 높은 정도(precision)를 가지고 측정되어야만 한다. 현재 그와같은 높은 정도를 가진 장비로 동위원소 질량분석기가 개발되어 이용되고 있다. 1950년에 보급된 후 많은 기술적 진보를 통하여 현재에는 모든 과정이 자동화되고 분석의 정도도 월등히 나아지게 되었다. 실제로 과거에는 분석을 위한 가스의 포집을 위해서 아주 복잡한 가스포집 장치가 필요하여 시료의 준비도 하루에 10-20개 정도에 불과하였으나 최신의 장비들은 원소분석기와 동시에 사용할 수 있도록 고안, 개발되어 특별한 가스포집장치가 필요 없이 하루에 100개 이상의 시료를 간단하게 처리할 수 있도록 발전해 왔다.

5.8.3 세균의 동위원소 조성 분석과 유기물 이용 측정

해양, 육상 및 습지 환경에 기원을 둔 유기물의 각각의 δ ^{13}C값들 사이에는 큰 차이를 보이기 때문에 수주(water column)와 퇴적물에서 물질의 기원과 수송을 추적할 때 혹은 탄소의 영양단계별 이용을 추적하는데 안정 동위원소 조성은 유용한 기법이 될 수 있다. 이와 같은 연구에서 안정 동위원소가 유용하게 쓰일 수 있는 것은 생화학적 조성은 생물체의 대사과정 등을 통하여 원래의 조성이나 성질이 변하게 되어 그것의 기원을 알 수가 없지만 동위원소 조성은 일반적으로 생물이 그것을 이용한다 하더라도 그대로 보존된다는 특성에 기인한다. 따라서 세균의 경우에도 이들이 갖는 탄소 안정 동위원소비 값(δ ^{13}C)은 그들이 이용한 유기물의 동위원소비 값을 그대로 유지하게 된다.

해양에서의 입자유기물질(POM, particulate organic matter)의 대부분은 광합성에 유래한다. 광합성을 하는 생물들(photosynthetic organisms)의 δ ^{13}C는 Calvin(C_3) cycle, Hatch- Slack(C_4) cycle 혹은 CAM cycle등과 같은 이산화탄소의 고정경로에 따라 달라진다. 일반적으로 육상식물(C3형 식물)에 유래한 유기물은 13C가 비교적 결핍되어 있고 수생 식물군들과 C4형 해초류(seagrasses)들은 ^{13}C가 농축되어 있으며 식물플랑크톤은 그 중간의 특성을 나타낸다. 해양, 호소, 습지 및 육상 생태계의 각 기초생산자군에서 생산되는 유기물의 δ ^{13}C값은 -35내지 -5‰까지 넓은 분포 범위를 보인다(표 5.5). 이 표에서 볼 수 있듯이 육상의 탄소원들은 수계의 탄소원들과 구분이 되고 식물플랑크톤은 습지나 육상의 탄소원들과 구분된다. 반대로 C_3형 습지식물이나 대형 해조류 등은 δ ^{13}C만으로 구분하기가 다소 어렵지만 이와 같은 경우에는 질소나 황과 같은 다른 동위원소를 이용하여 다른 식물군과 쉽게 구별할 수 있다.

동위원소 분석에 충분한 시료를 농축을 하는데 있어서 방법상의 어려움 때문에 용존 유기탄소(DOC, dissolved organic carbon)의 δ ^{13}C에 대한 자료는 많지 않은 편이다. 그러나 최근 기술의 진보와 함께 이 부분에 대한 연구도 더욱 활발해지고 있다. 지금까지 발표된 용존 유기탄소의 δ ^{13}C값은 −28.7내지 −16.3‰의 범위에 있다. 호소에서 측정된 용존 유기탄소의 δ ^{13}C값은 해양에서 측정된 값보다 다소 낮은 값을 보여 준다.

해양에서 서식하는 식물군들의 기초생산은 CO_2와 HCO_3^-로서 무기탄소를 고정한다. 따라서 용존 무기탄소(DIC, dissolved inorganic carbon)의 δ ^{13}C값은 기초생산자의 값에 크게 영향을 미치기 때문에 탄소의 기원을 추적하는데 대단히 중요하다. 수계 생태계에서 용존 무기탄소의 δ ^{13}C값은 동일 수역에서도 시,공간적으로 변할 수 있다. 연안 하구역에서 용존 무기탄소의 δ ^{13}C값은 −29내지 +2‰의 범위를 나타내는데 담수에서의 그 값들은 해수에서 보다 더욱 낮은 음의 값을 보이는 반면 해양의 고유값은 0에서 +3%의 비교적 좁은 범위의 값을 나타낸다.

최근에 bacterioplankton에 의해 이용되는 탄소원을 조사하는데 안정 동위원소가 사용되고 있다. 세균의 동위원소 조성을 분석하기 위해서는 많은 다른 입자들 중에서 세균이나 세균을 나타낼 수 있는 한 요인을 분리하는 것이 필요하다. 첫째로, 세균이 잠재적으로 성장하고 있는 유기물을 측정하기 위해서 bioassay incubation이 이용되고 있다. 이 방법은 우선 수중에 존재하는 모든 입자물질을 제거하기 위해서 0.2μ m 공극의 여과지로 물을 여과하고 여과수를 멸균한 후 자생의(indigenous) 세균을 가진 해수 1%를 첨가하게 된다. 다음에 동위원소 분석을 위해 충분한 생물량(세균탄소량)이 생산될 때(약 48−72시간) 까지 배양을 한다. 다양한 탄소원으로 배양된 세균은 각각의 기원과 유사한 ^{13}C값을 갖게 된다. 실제로 미국 Massachusetts 북동부 염습지에서 이 방법으로 세균의 동위원소비 값을 측정한 결과 *Spartina*에서 유래한 용존유기물질이 세균을 위한 중요한 유기물 기원이라는 것을 알 수 있었던 반면 식물플랑크톤이나 다른 입자물질은 이 곳의 세균에 유기물의 중요한 기원이 아니라는 것을 나타내었는데 이것은 아마도 bioassay가 여과의 결과로 이 기원들을 과소 평가했을 것 같다.

▦ 표 5.5 연안 생태계의 기초생산자들의 δ^{13}C

식물군	δ ^{13}C(‰)
육상식물(C_3)	−35 ~ −23
육상식물(C_4)	−14 ~ −10
호소 플랑크톤	−27.5 ~ −23.0
습지식물(C_4)	
Saprtina alterniflora	−14.0 ~ −12.1
그외 C_4형 식물	−13.3 ~ −12.1
습지식물(C_3)	−31.0 ~ −24.2
해양현화식물	
Zostera marina	−17.5 ~ −6.0
대형해조류	−21.9 ~ −4.9
해양 식물플랑크톤	−25.8 ~ −18.7
저서 규조류	−18.5 ~ −13.2
해양세균	−38 ~ −20

둘째로, 50내지 100l의 해수에서 1.0μ m이하의 입자를 농축한 후 핵산(nucleic acids)을 추출하여 세균의 현장 성장기질을 측정할 수 있는데 이때 핵산은 세균에 대한 생물 지시자(biomaker)로서 이용된다. 이때 핵산은 세균 전체가 갖는 δ ^{13}C값과 유사한 값을 갖는다. 이 방법은 최근에 여러 하구역이나 연안환경에서 응용되었는데 bioassay와 핵산 추출을 사용하여 측정한 세균의 탄소와 질소 동위원소비 값을 비교할 수 있도록 표 5.6에 나타내었다. 세균의 핵산에서 측정된 δ ^{13}C값들이 넓은 범위(−27.9~−15.3‰)를 나타내지만 그 값들은 세균이 채취된 환경에서의 유기물의 예상되는 기원의 동위원소비 값과 유사하다. 미국 Texas의 Laguna Madre에 위치한 해초장(seagrass beds)위에서 측정된 세균들이 ^{13}C가 가장 농축된 −15.3‰을 가졌고 반대로 Perdido Estuary의 목재소로부터 다량의 탄소를 받는 수역과 Guayas Estuary(Ecuador)의 육상 폐기물로부터 많은 탄소를 받는 수역에서 있는 세균들이 낮은(가벼운) δ ^{13}C값을 갖는다는 것을 보였다. 식물플랑크톤과 유사한 δ ^{13}C값을 가지는 세균은 Santa Rosa Sound(Florida)와 Prince William Sound(Alaska)에서 채집되었다.

▦ 표 5.6 Bioassay(B)와 핵산 추출(N)을 이용하여 측정된 세균의 탄소 및 질소 안정 동위원소비값

해역	δ $^{13}C_N$(‰)	δ $^{13}C_B$(‰)	δ $^{15}N_N$(‰)	δ $^{15}N_B$(‰)
Prince Willam Sound, Alaska				
Disk Island Beach	−19.9	−26.5	8.5	8.0
Alyeska Drainage	−27.0	−24.9	5.0	9.0
Disk Island High Tide	nd	−20.6	nd	8.5
Guayas Estuary, Ecuador				
Churute River	nd	−25.3	nd	6.1
Gulf of Guayaquil	nd	−24.0	nd	9.3
Shrimp Pond	nd	−23.1	nd	4.9
Parker Estuary, Massachuseyttes				
Upper Estuary	−23.7	−23.3	nd	nd
Mid Estuary	−21.4	−19.6	nd	nd
Perdido Estuary, Florida				
Eleven Milk Creek	−27.5	−31.9	nd	nd
Perdido River	−26.8	−26.4	nd	nd
Lower Estuary	−27.9	−29.9	nd	nd
Santa Rosa Sound, Florida				
GBERL	−21.9	−23.3	nd	nd
Range Point	−20.7	−21.0	nd	nd
Laguna Magre, Texas				
Laguna Madre	−15.3	nd	3.1	nd
Beach	−17.2	nd	5.8	nd
Baffin Bay	−20.1	nd	4.1	nd
Compuerta Pass	−20.2	nd	2.7	nd
Gulf of Mexico	−24.1	−23.8	9.0	9.1

Bioassay 실험을 통하여 배양한 세균의 δ ^{13}C와 핵산의 측정값을 비교하는 것이 유익하다. 많은 곳에서 행한 실험에서 두 기법으로부터 얻어진 탄소 안정 동위원소비 값이 대단히 유사한 값을 가진다는 것이 밝혀졌지만 상당한 차이를 나타내기도 한다. 예를 들면 Prince William Sound에서 유류로 오염된 해안에서 이 두가지 방법으로 측정한 δ ^{13}C값 사이에 큰 차이가 나는 것을 확인할 수 있는데 간조시에 해안의 웅덩이에서 채집된 세균(핵산 추출물)은 −19.9‰을 나타내어 식물플랑크톤이 세균의 중요한 유기물 기원이라는 것을 시사하지만 웅덩이에 있는 해수에서 bioassay기법으로 배양된 세균은 −26.5‰을 보여 유류가 중요한 영양원인 것으로 나타났다. 이와 같이 두 방법 모두 유용한 분석능을 제공하지만 결과는 조심스럽게 해석되어야만 한다. Bioassay에 의한 방법이 세균을 위한 유기물의 잠재적인 기원에 대한 정보를 제공한다면 핵산 추출물은 현장에서 세균에 의해 사용되는 유기물을 나타낸다. 따라서 두 방법을 동시에 수행할 때 여러 기질의 기원을 해석하는데 더욱 유용할 것이다.

해양의 연구에 안정 동위원소는 30년 이상 광범위하게 이용되어 왔지만 실제로 세균의 제과정에 이 기법이 응용된 것은 불과 지난 5년 정도에 불과하다. 최근의 연구들은 확실히 이 기법이 세균의 탄소원(carbon source)을 밝힐 수 있다는 것을 보여주고 있다. 따라서 모든 탄소의 저장고(pools)를 포함하는 현장 실험결과들을 통하여 연안 수역의 부영양화의 정도를 연구하는데 있어서도 응용될 수 있을 것이다.

5.9 연습문제

1. 종속영양세균의 먹이망을 간단하게 그리고 설명하여라
2. 물질순환에서 미생물의 역할을 설명하여라
3. 먹이망등의 영향을 지방산조성의 변이현상으로 생각한다. 실예를 들어 설명하여라
4. 식물플랑크톤과 미생물의 상호관계를 먹이망에의 설명을 하여라
5. 전환효율이란(conversion) 무엇이며 효율의 측정방법은 어떤 것이 좋은가?
6. 종묘생산에서 해양미생물의 역할은 어떤것들이 있는가?
7. 항균작용 용균작용 등에 관하여 설명하여라
8. 퇴적물중의 미생물의 역할에 관하여 설명하여라
9. 안정동위원소는 어떤 것이 있는가?
10. 안정동위원소의 비에 관하여 설명하여라
11. 안정동위원소를 이용하여 세균의 생태적 특징을 어떻게 분석하는가?

제6장 해양미생물의 분류와 동정

미생물은 분류는 기본적으로 자연적인 방법과 인공적인 방법에 의하여 분류된다. 자연적 분류는 자연환경에 분포하고 있는 각 균종이 나타내는 본질적인 성질을 비교하여 계통적으로 분류하는 방법이며, 인공적 분류는 구균, 간균 또는 탄화수소 자화균, 호염성세균, 내염성세균, 호압세균, 내압세균, 초호열세균 등과 같이 특정 성질에 중점을 두어 분류하는 실용적인 방법이다. 최근에는 생화학 등 첨단적인 부분에 많은 발전을 가져와 미생물 분류에도 DNA의 화학적 구조, 염기배열 등 분자생물학적 기법으로 Hybridization이나 PCR(polymerase chain reaction)을 이용한 DNA sequencing, 특수효소의 유무를 이용한다. 또한 각 균주의 많은 성질을 조사하여 균주간의 유사성(overall similarity)을 통계적으로 구하여 분류하는 수치적 분류법지방산 조성의 특성도 적용된다.

미생물의 분리 · 동정은 미생물을 이해하고 연구하는데 기초적인 학문분야이다. 미생물이 분리 동정되고 분리 동정된 미생물들의 특징에 관한 지식을 습득한후 이들을 이용하여 생태적 분야나 생리 활성 물질등에 관한 연구를 진행시킬 수 있다 해양미생물의 분류도 다른 환경에 분포하고 있는 미생물의 분류와 원칙적인 차이는 없으나 세균학에서 주로 병원성 세균이나 자연계에서 쉽게 시료채취가 되고 분리, 동정되는 세균에 대한 생리적 특징에 대한 생화학적 성상, 형태적, 유전적인 특징이 취급되어 있다. 이런점은 해양에서 채취된 시료를 분리하여 분리균의 특징을 조사해 보면 "Bergey's manual" 등의 분리, 동정법에 기재되지 않은 종류가 발견된다. 이것은 지금까지의 미생물의 분리 동정하는 문헌에서 취급된 세균이 주로 병원성과 이와 유사한 균이나 농업, 공업, 식품등의 분야에서 유용하거나 유해한 미생물을 중점적으로 연구해 왔기 때문이다. 또한 해양환경은 육상 환경과 다른 다양한 환경이다. 저온성, 고압, 열수환경과 염분을 함유한 환경에 적응하면서 부영양보다 빈영양 환경이 많아 실험실에서 인공적으로 만든 배지에서 분리되지 않는 경우도 있다. 이러한 점을 생각해 보면 해양세균에 관한 분리, 동정은 시작단계라 생각할 수 있는 것은 1974년 Bergey's manual (8판)에 5종으로 기재되어 있었던 해양세균인 비브리오과(The Family *Vibrionaceae*)에 현재에는 40종이 넘게 기재 되어 있다는 점이다.

특히 최근에는 분자 유전적인 연구방법으로 미생물의 계통분류를 가능하게 한 점은 학문적으로 많은 발전을 가져 왔다는 점에서 식중독과 관련된 비브리오과(the Family *Vibrionaceae*)의 발전과 연구가 진행되고 있다.

이 장에서는 해양세균의 분류 · 동정과 최근의 연구과정에 관하여 학부 및 대학원생에게 필요한 부분까지 기술하였다.

6.1 해양미생물의 분류

해양세균이란 좁은 의미의 해석과 넓은 의미의 해석을 한다. 좁은 의미란 해양세균은 염의 요구성이 Na^+를 요구하는 세균, 그 외의 Mg^{2+}, Ca^{2+}, K^+ 등의 이용이 요구되고 저온의 환경에서 장기간 생존하는 세균, 즉 해양의 고유세균을 말한다. 넓은 의미의 세균은 육상에서 해양에 유입되어 장기간 해양 환경에 적응하여 생활하는 세균, 즉 해양환경에서 증식하고 계속 서식하는 모든 세균이 여기에 속한다. 여기서 해양 환경이란 외양의 해수나 해양 퇴적중의 세균뿐만이 아니고 기수역(氣水域)의 동식물의 체표면(體表面)이나 체내(體內)를 포함한 바다의 환경을 말한다. 따라서 해양세균 중에는 육상이나 해양에서 서식할 수 있는 균과 바다에서만 서식하는 것을 생각할 수 있다.

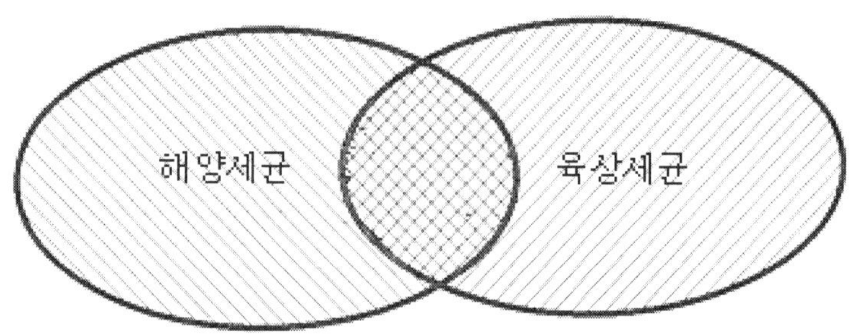

▣ 그림 6.1 해양세균과 육상세균

위의 그림에서 해양에만 서식하는 세균을 협의(狹義)의 해양세균이라 부르며 호염성인 해양의 고유 세균들이다. 한편 반드시 호염성은 아니지만 해양에 적응하며 생활해 온 광의의 해양세균도 여기에 속한다.

6.1.1 해양미생물 분류의 방법

미생물의 분류는 개량적인 방법으로 다음과 같이 발전해 왔다.

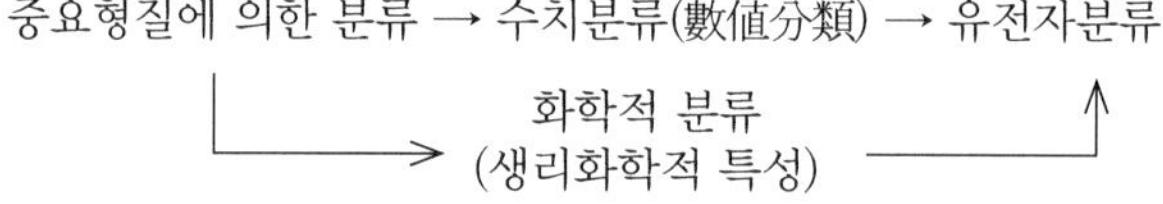

현재 해양 세균을 포함한 미생물(또는 생물전반)의 분류는, 유전자분류(遺傳子分類)에 의존하는 과정에 있다고 판단되나 이 방법은 과거의 분류방법이나 그 결과가 전부 무시되는 것은 아니고 과거 분류법에 보충되는 것이다. 즉 표현형적 분류체계, 계통발생학적 분류체계, 유전형적 분류체계, 수량적 분류체계로 나눈다.

6.1.2 중요 형질에 의한 해양세균의 분류

1960년 Shewan등에 의하여 발표된 해양세균 동정표는 해양세균의 분류 및 생태 연구에 큰 영향을 주었다. 이 분류방법은 표현형론적 분류 방법에 의한 것인데 생물이나 미생물들의 유사한 표현형 특성을 바탕으로 나누는 것에 의한 것이다. 다양한 생물들을 체계적으로 구별할 수 있을 뿐 아니라 형태적 구조의 기능까지 명확하게 알려줄 수 있는 분류체계가 좋은 분류다. 이 동정표를 토대로 많은 연구자들에 의하여 해양 세균의 분류, 생태 연구에 사용되고 또, 개량하며 동정표를 만들기도 했다. 해양은 복잡한 해양 환경에서 분리된 균주를 Shewan의 동정표에 적응시키려면 적용되지 않는 점이 많다. 그래서 Shewan의 기본적인 방법을 이용하여 淸水(시미두)와 繪面(에즈라)(1991)가 개량한 동정표와 田島(타지마), 澤邊(사와베)등(2000)의 분류 표는 그림 6.2-4 와 같다.

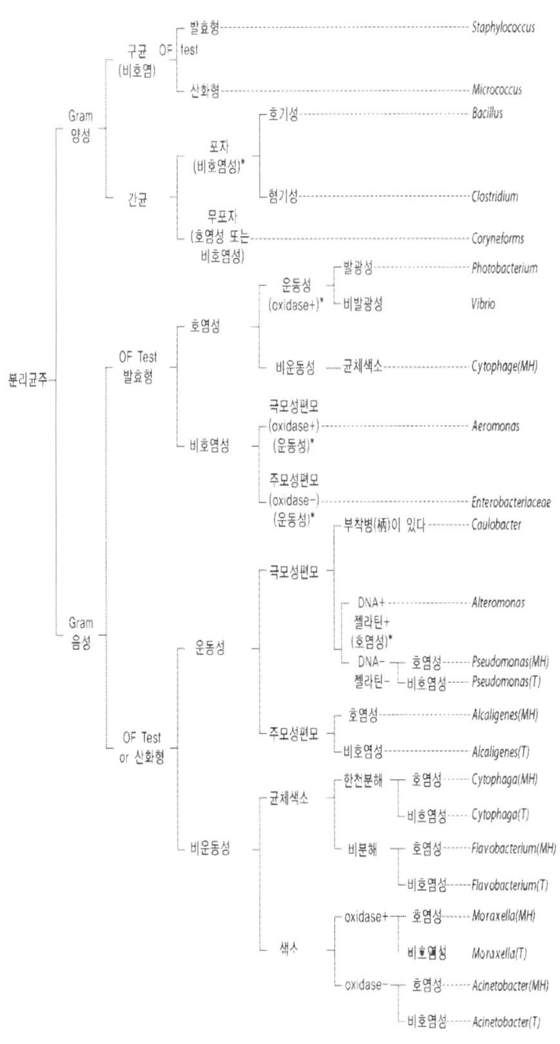

■ 그림 6.2 해양세균의 동정표(淸水, 繪面, 1991)

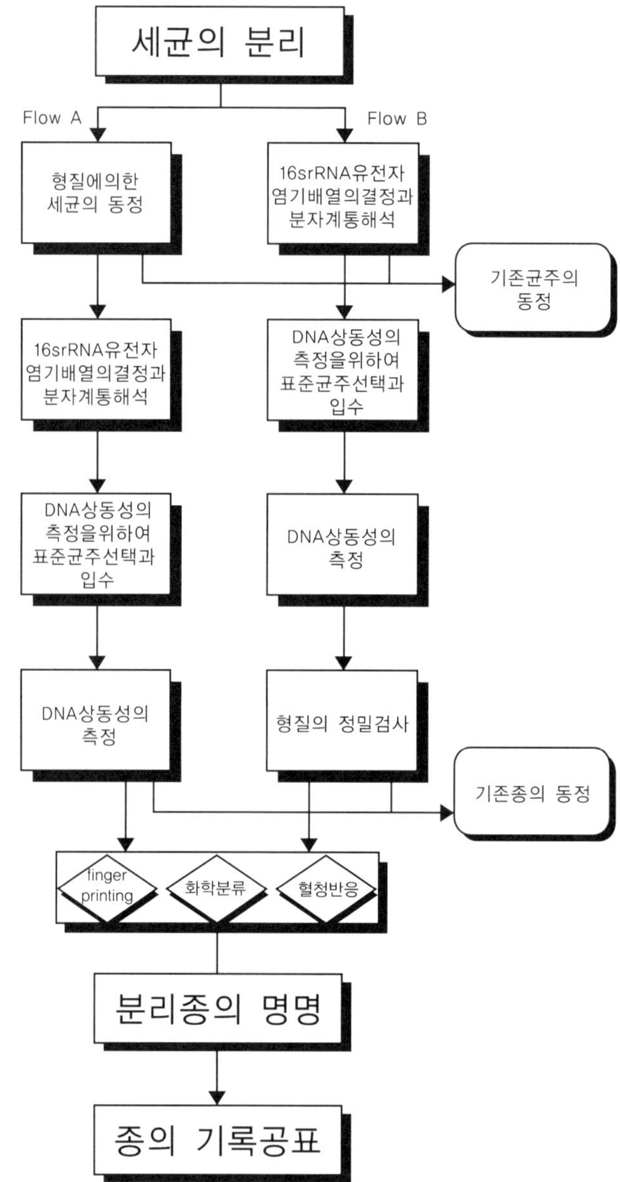

■ 그림 6.3 종의 동정을 위한 일반적인 방법(繪面.田島.澤邊;2000)

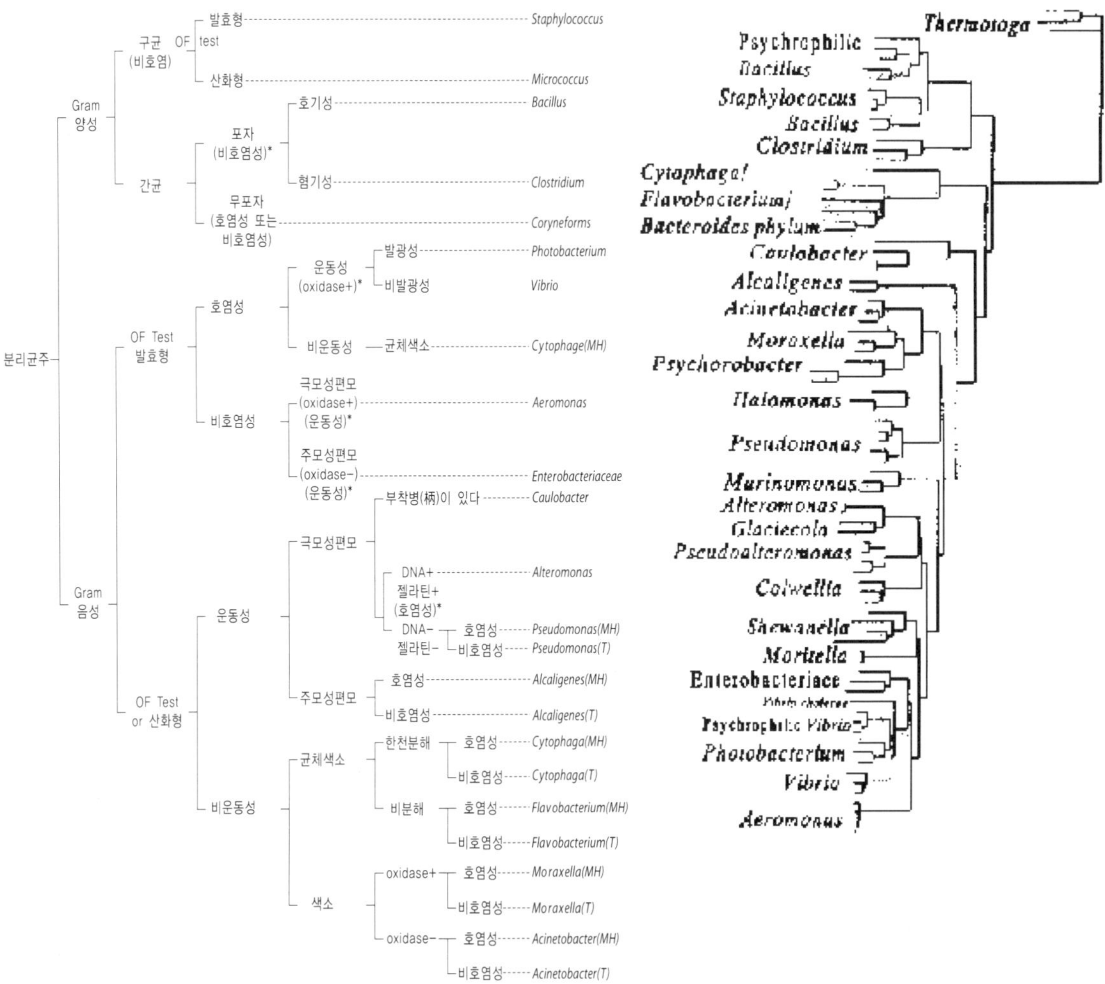

▣ 그림 6.4

해양세균의 간이동정식표(清水, 繪面;1991의 변형) 와 계통수(系統樹)를 표시한 것임(繪面,田島,澤邊;2000).
A는 清水와 繪面의 동정표이고 B는 주요한 해양세균의 분자계통수(分子系統樹)를 표시한 것.

6.1.3 해양미생물의 수치분류

수치분류의 사상은 이미 1920년대부터 사용하였으나 1950년대의 computer발달과 같이 현실적인 방법으로 사용되었다. 세균의 수치분류는 1957년에 발표된 Sneath의 논문이 계기가 되어 1960년대, 1970년대에는 많은 연구 성과가 발표되었다. Sokal and Sneath(1963)에 의하면 분류 단위간의 유사성을 수치적으로 측정하여 그 유사성을 기초로 분류 단위를 정리하는 방법으로 되어 있다.

과거에는 분류연구가(소수지만) 종종 주관적인 판단에 중요 형질에 의하여 분류되었지만 수치적 분류에는 많은 세균주에 대하여 가능한 다양한 data를 모아 균주간의 유사성 또는 유연성(類緣性)을 기본으로 하여 각각 균주를 정리 Group간의 관계를 수치적으로 구한다.

분류에서 주관적인 요소를 제거, 누구나 같은 방법으로 분류가 가능한 것이 요건이다. 그 의미로서는 수치분류는 많은 분류학 연구자에 이용되고 분류 연구의 주류(主流)이고 극히 많은 종류의 세균에 대하여 수치적 분류법을 기초로 연구보고가 발표되었다.

*Vibrio*과에 대해서도 약간의 수치분류의 연구가 진행되고 있다. 예로서 인도양에서 일본 연안해역간에 분리된 360여 균주의 *Vibrio*과 세균을 대상으로 하여 수치분류를 하였다. 그 결과는 표 6.1과 같다. 해수, 해저퇴적(海底堆積物)에서 249균주, 어류에서 52균주, 플랑크톤에서 39균주, 보관중인 10균주, 대조균주 18균주를 사용한 것이다.

▦ 표 6.1 수치분류에 사용된 *Vibrio*課 세균분류(숫자는 균주수; 淸水, 1990)

분류한 곳	인도양	남중국해	동중국해	태평양	일본연안	북태평양	합계
해수							
0-5m	7	11	1	5	21	7	52
10m		8				2	10
20-30m	7	9	6	3	3	7	35
40-50m	5	13		2	19		39
75m		3			5		8
100-150m	7	7	6		5		25
200m	6	7		3	7		23
400m	7	7		4	2		20
600-800m	8	3		1	1		13
1000-1200m	6	7			1		14
1600-2000m		4					4
해적퇴적물		3	4		5	1	13
어류		22			20	10	52
플랑크톤		24			15		39
합계	53	128	17	18	104	27	347

365균주에 오차평가 때문에 무작위(無作爲)로 선정한 18균주를 최후에 가산, 총 383균주에 대하여 세포의 형태, 생리, 생화학적 성상을 실험하였다. 시험항목은 다음과 같다.

① 형태 : 세포의 길이, 폭, 길이와 폭의 비, 끝 모양, 다형성, 연쇄상, 균체의 만곡(灣曲),세포내 과립(細胞內顆粒), PHB 과립, 편모.

② 배양 · 생리성상: 발광(luminescence),형광, Colony색, 형태, 증식온도, 식염농도 의존성, 염류요구성, pH 의존성. 증식속도.

③ 행생물질에 대한 감수성: Ampiciline, 크로람페니콜, 페니시린, 스트렙토마이신, 카나마이신, 겐타마이신, 등의 항생물질.

④ 생화학 실험 : VP실험, 초산염 환원성, 알기닌 지오하이드로라제, 라이신, 디카복시라제, 인돌실험, 유화수소 생성.

⑤ 가수분해: 카제인, Gelatine, DNA, 키틴, tween 60.80. 전분, 요소, 에스그린.

⑥ 탄수화물에서 산, 가스의 생산: 아라비노즈, 세로비노즈, 덱스크로즈, 가락토즈, 락토즈, 말토즈, 만노즈, 슈크로즈, 키시로즈. 그리게롤, 이노시톨.만니톨, 솔비톨.

⑦ 아미노산의 이용성: 알라닌, 로이신, 메치오닌, 페닐 알라닌, 프로린, 구루타민산, 라이진, 히스티딘, 아르기닌, 아스파라긴.

⑧ 유기산의 이용성: 의산, 초산, 유산, 코박산, 마론산, 그루타민산, 구연산, 수산.

i) 컴퓨터에 의한 자료처리

형질에 대한 자료중 정성적인 것은 프라스, 마이나스의 두 가지 형질에 또는 정량적인 것은 몇 가지 단계의 것을 두 가지 형질로 변환한다. 여기에 대하여 균주간의 유사성을 Sokal과 Michener(1958)의 식에 의하여 계산하고 다시 평균연관 집괴분석법(average linkage clustering method)에 의하여 단계적인 분류체계를 정리하였다. 모든 균주에 대하여 (−) 형질, (+) 형질 또는 형질의 판단이 극히 주관적인 것으로 판단된 몇 가지의 자료는 계산의 성립에서 제외되기 때문에 최종적으로 계산된 형질은 128균주 실험기준에 의거 159형질로 되어 있다.

ii) 수치분류의 결과

수치분류의 결과 얻어진 균주간의 유연 관계는 그림 6.5와 같다. 대조로서 동일 균주의 유사성, 또한 동일대조종(표준균주)이 다른 균주에 대한 유사성의 결과에서 86% 이상의 유사성을 가진 균주를 분류군으로 판단한다. 그결과에 의하면, 실험한 균주는 58종으로 나눠졌다. 이중 3균주 이상의 균주로 구성되어 비교적 큰 집단이 28종이었다. 이중에서 기지의 종으로서 등록되어 있는 것(1984년경에)은 5종에 지나지 않았다. 해양세균 중에는 *Vibrio*과의 세균종이 가장 잘 연구된 그룹이다. 그런데도 해양에서 분리한 균주는 4/5 이상이 미지의 종으로 되어 있다는 것은 광범위한 자연환경에 서식하는 세균종에 대해서는 대부분의 것이 규명되지 않은 채 남아 있었다는 것이다.

iii) 해양세균의 서식장소(차이)

수치적 해석은 분류적인 입장에서 많이 이용되지만 생태적 측면에서는 해양의 수심에 따라 서식의 차이가 있다. 또한 해역이나 대양에 따라 차이가 있기 때문에 해양의 어느 수심에 얼마 정도의 세균이 분포하고 있으며 어떠한 역할을 하고 있는가?하는 생태학적인 질문이 생긴다. 수치분류의 결과에서 생겨진 각각의 분류군(pheron=형질균으로 불려짐)을 구성하는 각각의 세균주의 유래를 비교 조사하면 여기에는 명확한 경향이 보일 것이다. 이러한 경향은 분리균주의 대부분으로 해수에 서식하고 있는 균주에 대해서 특히 명확하다. 즉 각각의 분류군은 넓은 범위의 해역에 걸쳐서 분포하고 있다. 한편 수심별로 보면 수심이 상당히 좁은 범위로 국한되어 있다.

예로서 인도양, 남중국해, 태평양의 해수, 플랑크톤 등에서 분리된 세균군을 관찰해 본 결과 해양의 표층(0~100m)에만 서식하는 세균군과 인도양, 남지나해, 태평양에서 연안해역에 으르기까지 넓은 범위에 분포하고 있으나 서식하고 있는 수심층이 약 50~400m에만 국한되어 있는 세균군도 있다. 해수의 표층(0~100m), 중층(50~400m), 심층(400~1200m)의 각각 다른 수심층에서 서식하고 있는 분리균에 대하여 생리 화학적 성상을 비교해 보면 현저한 차이가 인정된다.

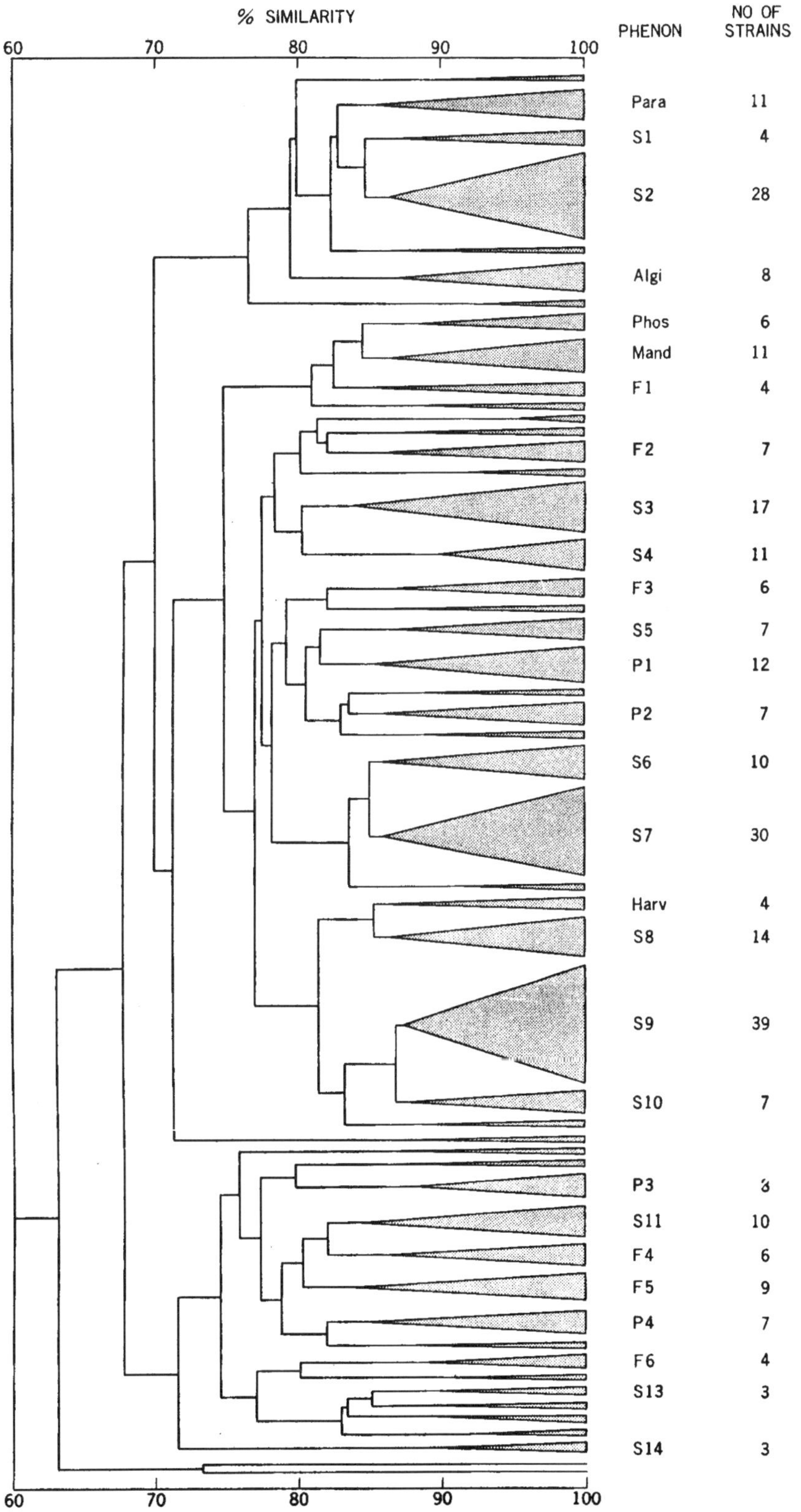

% SIMILARITY
60
70
80
90
100
PHENON
NO OF STRAINS
Para 11
S1 4
S2 28
Algi 8
Phos 6
Mand 11
F1 4
F2 7
S3 17
S4 11
F3 6
S5 7
P1 12
P2 7
S6 10
S7 30
Harv 4
S8 14
S9 39
S10 7
P3 3
S11 10
F4 6
F5 9
P4 7
F6 4
S13 3
S14 3
60
70
80
90
100

■ 그림 6.5 수치분류 결과에 의한 *Vibrio*균의 분류군(Shimidu, 1985)

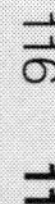

표 6.2는 표층, 중층, 심층의 서식처를 구분하여 증식속도, 가수분해(加水分解)와 산생산(酸生産) 등을 조사한 것이다. 표층에서 서식하는 세균은 증식이 빠르고 변화가 심한 표층수의 염분 농도에 적응하여 넓은 염의 농도 범위에서도 증식한다. 또한 비교적 높은 고온에도 견디며 많은 고분자 유기물질을 분해하고 말토즈, 세로비오즈, 자이로즈 등의 탄수화물도 분해한다. 심층에 서식하는 세균군은 증식이 극히 늦고 증식 가능한 염분의 범위도 좁다. 저온에서 잘 번식하고 고분자 유기물에 대한 분해능력은 적으며 제한된 탄수화물 종류만 이용한다. 표층세균종이 이용불가능한 가락토즈, 만노즈 등을 잘 분해하는 특징도 있다. 흥미 있는 점은 중층 세균군은 표층과 심층세균의 중간 성질을 나타낸다는 점이다. 이러한 사실에서 각 층에 서식하는 세균종의 생활에 대하여 다음과 같이 추정한다. 표층에 사는 비브리오 종은 표층에 증식하는 식물 플랑크톤이나 이것을 포식하는 동물 프랑크톤에서 생산된 풍부한 유기물을 활발히 분해하여 빠르게 증식하고 있다. 한편 심층 *Vibrio* 종은 표층의 세균에 의하여 분해되지 않는 현탁물질 중 대부분이 난 분해성 유기물을 이용하면서 서서히 살아간다. 수심에 따라 다르게 생활하는 Pattern이 다르게 환경에 적응하며 서식한다고 판단된다.

▦ 표 6.2 해수 *Vibrio*의 생리 · 생화학적 성상과 서식심층(숫자는 성상을 가진 균주의 백분율)

서식심층	표층		중층			심층	
균주수	6	40	17	10	30	11	10
증식속도	빠름	빠름	중간	중간	중간	늦음	늦음
증식온도							
5℃	0	32	76	75	93	100	100
34℃	80	59	24	100	80	0	0
0.5% NaCI	97	95	76	75	81	0	55
가수분해							
Gelatin	100	100	100	100	13	20	0
DNA	100	100	100	100	100	27	82
Starch	100	95	6	0	10	6	0
산생성							
celobiose	100	98	100	100	3	9	0
glycerol	93	98	59	25	19	9	55
xylose	0	2	100	67	77	100	0
galactose	3	0	100	100	94	100	93
mannose	37	5	100	100	97	100	100

6.2 핵산에 의한 화학적 계통발생학적 분류

일반적인 유사성이 아니고 진화적인 연관성에 바탕을 둔 것이다. 계통발생(phylogeny: 그리스어로 phylon은 종족 또는 민족이고 genesis는 세대 또는 기원이란 뜻) 이라는 용어는 한가지 생물종의 진화적인 발달을 의미한다. 생물사이의 차이나 유사성이 진화의 결과라는 시실을 인식했고 이를 통하여 생명에 대한 통찰을 얻었다. 우즈와 폭스가 rRNA뉴클레오타이드 서열을 활용하여 미생물사이의 진화적 연관성을 측정하기 시작하였다. 유전형적 분류로서는 미생물의 유전형을 분류학적 기준으로 평가할 수 있는 방법이 여러 가지가 있다. 1970년 이래 유전체가 적어도 70%가 서로 상동이면 같은 종으로 포함시켰으나 새로운 분자 수준의 기법으로 얻어진 유전적 자료가 대체로 기존의 분류체계를 뒷받침하고 있다.

수량분류학에서는 스니스(peter H.A. Snaeth)와 소칼(Robert sokal)은 수량분류학을 생명체를 특성에 따라 수량적으로 분류하는 방법을 정의 하였다. 생물의 특성에 대한 정보를 수량분석에 적당한 형태로 바꾸어서 컴퓨터로 분석한다. 세균의 계통분류는 1940년 Stanier와 Krassilniker 등에 의하여 미생물의 진화과정을 반영하는데 필요한 것으로 느껴 분류서적으로 출판되었고, 이로 인하여 기초적인 역할을 하였다. Krassilniker에 의한 방선균의 계통분류가 성공적으로 정리된 것이 계통분류에 큰 도움은 되었다. 그러나 형태만으로 세균의 진화과정을 결정짓는 것은 특별한 경우를 제외하고는 신뢰성이 없었기 때문에 크게 발전이 없었다. 그 후 1960년대에 들어 동물의 진화과정에 사용되었지만 크게 발전은 없었다. 최근에 와서 일부에서 미생물 유전자의 해석기법이 급속도로 발전하여 과학적인 기초방법에 기인한 미생물 진화의 연구가능성이 인정되었다.

大村은 1970년대 후반까지 수종의 생물에 5S rRNA의 자료를 사용하여 생물계통관계를 명확히 하는 실험을 하였다. Horie 등(1976, 1986, 1987)은 세균에서 사람까지 700여종이 넘는 생물에 대하여 5S rRNA의 염기배열을 해석하여 그 결과로 생물계 계통진화의 과정을 조사하였다. 한편 Woese 등(1977, 1982)은 16S rRNA를 제한효소로 절단한 단편을 비교하는 방법 소위 카탈로그법에 의하여 생물의 계통진화를 연구하였다. 이 연구 중에 생물계에는 과거 확인되었던 진핵생물, 원핵생물 이외 古細菌(*Archaebacteria*)라고 불려지는 제3생물 group이 존재하는 것이 발견되었다. 그러나 最古생물은 무엇인가란 문제를 두고 古細菌과 眞正細菌, 眞核生物 사이의 계통관계에 대해서 Hori, Ozawa 간의 논쟁이 생겼다. Hori, Ozawa 등은 古細菌이라는 group은 진화면에는 眞正細菌보다 후에 分化한것으로 따라서 group의 명칭도 後生細菌(*Metabacteria*)이라 해야 한다고 주장했다.

Ribosome RNA의 염기배열의 해석은 당초 많은 시간과 노력을 요하는 일이었기 때문에 미생물 개개의 group에 대하여 연구는 하지 않았으나 MacDonell과 Colwell(1985)은 해양세균, 특히 *Vibrio*과 세균을 자료로 하여 5S rRNA의 염기배열해석에 의한 세균의 계통분류의 연구를 시작하였다. 이 결과에서 그들은 과거 *Alteromonas*속에 들어 있던 *Alteromonas putrifaciens*를 새로운 속 *Shewanella*에 포함시켜 *Shewanella putrifaciens*라 하고, 또 비브리오과의 몇몇 균주를 새로 설치한 *Listonella* 속으로 옮겼다.

5S rRNA에 비하여 10배이상의 길이를 가진 16S rRNA는 보다 많은 정보를 가지나 한편 진화의 과정에서 구조적인 변화가 많이 일어나기 때문에 넓은 범위의 생물간의 계통진화 연구에는 반드시 5S rRNA보다 월등하다고는 말할 수 없다. 그러나 비교적 비슷한 세균의 분류에는 5S rRNA보다는 유리한 자료이다. 1980년대 중반까지는 기술적으로 익숙하지 않았기 때문에 16S rRNA의 해석이 개개 세균 group의 분류연구에 사용되지는 않았다. 그러나 1985년에 Lane 등이 세균계통진화를 연구할 때의 16S rRNA 해석에 dideoxy法을 이용하는 방법을 발표하여 이 방면의 연구가 급속하게 진전을 보게 되었다.

6.2.1 해양세균의 16S rRNA

앞의 수치분류 연구중 *Vibrio*과 세균의 종에 대응하는 것으로 새로운 분류군이 발견되어 해양중에 각각 독자적으로 환경에 적응하여 생활하는 형태를 추정하게 되었다. 이러한 분류군이 상호 또 이미 알고 있는 *Vibrio*과의 세균과 어느 정도 계통상의 유연관계(類緣關係)가 있을까. 다른 종의 해양세균과는 어떠할까. 문제를 명확히 하기 위하여 16S rRNA의 염기 배열의 해석을 하였다. 해석을 한 것은 수치분류에 의하여 나타난 주요한 분류군의 대표 합계 29균주와 균주보존기관에 있는 표준균주 50균주이다. 이 표준 균주에는 비브리오과의 4속과 주로 해양세균을 대표하는 기타 10속의 세균을 선택하였고, 해석은 小柳津 등에 의하여 개량한 Lane 등의 방법을 시행하였다. primer로서 16S rRNA의 517-

531(*E. Coli*의 배열에 대응하여), 907-926, 1392-1406의 위치의 3가지형을 사용하였다(Kita, 1981).

이러한 방법에 의하여 분석된 data에서, 균주간의 유사도(Similarity)와 진화적 거리를 계산하여, 한편으로는 Saitou (1987)에 의하여 계통수를 그렸다. 하나의 primer에 의하여 읽혀지는 염기수는 약 250개이지만 계산에는 각각의 균주에 대하여 600 염기의 배열부분을 사용하였다. 유사도는 일반적으로 사용되는 Sokal과 Michener(1958)의 유사도계수(Simple natching coefficient)를 이용하였고 진화적 거리는 木村(1980)의 다음 식에 의하여 계산하였다.

K = −(1/2)In{(1−2P−Q)(1−2Q)1/2}

K : 진화거리

P,Q : 염기치환수 중에서 각각의 전이형과 전환형의 치환비율 표시

생물간의 진화거리는 진화과정에서 각각의 유전자에 대응하는 염기에 일어난 변형의 수에 비례한다. 동일 장소에 여러번 변이가 일어나는 경우가 있고 또 전이형의 변이(푸리린에서 피리미딘, 또는 피리미딘 간의 거리)는 전환형의 변이(퓨린에서 피리미딘, 또는 그 역으로 전환)에 의하여 일어나기 쉬운 것도 알려져 있다. 木村의 식은 이것을 고려하여 만들어진 것이다.

핵산의 염기배열 또는 단백질의 아미노산 배열 차에 기인하여 진화의 계통수를 만드는 방법중에 최대절약법(maximum persimony method)이 지금까지 많이 사용된 것으로 이 방법은 각 생물간의 거리를 기본으로 하여 생각되어지는 전부 (또는 가능성의 높은 전부)의 세동수를 만들어 보고 그 중에 진화의 통로가 염기(또는 아미노산)의 치환수가 더욱 작아서 진행하는 것이 바르게 계통수에 있는 것으로 생각된다. 이 방법은 생물개체의 수가 많아질수록 계산에 긴 시간이 걸린다. 또한 생물이 다른 그룹에 의하여 진화 속도가 다를 때는 옳은 결과에서 크게 벗어나는 결점이 있다.

6.2.2 16S rRNA의 염기배열

16S 유사 Ribosome RNA(rRNA)의 염기배열 해석은 역전사법 효소법(역전사법 효소법 : Lane et al., 1985), 세균에는 PCR법(White et al., 1990)이 사용되어 단시간에 정확하게 해석되게 되었다. 미생물 계통의 정확성을 위해서는 적어도 1,000 염기정도의 정보가 요구된다(Saitou and Nei, 1986). 16S 유사 rRNA는 염기수의 대부분이 생물에서 1,400에서 1,900 염기의 범위이고(Neefs et al. 1990) 그 염기 배열 해석이 극히 간단한 것으로 생각되며 여기에 부합시켜보면 미생물 계통연구에 있어서도 최적합한 유전자이다. 이미 많은 생물의 16S 유사 rRNA의 염기배열이 해독되어 생물진화에 관하여 많은 흥미 있는 지식이 밝혀졌다(Woese, 1987). 여기서 이 정보와 같이 미생물 동정을 하여 다시 그 data base를 기초로 생태계에 있어서도 미생물상의 해석을 하는 것이 현실화되었다.

6.2.3 세균종과 16S rRNA 염기 배열

진핵생물은 기본적으로 감수분열을 겸한 유성생식을 하는 생물이다. 유성 생식의 기원은 아마 진핵생물 탄생후 머지 않은 시기였을 것으로 추측된다. 여기서 진핵생물의 종은 교배하여 자손을 남기는 교배 집단으로 간단하게 정의할 수 있다. 여기에 대하여 원핵생물인 세균은 감수 분열하는 유성생식은 아니다. 따라서 집단으로서의 진화는 생각되지 않고 세포 개개의 진화가 있을 뿐이다. 원핵생물에는 고등진핵생물로서 생각되어지는 것 같이 지리적 격리나 생식적 격리와 같은 종을 형성하는 요인은 전혀 불명확하다. 이상과 같이 원핵생물의 종은 완전하게 되어 있는 것이 아니기 때문에 인위적으로 전 DNA를 대상으로 DNA-DNA의 상동성으로서 종의 범위를 구별하는 것이 가장 널리 인식되어지는 편이다. 현재까지 70%이상의 상동성값을 나타내는 관계를 종으로 생각하는 것이 일반적인 예다.

6.2.4 세균의 식별을 위한 16S rRNA 염기배열

분자가 분자수준의 진화를 경과 진할 때 당연히 분자간 및 분자내의 기능성 unit 간의 진화속도는 크게 다르게 되어 있다. 특정의 한 분자 또는 기능성 unit에는 생물간의 진화속도는 약간 다르다. 또 분자간 및 분자내의 기능성 unit간 진화의 바탕이 다르게 되는 것이 많다(Woese, 1985; Oyaizu, 1989).

▦ 표 6.3 16S rRNA의 7개 부분의 변이가 일어나는 빈도의 비교(根粒菌을 사용할 경우)

	Primers						
	350	520	920	1,100	1,240	1,400	1,510
Rhizobium							
R. meliloti ATCC 930							
R. leguminosarum ATCC 10004	5-19	0-6	4-16	10-36	0-1	2-11	0-1
R. loti ATCC 33669							
OK-55							
Bradyrhizobium							
B. japonicum ATCC 10324	4-9	0	0	0-3	0	4-7	0-1
12PB							
55S							

170 nucleotides were determined by each primer

여기에는 세균의 식별을 하기 위하여 16S rRNA의 어느 부분을 읽어 해석하는 것이 좋을까 하는 점을 검토하기 위하여 *Bradyrhizobium*과 *Rhizobium* 속의 7종균주의 primer를 가지고 일곱부위의 변위가 일어나는 빈도를 균주간에 비교해 본 것이다. 표 6.3에 부위마다 변이의 빈도가 다르다는 것을 알 수 있다. 세균의 식별 동정을 위해서는 당연, 변위가 일어나기 쉬운 부분을 대량으로 하는 것이 좋기 때문에 사용한 7종류 중에는 primer 350 및 1,400이 다른 primer보다 맞게 되어 있다. 이러한 견지에서 data base로서 1,400 primer로서 해독되는 위치 1,220~1,376의 부위의 배열을 축적하고 있다.

6.2.5 16S rRNA염기배열에 기인한 미생물의 분석

유전자 증폭의 반응 Polymerase Chain Reaction(PCR)을 미생물의 검출 동정에 이용하려는 것으로 여러 가지 미생물에 관하여 보고되어 있다. 특히 결핵균 등의 배양에 시간이 걸리고 또는 배양이 곤란한 병원미생물의 검출에 이용되는 수가 많다. 병원 미생물의 검출은 그 병원성의 본체인 미생물에 있는 효소의 유전자에 의존하는 경우가 많다. 여기에 대해서 자연계에 서식하는 일반 미생물에는 16S rRNA 유전자가 대상으로 되는 수가 많다. Giovannoi 등(1990)은 北大西洋의 Sargasso해의 세균상을 분석하기 위하여 16S rRNA유전자의 증폭법을 사용하였다. 그들은 16S rRNA 유전자 전체를 증폭하여 이것을 clone하여 전 염기 배열을 解說함에 따라 서식하는 세균 종류를 조사하였다. 그들이 분석한 clone은 전부 *Proteobacteria*의 α group 및 남조 group에 속하나 이것들의 전체의 염기 배열은 이미 염기 배열이 알려진 미생물에는 일치하는 것이 없었다. 또 그들은 진정세균, 고세균, 진핵생물의 각각에 특이적인 probe를 사용하여 hybridization에 의한 해수중의 진정세균, 고세균, 진핵생물의 비율을 추정하였다.

16S rRNA 염기배열을 이용한 미생물의 검출은 PCR법 이외에도 몇가지 보고되어 있다. Delong 등(1989)은 phylogenetic stain이라고 하는 16S rRNA 염기배열에 기인한 특정의 미생물에 특이적인 형광색소의 첨가된 probe를 만들어, 자연계의 시료를 membrane filter 등에 얹어 놓고 hybridization에 의한 probe와 반응하는 세균을 형광현미경하에서 계수하는 기술이 있다. 이 방법으로서 고세균, 진정세균, 진핵생물은 쉽게 구별 가능하다. 다시 염기배열에 있어서 92%의 상동성을 나타내는 그 종의 세균을 이 염색법으로서 구별되는 것으로 보고하고 있다. Ward 등(1990)은 미국 에로스톤 국립 공원의 55℃ 온천에 서식하는 층상의 남조상의 덩어리에서 RNA를 추출하여 여기서 역전사로서 cDNA를 합성하여 이것을 clone화하여 그 염기배열을 분석하였다. 그들은 8종류의 생물을 관찰, Giovannoi 등(1990)과 같은 모양으로 서식하는 모든 미생물의 염기배열은 지금까지 이 종이 온천에서 발견되어진 세균과 일치하지 않는다고 보고하고 있다.

6.2.6 메탄 발효조를 예로 한 PCR법에 의한 미생물 검출

Giovannoi 등(1990)이나 Ward 등(1990)의 보고에 의하면 자연계에 서식하는 세균의 대부분이 배양이 곤란하고 아직 발견되지 않는 것들이 있는 가능성이 높다. 배양을 겸한 16S rRNA 염기배열에 기인한 미생물의 검출법은 배양법의 결점을 극복한 새로운 미생물 검출 기술로서 주목되어지고 있다. 여기서 메탄발효조를 예로서 배양곤란한 미생물의 검출, 동정 또한 세균상의 분석이란 점에 대하여 검토한 것이다. 방법의 순서는 그림6.6과 같다.

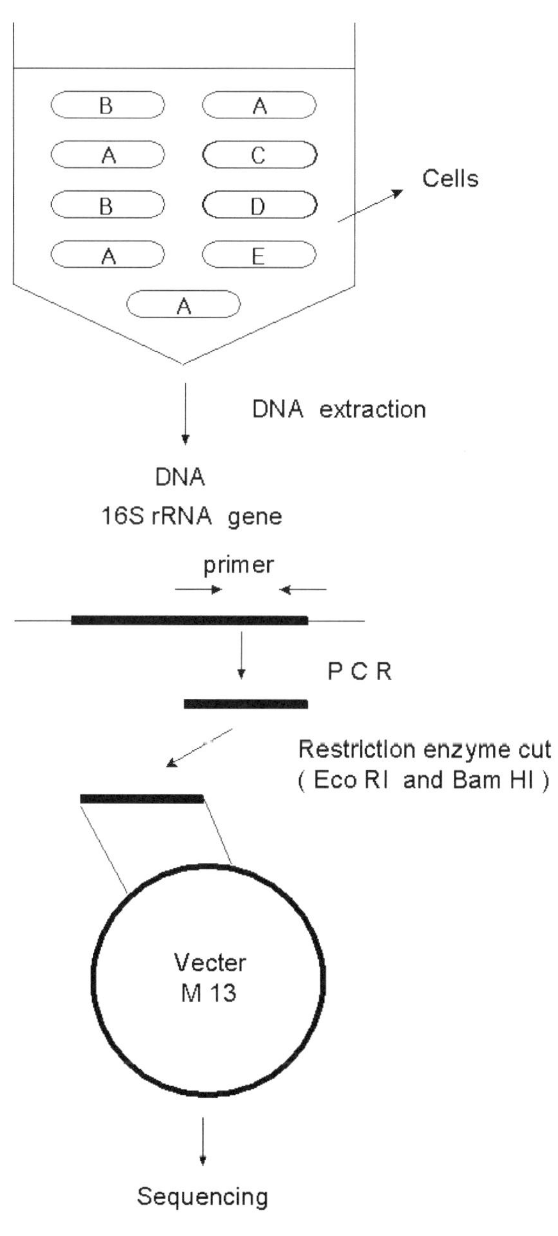

■ 그림 6.6 PCR을 이용한 미생물상의 분석순서

시료를 석영사(石英砂) 및 Almina에 격렬하게 20분간 가열하여, DNA를 phenol법에 의한 유출, 정제한다. 정제 DNA를 그림 6.7에 표시한 primer를 사용하여 증폭(增幅)하여, 이것을 컬럼으로서 정제 후 , M13 phage에 clone화하여 상법(常法)에 의한 염기배열을 해독하는 것으로 되어 있다. 이 primer set는 반량(半量)이 진정세균의 16SrRNA와 상보적인 배열로 되어 있고 반량은 고세균 것에 상보적이다. 따라서 진정세균 및 고세균의 16SrRNA를 같은 확률로서 증폭하여 보면 진정생물의 16S 유사 rRNA는 전혀 증폭하지 않는다.

메탄 발효조의 분석을 하기전 Gram 염색성에 있어 다른 대장균과 枯草菌을 이용한 모델 실험에 의한 균체중량과 얻어진 clone 관계를 검토하였다. 이것은 앞에서 논한 바와 같이 clone를 제작하고, 염기배열을 해독하는데 있다.

분석한 clone의 수는 적으나 얻어진 clone의 비율은 균체 중량의 비에 가까운 값이다. 세균의 종류에 따라 chromosome 당 ribosome RNA 유전자의 copy 수는 약간 다르기 때문에 얻어진 clone을 그대로 chromosome의 비에 치환할 수가 없다. 또 세포 외 다당 등 세포에서 취한 직접 필수적인 성분 이외의 성분을 다량 생산하는 세균도 많이 있기 때문에 clone의 비율이 그대로 세포중량의 비율과 관계하지 않는다. clone의 비율이 무엇을 표현하고 있는가는 많은 모델 실험을 통하여 검토할 필요가 있다. 균체외 다량을 생산하지 않는 Gram 음성의 대장균과 Gram 양성의 枯草菌으로서 clone의 비율은 거의 균체 중량을 표시하는 것으로서 이 clone 비율은 생태계 생물 활성 비율을 대략적으로 표현되는 것으로 생각된다.

(1) 1100R

5′ CGGATCCGAATTCAAGGAG(AC)(GA)ACCCOH3′

Bam H1 EcoR1 | 16S rRNA 유전자에 hygridization하는 부분

(2) 1400F

5′ GAATTCGGATCCGACGGGCGGTGTGT(GA)COH3′

EcoR1 Bam H1 | 16S rRNA 유전자에 hygridization하는 부분

■ 그림 6.7

미생물상의 분석을 위한 16SrRNA 증폭용 primer.대장균을 기준으로 한 position 1101에서 1407 사이를 증폭하는 primer. ( )내에는 2개의 염기를 반반식 함유한다는 것을 의미한다.

■ 표 6.4 PCR법에 의하여 얻어지는 16S rRNA의 clone의 비율과 균체건조중량의 관계

	건조중량	평판한천배지상균수의 측정	얻어진 clone의 수
B. subtilis	6mg	7.1×10^7	6
E. coli	12mg	3.3×10^9	10

PCR반응을 이용하여 DNA polymerase, Taq DNA polymerase는 30 cycle의 합성반응으로서 약 400 염기에 1개의 비율로 틀리게 읽는 수가 있다고 보고되어 있다. 이 모델 실험에는 대장균 10 균체, 고초균 6균체로 합계 16 균체의 clone의 염기배열 합 4,490염기를 해독했으나, 이중 명확히 잘못 해독된 것으로 판명되는 것은 1염기였다. 따라서 이 효소의 잘못 읽은 것은 높지 않다고 생각되어진다. 이번 미생물상의 분석자료로서 사용된 메탄 발효조는 분석결과 그림 6.8과 같다.

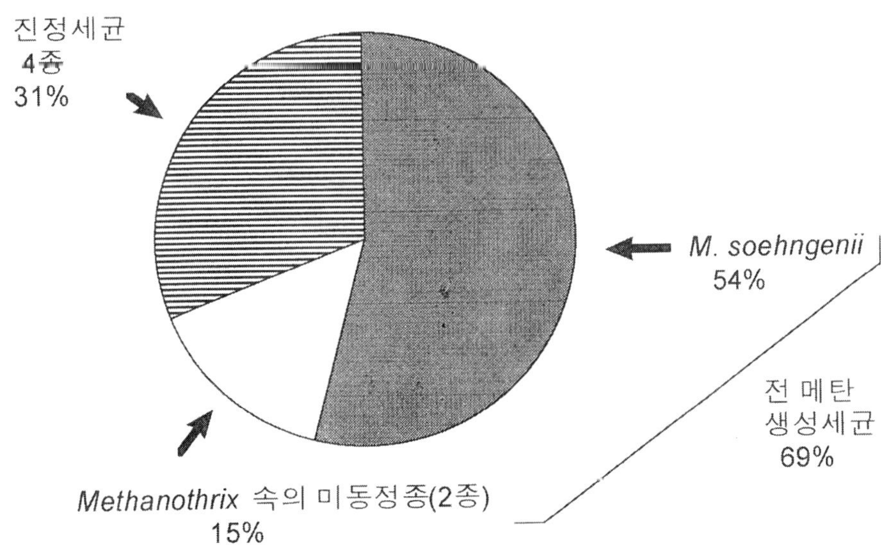

■ 그림 6.8 PCR법에의한 메탄 발효조(전분제 배수)의 미생물 상의 분석

그림과 같이 오니(汚泥)에서 얻어진 clone의 비율은 고세균이 69%로서 진정세균이 31%로 되어 있고 고세균에는 특히 *Methanothrix soehngenii*가 전세균의 54%를 차지하고 있다. 이 결과는 어디까지나 얻어진 clone의 비율이지만 같은 시료의 전자현미경 관찰에서 *Methanothrix* 모양의 섬유상이 덩어리가 된 것이 관찰됨에 따라 세균상을 대략 형성하고 있다고 생각한다. 여기서 주요 flora로서 보여진 *M. soehngenii*는 한천평판에서 colony를 형성하지 않고 순수분리가 곤란한 것으로 생각한다. 또한, 진정세균의 4종은 *Proteobacteria*형이고, 유산환원균과 그 유연균으로 생각되어지고 한 군의 속으로 생각되나 data base가 있어야 판명될 수 있다. 이상과 같이 PCR법에 의한 미생물상의 분석은 대단히 중요한 기술로 여러 가지 시료로서 배양법과 잘 맞추어서 이용될 수 있는 것으로 기대된다(미생물생태-小柳津廣志)

6.3 DNA Hybridization의 기본 원리

DNA(Deoxyribonucleic acid)는 adenine(A), guanine(G), cytosine(C) 및 thymine(T)의 4종의 염기와 2-deoxyribose 및 phosphate에 의하여 구성되어 있다. DNA의 각 염기의 조성은 생물의 종에 따라 다르며 DNA의 염기배열에 유전정보가 들어 있다. DNA는 2중의 나선구조를 하고 guanine은 cytosine과 adenine은 thymine과 특이적으로 對合하여 수소결합에 의하여 결합되어 있다. 두가지 사슬의 DNA는 가열처리(또는 alkali 처리)에 의하여 하나의 사슬 DNA로 변성한다. 그러나 가열처리 후 서서히 냉각시키면 상보성이 있는 부분은 다시 수소 결합이 되고, 2개의 사슬로 되돌아 간다. 유래가 다른 DNA 하나의 사슬끼리가 반대로 염기배열이 상보성이 있으면 한열의 G-C, A-T가 형성되어 두 개의 사슬 DNA로 된다. 이것을 hybridization 또는 hybrid 형성이라 한다.

상보성이 있는 하나의 사슬 DNA가 두개의 사슬 DNA로 재생되는 성질을 이용하여 세균의 분류가 되게끔 되었다. 세균의 염색체 DNA는 약 400~500만 개의 염기로 되어 있고 가까운 종의 염기배열이 유사하여 상보성(상동성)이 높다고 되어 있다.

6.4 지방산에 의한 미생물 분류동정법

미생물에 함유된 지방산의 특징을 이용하여 분리동정에 이용된다. 즉 짧은 사슬의 지방산(휘발성 지방산) 분석은 혐기성세균 동정에 일반적으로 이용되어 왔으며, 탄소수가 C_9~C_{20} 사이의 탄소수를 갖는 지방산이 비발효성 그람음성균 동정에 이용되고 있음을 알 수 있다. 통상적으로 그 대표적인 방법인 지방산의 추출은 표준배지인 typticase soy agar (BBL, Cockeyville, Md)에서 28℃, 24시간 배양한 다음 습균체 약 40mg을 screw cap tube (13×100mm)에 넣고 50% methanol-15% NaOH 1mℓ를 첨가하여 100℃에서 30분간 끓인다. 가수분해물을 실온으로 식혀 methanolic HCl 2mℓ를 첨가하고 80℃에서 10분간 가열하여 메틸화시킨 다음 hexane-methyl-tert-buthyl ether(1:1; vol/vol) 1.25mℓ를 첨가한다. Fatty acid methyl ester물질을 취한 다음 base washing으로 희석 NaOH 3mℓ을 첨가하여 상층액을 분석용 vial에 넣어 분석용 시료로 사용한다.

분석 조건은 Microbial Identification System(MIS : Hewllet-Packard 5890A)으로 fused-silica capillary column (25m×0.2㎜)이 부착된 gas liquid chromatography(GLC)를 이용하여 air 40psi, H2 30psi, N2 20psi의 압력에서 각각 평균속도 400mℓ/min, 30 mℓ/min, 30mℓ/min으로 injection temperature 250℃, detection temperature 300℃, oven temperature를 매분 5℃ 상승시켜 170℃에서 300℃까지로 하여 FID 검출기로 검출한다.

표준화된 조건에서 세균을 배양한 후 지방산을 추출해서 GLC로 분석하면 세균동정에 대한 자료를 얻을 수 있다. 중요성분 분석과 패턴인식 소프트웨어를 이용하면 종 또는 아종의 단계까지 빠르게 동정할 수 있다. 호기성 세균중 혈액배지를 이용하여 얻어진 기본 데이타는 Clin 라이브러리를 구성하여 같은 방법으로 혐기성 세균, 균류, 효모, 또한 특수한 환경에 서식하는 균중 표준배지를 기준으로 각 라이브러리를 구성하여 생장조건에 따른 지방산 조성의 차이를 최소화하고 있다.

그러나 특수한 환경에서 사라는 미생물은 조건을 달리하여야 한다.

일반적으로 지방산 조성의 차이는 환경이 까다로운 환경 미생물이나 해양의 심해미생물은 압력에 따라 다른 특징이 있다(표 6.5). 그람양성세균의 경우 가지달린 사슬형 지방산 분포가 우세한 반면, 그람음성세균의 경우는 짧은 사슬형 하이드록시산인 지질다당체를 반드시 포함하고 있기 때문에 $C_{10:0}$ 3OH, $C_{12:0}$ 2OH, $C_{12:0}$ 3OH가 항상 검출된다. 또한 혐기성 세균의 경우에는 전체 지방산중 dimethyl acetyl group이 30% 이상을 차지하고 있다. 이러한 각 세균종 마다 지닌 특이한 지방산의 조성차이로 인하여 미생물 동정이 가능하다(표 6.6). 그림 6.9는 지방산 조성의 특성에 따라 *Vibrio*균을 분리동정한 결과를 유사도로 표시한 것이다.

▦ 표 6.5 심해미생물의 지방산 조성(이,1997)

Fatty acid	sp.-40	sp.-74	sp.-86	sp.-86 (400 atm)	sp.-87	sp.-87 (400 atm)
9:0	17.14	-	-	-	-	-
10:0	3.03	-	-	4.04	-	1.84
12:0	10.11	10.65	1.92	3.12	6.73	18.76
12:1	2.88	-	-	-	-	-
14:0	3.31	4.52	-	-	-	-
14:1	2.74	2.16	7.21	10.90	22.93	34.34
15:1	-	-	9.14	5.25	9.11	2.69
16:0	12.28	14.41	12.12	18.60	7.20	5.98
16:0(iso)	-	3.14	-	-	-	-
16:1	27.28	26.99	22.34	12.25	28.06	16.58
17:0(anteiso)	3.43	15.89	-	-	-	-
18:0	5.41	3.45	9.21	5.14	3.93	1.89
18:1	2.58	6.99	-	27.61	-	5.06
20-22:0	9.30	2.21	26.21	13.09	22.04	7.11
unknown	-	7.58	-	-	-	4.76

(Values are expressed area %)

▦ 표 6.6 *Vibrio* 속의 지방산조성의 비교 (성, 1997)

Fatty acids	V. *cholerae* non−01	V. *cholerae* non−01	V. *mimicus*	V. *vulnificus*	V. *parahaemolyticus*
$C_{10:0\ 3OH}$	0~3	·	0~3	·	·
$C_{11:0\ iso\ 3OH}$	·	0~3	·	·	·
unknowon $_{12,486}$	0~1	1	0~1	2	·
$C_{12:0\ iso\ 3OH}$	·	3	·	·	·
$C_{12:0}$	·	·	·	·	0~4
$C_{12:1\ 3OH}$	3~7	·	0~3	·	·
$C_{12:0\ 3OH}$	·	3~7	4~6	·	1~2
$C_{12:0\ 2OH}$	·	·	0~3	·	·
$C_{14:0\ iso}$	0~3	3	·	·	·
$C_{14:0}$	4~7	4~7	·	3~16	·
$C_{15:0}$	0~3	0~3	0~3	·	0~3
$C_{14:0\ iso\ 3OH}$	0~3	0~3	0~3	·	·
$C_{16:0\ iso}$	0~3	0~5	0~3	·	·
$C_{16:0\ cis\ 9OH}$	0~3	·	0~3	·	·
$C_{16:1\ cis\ 7}$	·	·	0~3	·	·
$C_{16:1B}$	1	0~2	0~3	0~3	0~1
$C_{16:1\ cis\ 9}$	35~43	23~43	24~46	34~42	30~43
$C_{16:1\ cis\ 11}$	0~3	·	0~3	·	·
$C_{16:0}$	19~24	16~25	20~27	22~34	30~37
$C_{15:0\ iso\ 3OH}$	·	·	·	0~3	·
$C_{17:1B}$	·	0~3	·	·	0~3
$C_{17:1\ cis\ 9}$	0~3	·	0~3	·	·
$C_{17:0\ iso}$	·	·	·	·	0~3
$C_{17:0}$	0~3	0~3	0~3	·	0~3
$C_{18:0\ iso}$	0~3	0~3	0~3	·	·
$C_{18:1\ cis\ 9}$	0~1	0~1	0~3	·	·
$C_{18:1\ trans\ 11}$	·	·	0~3	·	·
$C_{18:1\ cis\ 13}$	0~3	0~3	0~3	·	·
$C_{18:0}$	1~3	1~3	1~3	·	·
$C_{19:0\ methyl}$	0~1	0~1	·	·	·
$C_{0:1\ trans\ 11}$	0~3	0~3	·	·	·
$C_{14:0\ 3OH/16:1\ iso\ 1}$	3~4	3~4	3~4	4~6	4
$C_{16:1\ trans\ 9/15:0\ 2OH}$	·	·	0~16	·	·
$C_{18:1\ trans\ 9/6/cis\ 11}$	20~27	20~27	20~25	6~24	4~26
unknown $C_{18:0-19:0}$	0~3	0~3	0~3	·	·

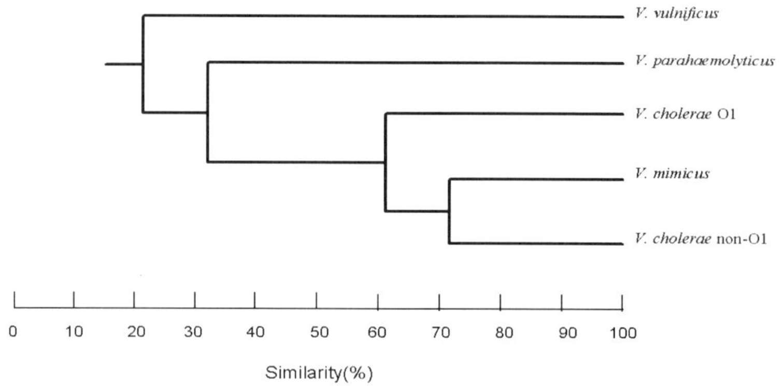

■ 그림 6.9 지방산 조성에 의한 *Vibrio* 속의 유사도(성, 1997)

6.5 단백질에 의한 동정

단백질을 사용한 생물사이의 관계를 측정하는 것은 아미노산의 서열이나 혈청학적인 반응 또는 총세포단백질의 비교를 하는데 있다. 총단백질은 효소 등을 전기영동으로 비교한다.

6.5.1 단백질의 혈청학적 비교

정성적인 혈청학적 기술의 개발은 다른 세균과 동종효소의 구조적인 유사성을 빠르게 검출을 할 수 있다. 보통 항혈청을 만들기 위하여 여러 표준균주로부터 선택적으로 순수 분리된 효소를 사용한다. 이들 항혈청은 미생물로부터 세포에서 추출한 동종효소를 검출하는데 사용한다. 일반적으로 단백질의 서열의 변이는 이차구조의 변화로 항원성이 다르게 나타난다. 그러므로 정성적인 혈청학은 rRNA : DNA교잡을 이용해서 rRNA서열을 빠르게 알아내는 것과 같이 단백질의 구조를 분석할 수 있다. 그러나 모든 개체에 모두 적용되는 것은 아니다. 대부분의 연구에서 lactic acid 세균인 *lactobacillus*, *Pediococcus*, *Leuconostoc* 과 *Streptococcus* 등을 들 수 있다. 이들은 속내에서 가까운 관계를 가지고 있기 때문에 다른 방법으로 분류를 하여야 한다.

6.5.2 세포단백질의 전기영동 비교

세균의 유전자는 효소학적으로 또는 구조적으로 대개 2000개의 단백질을 생산하는 것으로 알려져 있다. 세균이 표준조건에서 자랄 때 이 단백질 조성은 주로 일정하다. Poly-acrylamide 겔(PAGE)상에서 총세포 단백질의 전기 영동상은 각 밴드가 단백질에 따라 여러 부분으로 나누어진다. 그러나 이들 복잡한 형태는 비교할 수 있도록 균종에 따라서 재현성을 보이면서 특정양상을 나타낸다.

처리 과정은 주로 시료를 brain heart infusion(이하 BHI)배지를 cellophane size 30 ㎝(Sigma, Co)속에 분주하고 100㎖ 삼각 플라스크에 넣은 후 121℃에서 15분간 멸균한 다음 식히고 18-24시간 배양한 1.5×10^{8}/㎖ 균액을 접종하고 18시간 배양한다. 배양액을 취하여 1.5㎖ microcentrifuge tube에 넣고 4℃에서 15000rpm에서 5분간 원심한다. 상층액을 시료로 사용하여 전기영동은 cassamino blue solution buffer 30㎕에 시료 50㎕를 잘 혼합한 다음 100℃에서 90초간 끓인 후 ice box에 유지시키고 10% separation gel에 50㎕시료를 loading하여 ATTA Digi-power supply SJ-1081(Japan)에서 180분간 영동시킨 후 cassamino blue dye 염색액에 30분 내지 1시간 염색하고 galacial acetic acid에 탈색시킨 후 그림 4-1과 같이 밴드를 비교하여 동일 균종인지를 확인한다. 한편 최근에는 전기 영동 방법도 많이 개선되어 SDS-PAGE와 pulsed field gel electrophoreisis (PFGE) 등이 있다.

6.6 해양 세균의 계통관계

RNA의 염기배열의 해석에 의하여 얻어진 해양세균중 대표적인 균으로 *Vibrio*과의 세균과 대조균주로 그람음성균의 계통수를 나타낸 것이 그림 6.10에 표시하였다. 그림에는 *Vibrio*와 세균이외의 해양세균, 대장균(*E. coli*)및 육상형의 *Pseudomonas*속의 세균이 대조를 위해 포함하였다.

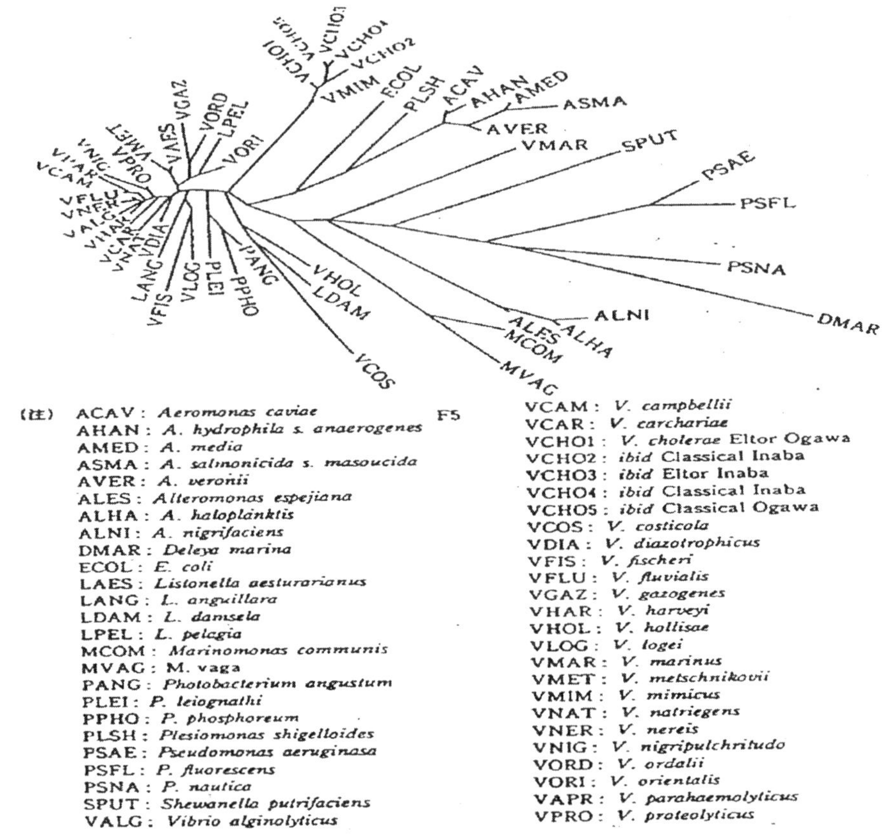

■ 그림 6.10 16S rRNA의 염기배열 해석에 의한 *Vibrio*속과 여러 세균의 계통수(Tsukamoto, 1991)

i) 해양형과 육지형의 세균

그림 6.10의 결과를 보면 해양세균과 육상세균은 조사를 통하여 다른 속 또는 과 사이에 명확한 구별이 된다.

계통진화의 면에서 주목되는 것은 먼저 육상세균과 해양세균과의 사이에 명확한 구별이 있다. 같은 *Pseudomonas*속의 해양의 *P. nautica*와 육상세균 *P. aeruginosa*, *P. fluorescens*간에는 큰 거리가 있다. 다시 또 다른 해양성 *Pseudomonad*에 있는 *Deliya marina*

도 육상의 *Pseudomonas*속과 큰 차이가 있다.

이러한 결과는 가까운 관계라고 하는 세균 분류군에도 육상 것과 바다의 것은 진화 면에서 상당히 옛부터 다른 계통으로 나누어 져서 발전해 온 것을 나타내고 있다.

해양 세균의 대부분이 호염성인 것은 잘 알려져 있다. 이 호염성은 상당히 안전한 것으로, 예를 들면 *Vibrio parahaemolyticus*를 조금식 염 농도를 묽게 한 배지에 계대하면 저절로 (점차)낮은 농도에 적응하지만 0.05% 이하의 NaCl 농도에서는 증식하지 않는다. 해양세균이 가진 호염성은 세균의 에너지 대사와 밀접한 관계가 있다는 것이 Tokuda와 Kogure(1989), 오(1990) 등의 연구에 의하여 증명되었다.

*Aeromonas*속의 세균은 호염성은 아니지만 과거 *Vibrio*속과 같이 *Vibrio*과에 포함되어 있었으나 Colwell등은 5S rRNA의 염기 배열의 해석 결과에서 *Aeromonas*속을 *Vibrio*과에서 벗어나 독립의 *Aeromonas*과로 하는 것을 주장 하였다. 그림 6.10에 표시한 16S rRNA의 염기 배열의 해석에 기인하여 계통수에서도 *Aeromonas*균종은 오히려 장내세균과도 가깝고, *Vibrio*과의 다른 세균과는 계통적으로 멀리 떨어져 있다.

ii) *Vibrio*속 세균의 계통 관계

그림 6.11은 *Vibrio*과 세균을 중심으로 하는 계통수를 표시한 것으로 이 결과에 의하면 과거 하나의 속에 포함되어 있던 *Vibrio*속의 세균이 적어도 5개의 Group(속 또는 과)으로 나누어진다는 것이 명확해졌다. 즉 *V. marinus Group*, *V. costicora Group*, *V. cholerae Group*, *V. parahaemolyticus*나 *V. alginoliticus*를 포함한 group 및 *V. fisheri*를 포함한 group이다.

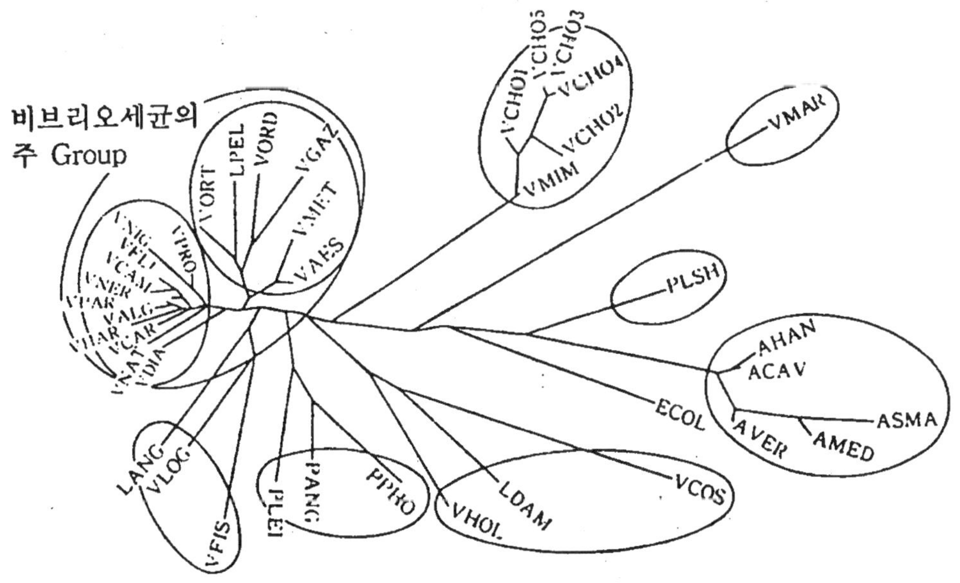

■ 그림 6.11 *Vibrio*균과 세균계통수(Tsukamoto, 1991)

다섯개의 group중 처음 *V. marinus*에 대해서는 최근 Steven(1990)은 5Sr RNA의 해석, DNA/DNA *hybridization* 등의 결과에서 새로운 속 *Moritella marimus*라고 제안하고 있다. 이 균의 유연 관계에 대하여 뒤에 기술하는 기준에 의하면 이 균은 속으로서 구별될 뿐만이 아니고 새 과로 만들어도 좋다고 생각된다.

다음 두번째의 그룹인 *V. costicola*는 해양의 *Vibrio*에 비하여 고농도의 염의 환경에서 잘 자라고 일반적으로는 중도 호염성 세균으로 알려져 있다. 이 균도 *V. marinus*와 같은 모양으로 다른 *Vibrio*균과는 계통적으로 멀리 떨어져 있어 다른 속 또는 과로 할 수 밖에 없다. 이 그룹에는 *V. costicola*와 거리가 크고 다른 속 또는 과에 속한다고 판단된다.

제 3 group은 *V. colera*를 포함, *V. parahaemolyticus* 등 다른 많은 *Vibrio*에서는 독립한 그룹이다. *V. colera*는 역사적으로 유래, 성상, 혈청형에서 아시아형(稻葉, 小川型), 엘톨형(稻葉, 小川, 彦島型)으로 나누어서, 여기에 상호관계에 대해서는 많은 의론이 있었다. 그러나, 16S rRNA의 염기배열의 해석에서 이 전부가 계통수 상에서도 긴밀하게 통합 서로 높은 상동성을 가지고 있고, 동일종인 것이 명확히 되었다. 또 콜레라균에 생리, 생화학적 성상면에서도 유사한 *V. mimicus*도 콜레라균의 각 형과 98.9~99.4%의 상동성을 가지고 있기 때문에 *V. colera*와 극히 가까운 관계의 종으로 판단된다.

*Vibrio*의 제 4 group은 *V. parahaemolyticus*를 비롯하여 병원성 및 비병원성의 12균종이 포함되어 있다. 이 전부를 하나로 통합정리한 속으로 할 것인가 또는 2~3개 속으로 할 것인가는 아직 검토가 필요하다. 이 12균종의 상호 상동성은 95.3~98.8%이나 장염비브리오, 비브리오 알기노리티거스 등의 11균종을 포함한 group은 系統樹상에도 통합되어 있고 또 상동성도 96.9~99.6%로 높고 하나의 속을 만들고 있다고 생각된다. 그러나 제 4 group의 몇종의 균의 위치에 대해서는 colwell group에 의하여 5SrRNA의 염기배열에 기인한 결과 몇가지 不一致가 있고 이로 인하여 제 4 group을 어느정도 세분할 것인가는 앞으로 더욱 검토가 필요하다.

제 5 group은 *Vibrio fischeri*와 *Listonera anguillara, V. logei*를 포함하고 있다. 전자와 후자의 두종은 상호거리가 크기 때문에 다른 속으로 나누는 것이 적당하다고 생각되어진다.

이 다섯 groups(*Vibrio* groups) 이외에도 *Photobacterium*이 독립한 속을 형성하고 있는 것은 그림 6.11의 계통수에 명확히 되어 있다. 이 *Photobacterium*속은 *V. marinus* 를

제외한 *Vibrio* 2, 3, 4번째의 group에 가까운 위치에 있다.

iii) *Vibrio*과의 세균과 장내세균과의 세균

Vibrio 및 유사의 호염성 세균과 비호염성의 장내세균과 *Aeromonas*과의 group은 비교적 가까운 위치에 있으나 각각 *Pseudomonas marinomonas, Alteromonas*등 다른 세균 group과는 차이가 있다. 장내세균과 *Aeromonas*과와 *Vibrio*과로서는 어느쪽이건 통성혐기성이라는 이외에도 많은 통성 성상을 가지고 있고 이 3종의 진화과정에서 공통의 선조로부터 갈라진 것으로 생각된다.

6.6.1 해양에서 분리한 세균의 계통관계

해양에서 분리한 수치분류의 결과에서 종에 상당하는 group으로서 분리된 대표균주 29균주에 대해서도 16S rRNA의 해석을 하여 이미 알고있는 *Vibrio*과 세균과 비교하였다. 그 결과 수치분류에서 종과 판단된 균은 계통분류에도 이것이 확인되어 동일의 group에서 선정된 두 균주는 RNA배열상에서도 극히 가깝고 역으로 다른 group의 균주는 대부분의 경우 적어도 종 수준에서는 다르다. 단 두가지의 예로서 수치분류에는 다른 group의 균주가 16S rRNA의 배열에서는 다른 종이 포함된 것으로 판단되는 수가 있다. 해양에서 분리된 균주는 많은 비브리오와 앞에 언급한 group(속 및 科)의 어딘가에 속해 있으나 그 중에는 새로운 속이 되는 것으로 생각되는 것이 3균주 정도 보인다. 해양에서 분리 균주 29균주 중 10균주는 *V. parahaemolyticus* 및 *Vibrio harvey*를 포함한 group이다. 이 group이 해양 *Vibrio*에 대해서도 많은 균종을 포함한 큰 group이 있다는 것도 알았다.

특히 흥미있는 결과라고 생각되는 것은 중층 및 심층에서 분리한 비브리오의 대부분이 계통상에서는 발광세균(發光細菌)에 가까운 것이 명확히 되어 있다. 즉 중층, 심층의 group에서 선택된 9균주중 7균주와 어류에서 분리된 3균주가 *Photobacterium phosphorum*과 *Ph.leogunati*를 포함한 속에 있는 것을 알았다.

이 분리 균주는 16S rRNA에 의한 계통분류상에는 발광세균의 group에 속하는 것, 肉眼的으로는 발광성은 보이지 않았다. 이 균주가 분자유전학적으로 또한 생태학적으로 발광세균과 어느 정도 관계하고 있는가는 심해의 발광현상과도 관련하여 금후 검토할 과제인 것으로 생각된다.

6.6.2 세균 종, 속, 과 등의 기준

세균을 분리할 때 일반적으로 그 최하의 단위라고 하는 종(species)의 실제성과 그 개념에 대해서는 옛부터 여러 가지 의견이 있었다. 또한 세균의 분류체계를 만들 때 종, 속, 과라고 하는 계층구조를 전제로 하는 것이 보통이나 이 경우에도 각각의 단계에 대해서 같은 의견이 있다. 세균에는 동 · 식물에서 보이는 것과 같이 명확한 성이 없고, 또한 가까운 관계의 group간에서의 공간적인 간격도 명확하지 않기 때문에 이러한 문제의 의견은 각각 연구자의 경험과 직감에 의한 것으로 확실한 설득력이 없었다. 미생물 진화의 길은 과학적인 근거를 가지고 명확히 하는 길이 열려서 금후, 세균의 종, 속, 과라고 하는 단계에 대해서 의견도 새로이 전개될 것이다. 물론, 진화 길을 알았다고 하여 종, 속, 과를 나누는 기준이 확립된 것은 아니겠지만 세균의 자연집단에 어느 정도 계층구조가 보여지겠는가에 대해서는 명확한 결론을 얻을 것이 기대된다.

*Vibrio*과의 세균에 대해서는 우리들의 연구는 부분적인 것으로 이 문제에 대해서의 포괄적인 결론을 내는 것은 아직 멀다는 것은 말할 것도 없고, 그러나 연구된 범위에서 16S rRNA의 염기서열에 기준하여 균종, 균주간의 거리 및 상동성의 자료를 기존의 종, 속, 과와 대조하면서 비교 · 고찰하면 세균의 계층구조에 대하여 다음과 같은 결론이 얻어진다.

① 종의 범위 : 16S rRNA의 염기배열의 상동성이 99.3~99.6%의 집단 이것은 동시에 염기배열에 기인하여 개체간의 거리(木村, 1980에 의한 진화거리 K)가 약 0.2~0.5이하의 집단에 있다.

② 속의 범위 : 같은 염기배열의 상동성이 97%이상의 집단, 개체간의 진화거리는 약 0.3 이하

③ 과의 범위 : 같은 염기배열의 상동성이 90~94% 이상의 집단. 개체간의 진화거리는 약 10~6.5 이하

이와 같은 기준은 물론 16S rRNA의 염기배열에 대하여 data가 다시 축적됨에 따라 수정되고 또 범위도 국한된 것이다. 예로서 종에 대해서도 하나의 염기 범위가 집단 중에 고정되기 때문에 소위 적어도 1000만년 전후의 긴 역사적 시간을 생각하여 또한 고등동물 간의 16S rRNA염기배열이 거의 같다는 것도 생각하여 염기가 하나라도 다르면 다른 종이라고 생각하는 자도 있다. 우리들의 기준은 특히 *Vibrio*과 세균과 여기에 가까운 균에 대하여 현재 분류체계와 이 정도 떨어져 있지 않다는 것을 구했다.

6.7 실제 세균의 동정 및 진단

자연에서 분리한 세균을 종의 단계까지 분리하는 것은 귀찮은 일 중의 하나이다. 100여 가지의 test를 실행하여 종을 동정하기에는 많은 경우 2~3개월 기간과 많은 노력이 필요하고 또한 얻어진 결과에서도 확신 안되는 것도 많다.

간이 분류 동정을 위하여 각 종 동정기기(ATB, Vitek, Microscan과 MIDI)에 사용되고 있는 킷트(kit)는 이러한 노력과 시간을 단축하는 점에서는 큰 차이가 있다. 한편, 이와 같은 킷트(kit)는 주로 육상세균, 특히 병원성의 신속, 간단한 동정을 목표로 하는 것으로 해양 세균에 응용하기 위해서는 예비적인 연구가 필요하다.

분자유전학적 방법은 세균의 동정에 대해서도 새로운 가능성을 보이고 있다. 먼저, 종의 동정에 대해서는 그 균의 16S rRNA의 염기 배열이 알고 있는 종에 일치하고 있는지 아닌지를 비교해 보는데 의하여 확실한 동정이 가능하다. 만약 아는 종과 다른 배열을 가지고 있고 그 상동성이 99.3%보다 적으면 그 균은 새로운 종으로 생각할 수 있다.

이상의 16S rRNA의 염기배열에 관한 연구는 속동정에 대해서도 도움이 되는 흥미있는 결과를 가진다. 즉, 하나의 속에 포함된 세균종은 서로 어느 범위의 진화적 거리를 가지고 있을 뿐만이 아니고 그 속에 공통 염기 배열이 보이는 것으로 되어 있다.

그림 6.12에 나타낸 것은 *Vibrio*속 및 *Photobacterium*속 세균의 16S rRNA 염기 배열의 일부이지만 사각형으로 둘러싸여 있는 부분은 그 속에 공통적으로 보여지는 염기배열이다. 따라서 미지의 종에 대해서도 속 특유의 염기배열부분을 비교함에 따라 빠른 동정이 가능하다.

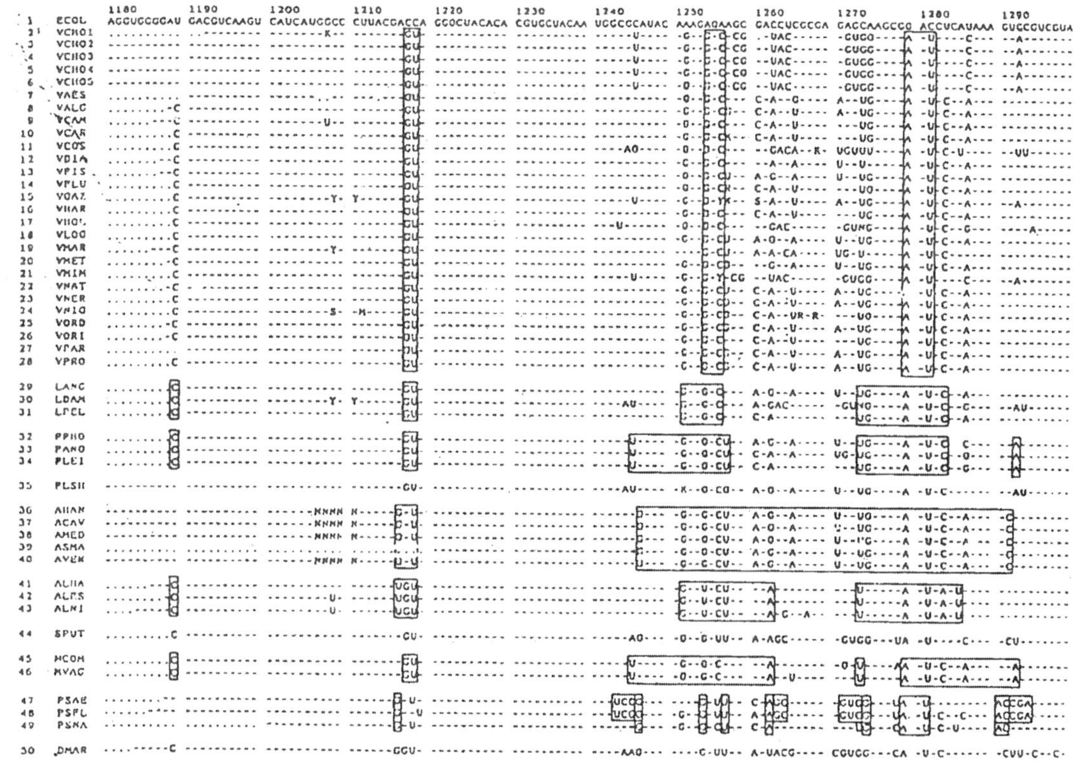

■ 그림 6.12
해양세균의 속이 가진 고유의 16S rRNA 염기배열. 위의 행열은 대장균의 염기배열 예로 다른 균주와 다른 부분을 표시한 것이다(Tsukamoto, 1991).

분자유전학의 방법은 급속한 발전에 따라 DNA, RNA 염기배열의 결정도 신속하게 또 간단하게 되어 16S rRNA의 염기배열에 대해서도 숙련되면 1주간에 4~6균주에 대해서 약 600 염기배열의 결정은 가능하다. 또 현재 많은 연구기관에 의하여 DNA sequence를 사용하여 이 방법을 기계화하는 것이 진행되고 있고 앞으로 단시간 이내 많은 균주에 대하여 염기배열 해석이 진행될 것이다.

6.7.1 Probe를 사용한 Hybridization법에 의한 균의 동정

과거 DNA hybridization법은 균간의 상보성(상동치)을 구하는 데 중점이 였으나 방법이 복잡하기 때문에 널리 보급되지 않았다. 세균을 종류에 따라서 형태, 생화학적 성상이나 균체의 구성성분이 다른 것은 말할 것도 없지만 종의 표현형질의 특징은 그 균이 가진 유전자 DNA에 의하여 규정되고 있다. 각각의 특정 유전자를 clone화하여 이것을 probe로서 hybridization법에 의한 동정법이 개발되었다.

최근 병원균의 병원성에 관여하는 유전자가 clone화되어 이것을 probe로 한 사람의 병원균이나 식중독 세균의 동정 및 식품이나 環境水에서의 檢出에 사용되게 되어 있다. probe로서 여러 종의 세균에 의한 probe화된 유전자 뿐만 아니고 ribosome RNA나 균이 보유하고 있는 plasmid도 사용되고 있다.

(1) DNA의 표식법

최근, DNA의 표식법으로서 Nick trandlation법 또는 Random primer법이 개발되어 방사성 동위원소 뿐만 아니고 비방사성 동위원소에 의한 표식이 가능하게 되었다. 방사성 동위원소를 사용한 DNA를 표식하는 것은 검출감도가 좋기 때문에 널리 사용되어 왔다. 그러나 반감기의 짧은 방사성 동위원소에서 표식한 DNA는 장기간 보존이 힘든것, 다시 안전성 면에서 사용하기가 복잡하고 한정된 실험실에서 사용가능하지 않기 때문에 세균에 힘들다. 방사성 동위원소를 사용하지 않는 수종의 핵산표식 검출법이 개발되었다.

(2) Hybridization법

표식되어 있지 않는 표적 DNA를 nitrocellulose filter에 태워 붙게 하고(baking), 표식된 DNA probe를 hybridization 용액 중에 반응시켜 세정액 방사성 동위원소로서 표식한 경우는 Autoradiography, 非방사성동위원소의 경우는 발색시켜 hybride를 형성했는가를 확인한다. 이로 인하여 사용되는 probe DNA와 표적 DNA와의 상보성이 있는가 여부를 확인한다.

표적 DNA를 nitrocellulose filter상에 spot하고 probe DNA와 hybridization하는 것을 dot blot hybridization법이라 부르고(Bergmans and Gaastra, 1988) 또한 DNA를 제한

효소로서 소화시킨 후 agarose gel 전기영동을 하고, 제한효소 절단편을 나누어, 이 DNA를 직접 nitrocellulose filter에 이행하여 probe DNA와 hybridization을 하는 방법을 southern blot hybridization법(southern, 1975)이라 부른다.
다시 한천배지상의 colony를 nitrocellulose filter에 이행하거나, 멸균한 nitrocellulose filter를 한천 평판배지상에 놓고 colony를 직접 nitrocellulose filter 상에 증식시킨 colony 부착 filter를 사용, 태워 붙게 하고 hybridization 용액 중에 반응시켜 hybridization하는 방법을 colony hybridization법 (Grustein and Hogness, 1975)이라고 한다.

6.7.2 Random Cloning에 의한 특이적 DNA 단편의 검출법

균의 염색체 DNA에서 무작위 DNA 단편을 cloning화하여 얻어진 균만이 가진 특정 유전자 DNA 단편을 probe로서 hybridization을 하면서 세균의 동정이 가능하다. 단 cloning화한 단편의 역할이나 유전자 형질은 불명확하지만, 그 균만 보유하는 특정 유전자로서 존재하고 있는 것이 사실이다.

해산양식어의 세균감염으로서 *Edwasiella*증, *Pseudomonas*증, 세균성 유결절증, *Norartia*증, *Vibrio*병, *Mycrobacterium* 감염증 및 Lensa 구균감염 등을 들 수 있다(江草, 1983). 그 중에서 특히 양식장에서 매년 유행하여 큰 피해를 가져온 *Pasteurella piscicida*를 원인균으로 하는 세균성 유결절증, 비용혈성 *Streptococcus sp.(E. seriolicida)*를 원인균이라 하는 lensa구균감염증이다. 다시 해수, 기수 및 담수역의 양식장에도 유행되고 있는 *Vibrio anguillarum*를 원인균으로 하는 *Vibrio*병이다. 이 감염증의 적합한 방어 대책이나 치료대책을 강구하기 위해서는 원인균과 신속하고 간편하게 동정하는 방법이 개발되기를 바란다. 또한 감염증의 감염경로 원인을 명확히 할 필요가 있다. 그림 6.13의 방법에 따라서 해산어류의 병원균에 대하여 특정유전자를 발견한 것을 실험할 수 있다.

먼저 *V. anguillarum*, *P. piscicida* 및 비용혈성 *Streptococcus sp.(E. seriolicida)*의 염색체 DNA를 추출하여, Bam H1, HindⅢ 또는 Sau3A1에 부분 소화한 것이다. 한편 plasmid vector DNA를 추출하여 Bam H1 또는 HindⅢ로서 완전히 소화시킨다. 다시 양 절단편을 T4 DNA ligase로 ligation하고, recombinant의 plasmid를 대장균에 형질전환

을 행한다. 얻어진 형질전환 균주에서 recombinant의 plasmid DNA를 추출하여, 각 제한효소로 절단하고 agarose gel 전기영동에서 clone화된 DNA의 분자량을 구한다. 다음 clone화된 DNA 단편의 내분자의 크기가 0.3에서 0.8 kb(kilobase)의 clone 단편을 선정, 이것을 probe로서 원균주뿐만 아니라 수종의 어류 병원균 및 유연균과 dot southern 또는 colony hybridization을 하고 clone화한 단편이 원균주 및 그 종에만 존재하는가 여부를 조사하여 그 균종 특유의 유전자를 검색한다.

6.7.3 Probe DNA를 사용한 Hybridization법에 의한 해양 세균의 동정

해양 양식어의 세균감염증의 원인균, *Pasteurella piscicida*, 비용혈성 *Strptococcus sp. Enterococcus seriolicida* 및 *Vibrio anguillarum*에 대하여 probe DNA를 사용하여 hybridization법에 의한 동정을 소개한다.

1) 해산어류병원균에서 얻은 특정 유전자에 대하여

(1) *Pasteurella piscicida*에서 얻은 특정 유전자

*Pasteurella piscicida*에서 얻은 특정 유전자 DNA는 692 base(그림 6.14)로서 이것을 probe로 한 경우 *P. piscicida*와의 hybride를 형성하여 타의 어류병원균 *Aeromonas hydrophila, A. salmonicida, Edwasiella tarda, Pwiudomonas angulliseptica, Vibrio anguillarum, Yersinia ruckeri*와 의 hybride를 형성치 않고 類緣菌의 *Haemophilus infuenzae, Pasteurella haemolytica, P. multocida*도 *hybride*를 형성하지 않았다.

다시 이 probe는 전국 각지의 양식장에서 발생한 세균성 類結節症의 방어에서 분리된 *P. piscicida* 29 균주 및 미국에서 shite perch(Morone americana)에서 분리한 1 균주로 hybride를 형성하였다. 이러한 것들로 인하여 특정유전자는 probe로서 이 균의 동정에 사용가능하였다.

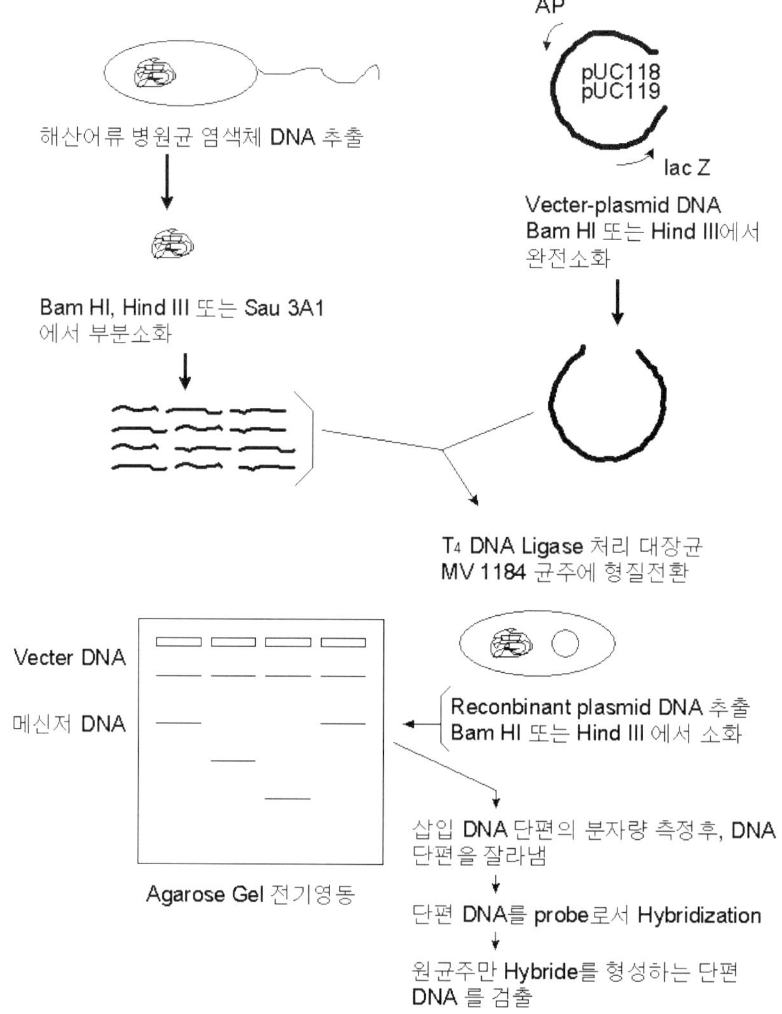

■ 그림 6.13 해산어류 병원균의 특정 유전자의 cloning 및 탐색법

```
AAGCTTGTAGCTCTTGTGGAGTAATGCTGACAGAAGAACAATAGCCAGCCTTTGCGTGCC   60
AGATATCTCAACCTGAAATAGAAAACTGCGGCCTAGAGCTCACTTTTAGCCCCTCATGCT  120
CGCTAATTTAGCGGGCAATTTTTATTTTATATCACTACAATACATATTGTATTGGCCATA  180
TCTATGAGTAAACACAGCTAGAAAAAAGAAGAAGAAACCACAAAGAAATGGCGTCCGGTT  240
CAGCTTCAGTGCTTTTGATAGCTATGAGCAATATGAACACATGATATGTCATCAGTGTTA  300
AATGCCAATTGATACTGCACCACCAAAGATCACGATGAAGAAATAACACCAATTTATCAA  360
TATCTTATGATAAGTTTGGTGACACATCGACTACTGCATTCAAATTACATGAAGTATTAT  420
CTCGCTTGCTCATTAGCAGAGCGAGATGGTACATGACATACTAACAGTGATATGCATGTG  480
TCCTAGAGCCACCAAACTCATCTTTAATAAAGATGAGCTTGGAAAAATATCTCACGCACT  540
GTGGCGATAACATCACCACCAATCAAATAGAGTGTATAGAAAAAATGCTTCGCTTGCGGT  600
ACCAGCAAAGTGGGCAGTAAGCACTACGAATGTGAAAACCCTTATTGTGAGCACCGCAAA  660
GTCATCTATAACTCTTGTAAGAGTAAAGCTT 692
```

■ 그림 6.14 어류 병원균 *Pasteurella piscidida*에서 clone화된 특정 유전자

(2) *Vibrio anguillarum*에서 얻어진 특정유전자

*V. anguillarum*에서 얻어진 특정유전자는 562 base이다(그림 6.15). 이번 특정유전자의 검색에 사용된 *V. anguillarum* 균주의 O 항원에 의한 혈청 type은 A형이였다. 이번 clone화된 유전자 DNA는 혈청 type A와 H형 균주만 존재하였다. 다른 혈청 type B, C, D, E, F, G 및 I 형의 *V. anguillarum*에는 이 유전자의 존재는 확인되지 않았다(Aoki and Hirono, 1989). 이번에 얻어진 DNA 단편은 다른 가까운 관계가 있는 종 *V. casticolus, V. pelagius, V. alginolyticus, V. parathaemolyticus, V. campbellii, V. ordalii, Beneckea proteolytica, V. harveyi, V. nereis, V. natriegens, V. vulnificus, V. fischeri, V. splendidus, photobacterium leiognathi, V. diazorophicus, V. hollisae* 및 *V. gazogenes*로는 hybrid를 형성치 않았다(사진 6.1). 금후, *V. anguillarum* 또는 *Vibrio*종만이 공통으로 존재하는 특정유전자를 발견할 필요가 있다. *V. anguillarum*에서 얻어진 특정유전자 DNA는 *P. piscicida*의 실험할 때 사용한 다른 어류 병원균과는 완전히 hybride를 형성하지 않았다.

```
AAGCTTCATCGTACTTCCCCGAAATCTAAATTCAGTGAAAAACTCAATCGCCTTCCATTA   60
AGTCATCTTCTTTGATATCCAAAAACCGAGAGCAAATTAGTCTCATTTTATCTTCTTCCG  120
TAAGAGAATCATTTTGCTTAGGCTTAAATGCTACTGGTGTTACATTTATAAATTCATCAA  180
AGTGTTTAGTTGAAGGGGGCATTCCCTCAAGAAGTTCTTTTTCTGATGGTCGAATTTTGC  240
TCATTTTATCTTCTCAGTACATGATGACATTAGATAATGGGCTCTTCTCCGCTTAGGTGA  300
GTGAGCCTGATATTTGGGTCAAAAAGTTGAGTGTGTATCGGGAACCGATGTTTGTCTGAT  360
CTTCAATTTGAAATAGTCTGTATCTCTCACCCCTCTTGCCCTCGTCTGAGTAAGCCAATC  420
GAGACATTACCTGCTTCTACCCGAGCGTTAGTCAGTTTGTATTTTCCGTAGTTACAAATA  480
CCCACTTTTCTTTCCAATAAAGCATCGGCAAAATTAATTAAGGAAAGTATTCTGGTCGAT  540
TTGGCAAGACGACACCAAGCTT 562
```

▣ 그림 6.15 어류 병원균 Vibrio anguillarum에서 clone화된 특정 유전자

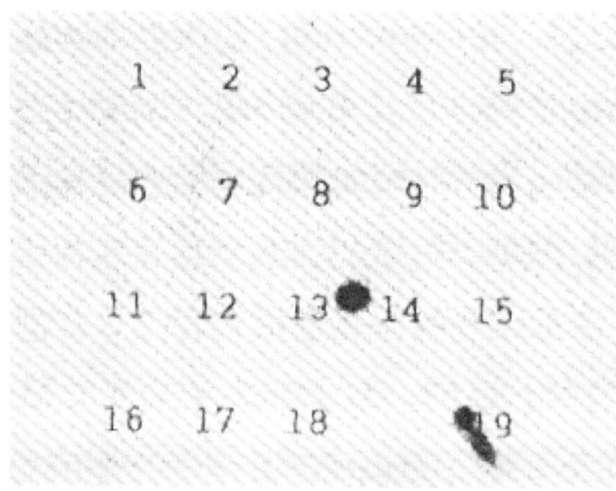

◈ 사진 6.1

*Vibrio anguillarum*에서 얻어진 특정 유전자 DNA와 이와 유사종과 colony hybridization(clone화된 특정 유전자를 *V. anguillarum*의 유사균과 colony hybridization을 했다)(주) 1. *V. costiclus*; 2. *V. pelagius*; 3. *V. aliginolyticus*; 4. *V. parahaemolyticus*; 5. *V. campbellii*; 6. *V. ordalii*; 7. *Peneckea proteolytica*; 8. *V. harveyi*; 9. *V. nereis*; 10. *V. natriegens*; 11. *V. vulnificus*; 12. *V. fischeri*; 13. *V. splendidus*; 14. *V. anguillarum*; 15. *Photobacterium leiognathi*; 16. *V. diazorophicus*, 17. *V. hollisae*; 18. *V. gazogenes*; 19. *V. anguillarum*(원균주)

(3) 비용혈성 *Streptococcus sp.(E. seriolicida)*에서 얻은 특정 유전자

*Streptococcus sp.(E. seriolicida)*에서 얻어진 특정유전자는 445 base(사진 6.2). 類緣菌 *Enterococcus faecalis, E. facium* 및 송어, 텔라피아, 은어에 병원성인 β –용혈성 *Streptococcus sp.* 균주에는 존재하지 않았다. 각지의 방어 양식장에서 분리된 비용혈성 *Streptococcus sp.(E. seriolicida)*는 금번 clone화한 특정유전자를 가지고 있다. 다른 Gram 음성의 어류병원균과는 완전히 hybride를 형성하지 않았다.

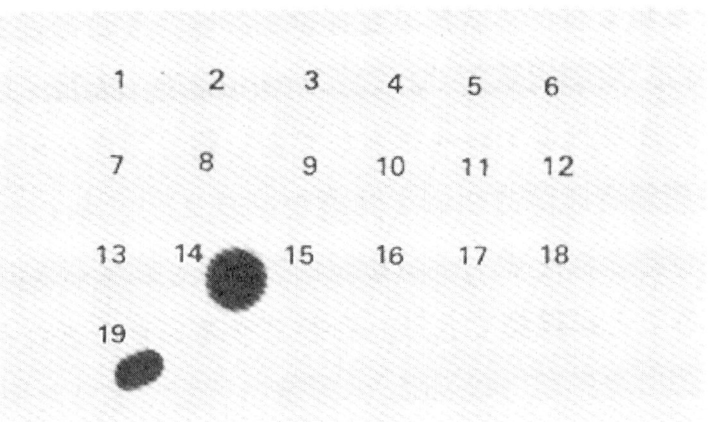

◈ 사진 6.2

*Vibrio anguillarum*의 olygonucleotide probe DNA와 近線菌과 dotplot hybridization (합성 olygonucleotide : GT-GAAAAACTCA ATCGCCTTCC 및 ACCTGC TTCTACC CGAGCGT의 합성 probe를 V. anguillarum의 類緣菌과 dotplot hybridization을 했다.)

(주) 1. *V. costiclus*; 2. *V. pelagius*; 3. *V. aliginolyticus*; 4. *V. parahaemolyticus*; 5. *V. campbellii*; 6. *V. ordalii*; 7. *Peneckea proteolytica*; 8. *V. harveyi*; 9. *V. nereis*; 10. *V. natriegens*; 11. *V. vulnificus*; 12. *V. fischeri*; 13. *V. splendidus*; 14. *V. anguillarum*; 15. *Photobacterium leiognathi*; 16. *V. diazorophicus*, 17. *V. hollisae*; 18. *V. gazogenes*; 19. *V. anguillarum*(원균주)

6.7.3 Olygonucleotide를 probe로서 한 hybridization법

유전자 배열을 알고 있는 염기를 DNA 합성기에서 합성하여 합성된 것이 Olygonucleotide probe로서 균의 동정이 가능한 것이 명확히 되어 있다. 합성기에서 간단히 probe가 대량제작되기 때문에 이 probe가 앞으로 주로 시판되고 사용되어 질 것으로 생각된다. 여기서, *V. anguillarum* 및 *P. piscicida*의 특정유전자의 염기 배열을 참고하여 그림 6.14 및 6.15 의 하선부분의 20에서 23의 길이의 염기를 DNA 합성기를 사용하여 합성하고 Olygonucleotide를 제작한 것이다(Tenover, 1989). 이 Olygonucleotide의 5' 말단을 표식한(Sambrook et al., 1989)것을 probe로서 사용하였다. *V. anguillarum* 및 *P.*

*piscicida*의 염색체 DNA를 Nitrocellulose filter에 태워 붙게 하고 hybridization의 용액중에 반응시킨 결과 hybride를 형성하였다(사진 6.2). 그러나, 타의 균에는 완전히 hybride를 형성치 않았고 이 합성 Olygonucleotide를 사용하는 양 균의 동정이 가능한 것을 나타내고 있다.

6.7.4 공통으로 존재하는 Plasmid를 Probe로 하는 Hybridization법

세균의 종류에 의한 동일 DNA 구조의 plasmid를 가진 것이 있다. 이것을 probe로서 hybridization을 실행함에 따라 균의 동정이 가능하다. 이미 어류 병원균인 *Edwardsiella ictaluri*에 대하여 공통 plasmid가 검출되어 이것을 probe로서 균의 동정이 가능하다(Lobb and Rhoades, 1987). 여기서 각종 어류 병원균에 대하여 공통적인 plasmid를 가지고 있는가 여부를 조사한 결과 *P. piscicida*에서 5.1kb의 분자사이즈의 plasmid가 존재하는 것이 확인되었다. 이 plasmid를 probe로서 hybridization법에서 *P. piscicida*의 동정이 가능하였다.

세균의 염색체 유래의 특정유전자 뿐만 아니고 균이 가진 plasmid를 probe로서 hybridization을 행함에 의하여 세균의 분리동정이 가능함을 나타내었다.

6.7.5 시료중의 균 수 계산 쪽으로 이용

환경수 또는 어체중의 특정균수를 계수할 경우 시료를 희석하고 선택 또는 보통 한천 평판배지에 각 단계의 희석액을 도말하여 증식이 인정된 colony에 대하여 형태 및 생화학적 성상의 비교나 혈청학적 방법을 이용하여 특정의 균수를 구한다. 몇가지의 시료에서 균수를 계수하는 것은 많은 노력과 시간을 요구한다. 여기에 균 특유의 유전자를 probe로 하여 한천 평판배지상에 증식이 된 colony를 nitrocellulose filter에 옮겨 태워 붙이고 균의 특정 유전자를 probe로 하여 hybridization을 하고 Auto- radiography 또는 발색시킴으로서 간단하게 계수가 된다.

사진 6.3은 보통 한천평판배지에 증식한 colony를 colony hybridization법에 의하여, *V. anguillarum*의 균수를 구한 것이다. colony가 고정된 nitrocellulose filter는 다른 균종의 probe와 다시 hybridation을 할 수 있고 한장 평판배지에서 수종의 균을 계수 가능하다. 금후 비방사성 동위원소로서 표식된 probe가 각종 균마다 개발되면 널리 사용될 것으로 생각된다.

6.7.6 Nitrocellulose filter를 이용한 병원체의 직접 검출법

병든 어류의 내장 등의 조직, 또는 혈액을 nitrocellulose filter에 직접 도말하여 hybridization을 행함에 있어 원인균의 검출이 가능하다. 이미 이 방법을 사용하여 세균성 유결절증의 병원체 *P. piscicida*를 직접 검출할 수가 있다(Zhao and Aoki, 1989). 그러나 시료중의 균수가 어느 정도까지 검출이 가능한가 하는 문제는 더욱 검토가 필요하다.

최근 PCR(Polymerase Chain Reaction)법(Innis et al., 1990)에 의하여 소량의 균수에도 병원균을 환경수나 식품에서 검출이 가능하게 되어 있다. 3종의 해산어류 병원균의 특정유전자의 염기 배열이 명확히 되었지만 이 특정 유전자의 염기배열 내에 5′ 및 3′ 측의 양단의 염기배열의 10염기정도를 primer DNA로 사용함으로써 PCR법에 의하여 이 병원체가 어체 또는 양식장 수에서도 간단하게 검출할 수가 있기 때문에 어병균의 감염원 해명에 많은 기대가 된다.

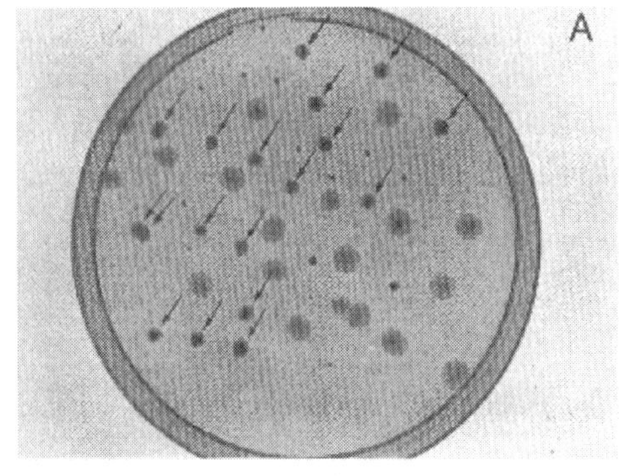

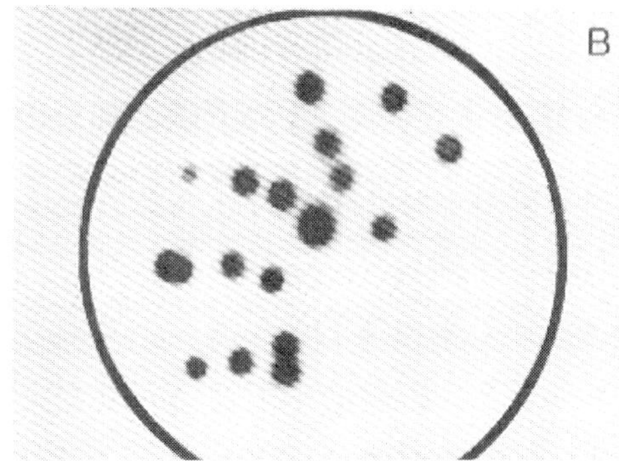

◈ 사진 6.3 평판배지 상에 있는 *Vibrio anguillarum*의 균수산정

A : 보통 한천배지에 증식한 세균 colony

B : A의 colony를 Nitrocellulose filter를 하여 V.anguillarum의 특정유전자 probe와 colony hybridization을 했다. 그 결과를 X선 film에 autography했다.

6.8 해양미생물의 형태

해양미생물의 종류는 서식하는 조건에 따라 차이가 있다. 일반적으로 해양에는 간균(rod)이 가장 많고, 그중에서도 그람음성균이 95% 정도이다. 구균의 경우는 연안해역, 특히 기수역에서 많이 발견되며 유기물이 풍부한 해역(부영양해역)에서는 정상형과 이상형의 균이 존재한다. 또한 심해에서 서식하는 저온세균은 증식속도가 늦고 난분해성 유기물질을 잘 분해한다. 외양의 경우 대부분 빈영양환경으로 인하여 형태적으로도 특징을 가지며 초호열세균이나 호압세균도 원형이나 보통 간균의 수십배 특징있는 형태를 보여주고 있다. 일반적으로 알려진 종으로서는 다음과 같다. 그람양성균은 *Micrococcus*, *Corynebacterium*, *Brevibacterium*, *Staphylococcus*, *Bacillus*, *Clostridium* 등이고, 그람음성균으로는 *Pseudomonas*, *Vibrio*, *Aeromonas*, *Photobacterium*, *Lucinobacterium*, *Moraxella*, *Acinetobacter*, *Alcaligenes*, *Flavobacterium*, *Cytophaga*, *Thiobacillus*, *BdeloVibrio*, *Methanomonas*, *Hydrogenomonas*, *Xanthomonas*, *Halobacterium*, *Spirillum*, *Erwinia*, *Proteus*, *Coccobacillus* 등 많은 종이 있다. 또한 연안해역에서는 효모와 곰팡이가 발견된다. 효모는 출아법에 의하여 증식하는 단세포 생물이며 알콜 발효력을 가졌기 때문에 불려지는 이름이다. 효모는 포자형성 유무에 따라 크게 둘로 나눈다. 포자형성능력이 있는 것을 true yeast라고 부르며 Ascomycetes에 속하고, 포자형성능력이 없는 것을 pseudo yeast(asporogenous yeast)라고 부르고 Fungi imperfecti에 속한다.

미생물의 형태는 일반적으로 구균(coccus), 간균(rod, bacillus), 나선균(spirillum)으로 나눈다. 이러한 형태가 앞에서 언급한 것과 같이 환경조건에 따라 특이한 형태로 나타난다. 구균은 둥근 모양의 세균을 총칭한 것이며 균의 증식 배열상태에 따라 단구균(monococcus), 쌍구균(diplococcus), 연쇄상구균(streptococcus), 4연상구균(tetracoccsu), 8연구균(sarcina), 포도상구균(staphylococcus) 등으로 구분되는데 이들을 총칭하여 micrococcus라고 한다(그림 6.16).

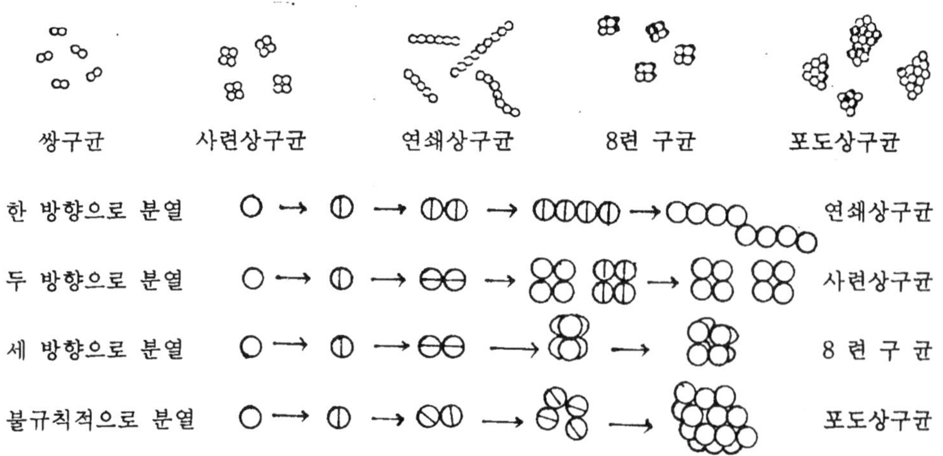

■ 그림 6.16 구균의 형태와 분열방향

간균은 막대상의 세균을 총칭한 것이며, 크기는 길이가 0.5~3.0㎛, 폭이 0.5~1.5㎛에 달하며 모양도 다양하다. 즉 환경에 따라 다양한 형태로 변화된다. 저온, 고압, 부영양, 빈영양, 고온 등에 따라 다양한 형태를 보여준다. 그림 6.17은 간균의 다양한 형태를 나타낸 것이다.

나선균은 나선상으로 크기는 길이가 2~10㎛, 폭이 0.3~3.0㎛정도이며 S자모양의 *Spirillum*으로 나선이 세 개 이상의 것이 *Spirochaetoa*라 부른다. 이러한 형태는 연안해역의 오염된 해수나 현탁물질, 동 · 식물플랑크톤의 사체(현탁물질)의 분해과정에서 발견된다. 대표적인 형태는 위의 그림 6.17과 같다.

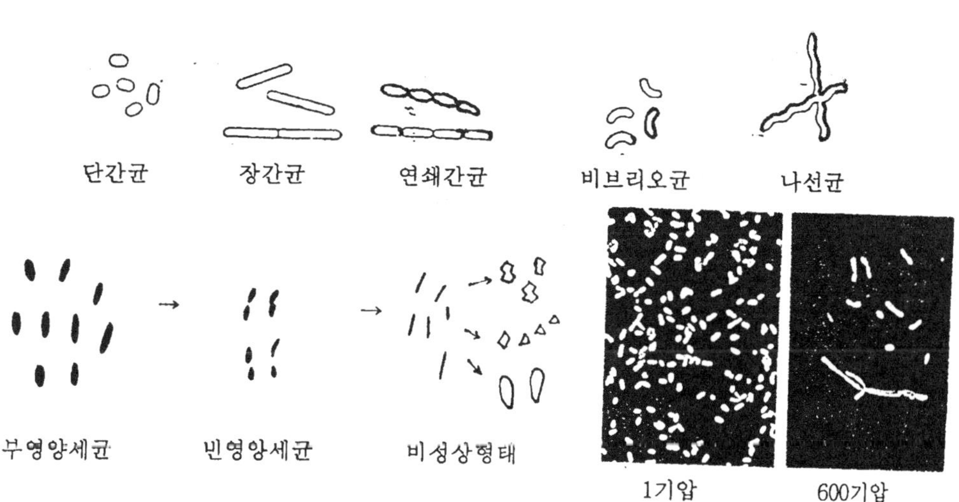

▣ 그림 6.17 간균의 이상형과 다양한 형태

간균과 세균의 세포구조는 다르다. 특히 해양세균은 그람양성균보다 그람음성균이 lipopolysaccharide를 함유하고 있다(그림 6.18). 세균의 편모와 운동은 편모종류에 따라 차이를 나타낸다. 편모의 굵기는 20nm 전후이고 길이는 10㎛ 전후이다. 편모의 한쪽만이 세포에 붙어있는 가늘고 긴 부속체이다. 한 개의 편모는 광학현미경으로 직접 관찰할 수 없고 특수한 편모염색을 해야만 볼 수 있다. 편모의 형태로는 극모성(단모성, monotrichous)은 세포의 한쪽에 편모가 붙어있는 형태이고, 세포의 양단 또는 끝부분에 붙어있는 것을 총모(속)성(lophotrichous), 세포의 주변에 부착된 상태를 주모성(peritrichous)이라고 한다. 이러한 편모의 운동은 편모의 존재와 미생물의 운동성과 관계가 깊다. 편모는 탄탄한 나선형을 한 물체로서 기본체가 회전하여 미생물의 운동에 기여하고 있다(그림 6.19).

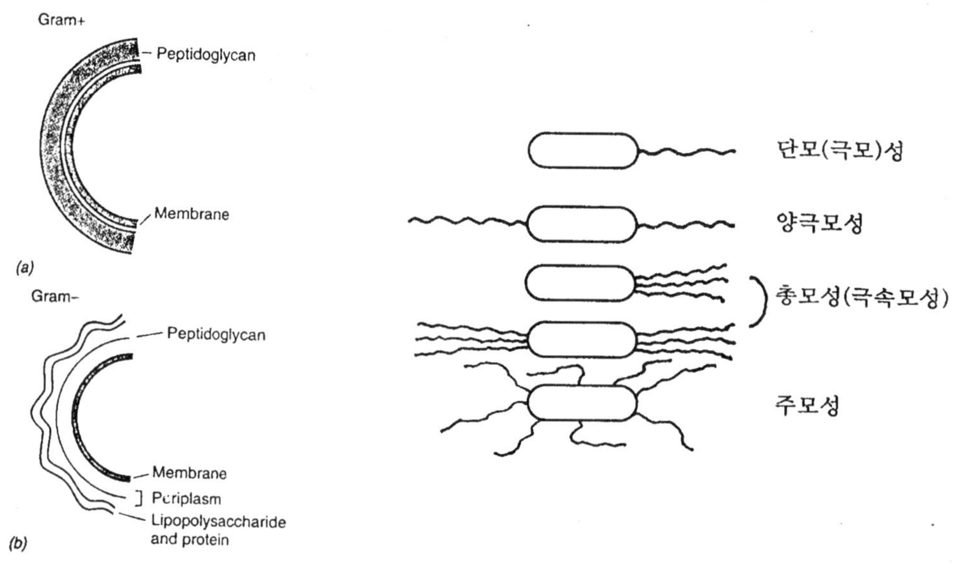

■ 그림 6.18 세균의 세포벽 구조와 편모

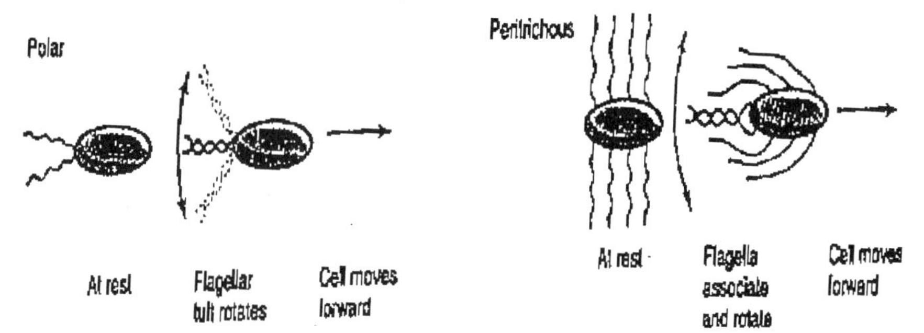

■ 그림 6.19 극모성과 주모성의 운동상태

6.9 연습문제

1. 육상세균과 해양세균의 분류방법의 차이점은 무엇인가?

2. 해양의 특수 환경에 서식하는 세균의 분류법은 어떤 것이 있는가?

3. 주요 형질에 의한 해양세균의 분류 동정 법을 설명하여라

4. 해양세균의 수치분류법으로 어떤 것이 적합한지 예를 들어 설명하여라

5. 해양세균의 분류상 수심에 따른 차이를 가진다. 그 이유는 무엇이라고 생각되는가?

6. 유사도에 의한 진화적 거리 표시에 관하여 예를 들고 설명하여라

7. 해양세균의 분류를 유전자의 염기 배열중 Vibrio속을 16S rRNA로서 해석한다. 간단하게 설명하여라. 그리고 분류상 어떠한 역할을 하는가?

8. probe DNA를 사용한 hybridization법에 의한 해양세균의 동정에 관하여 간략하게 설명하여라.

9. 어병 균에는 바이러스나 세균에 의한 발병이 많다. 유전조작 법에 의하여 어병을 검색하는 방법을 적어라.

10. PCR을 이용한 미생물의 동정 법을 요약하여라

11. 바이러스나 효모, 곰팡이 종이 해양에도 많다. 분류법을 간단하게 적어라

12. 심해미생물의 지방산의 특징은 무엇이라 생각한가? 미생물 분류상 지방산의 특성은 무엇인가?

제7장 적조생물과 미생물

적조생물은 서식하는 장소에 영양과 적당한 온도가 지속되는 환경, 즉 물리적 화학적 요소들이 적조생물의 번식에 적합할 때 많이 번식한다. 또한 적조는 부영양화된 환경에서 주로 발생하는데 우리나라의 적조는 1967년 남해안을 중심으로 마산만, 진해만에서 적조생물의 대량번식으로 매년 주로 4월부터 10월 사이에 발생하기 시작하였다. 적조생물의 종들도 1980년까지는 규조류가 주종이었으나, 1980년 이후부터는 편모조류 등 유독성 적조생물이 발생하였고, 특히 1995년에는 유조선의 침몰로 엄청난 유류오염이나 공장이나 생활하수 등의 유기물질의 유입으로 인하여 부영양화 현상이 해양생물(어패류 등)의 번식에 엄청난 악영향을 주었으며, 마산만, 진해만 등 남해안, 서해안, 동해안의 원덕 앞바다까지 적조생물이 대량 번식하여 어민들에 막대한 피해를 가져왔다. 적조발생으로 인한 이러한 피해는 근대산업의 발달과 인구의 증가로 인한 공장폐수나 생활하수가 하수처리장에서 처리되지 않은 채 유기물질들이 연안 해역으로 많은 양이 유입되어 부영양화 현상이 생기고 이로 인하여 적조생물의 대량번식이 발생하여 피해를 주게된 것이 가장 큰 요인 중의 하나다. 이 장에서는 적조의 정의, 연구사, 적조발생 원인과 해양미생물과의 관계 적조 대책 등에 관하여 소개한다.

7.1 적조란 무엇인가?

적조란 플랑크톤의 급격한 증식에 따라 해수를 변색시키는 현상이라고 川原田(가하라다)은 표현하였고 村上(무라노)은 어느 종의 플랑크톤이 급격히 증식하여 해수의 색을 변화시키는 것이라고 표현하였다. 岩崎는 고밀도의 미소생물군에 의하여 변색현상이 있는 것을 적조라 하였고 丸山은 해수 중에 부유생활을 하고 있는 미소생물이 돌연 이상 번식하여 해수의 색이 변하는 현상을 적조라 하였다. 여름에서 가을에 걸쳐 해수에 따뜻한 햇살이 비칠 때 식물플랑크톤이 이상증식을 하여 해수가 변색하는 현상을 적조라고 入江은 말하였고 일본수산자원보호협회에서는 해수 중의 미소생물(주로 식물플랑크톤)이 이상번식을 하여 해수의 색을 변화시키는 현상을 적조라고 하였다. 그러나 해수의 색이 반드시 적색이 아니고 적조를 구성하는 생물의 종류에 따라 체내 색소가 생리상태 등으로 적갈색, 갈색(Brown water), 녹색(Green water), 황록색 등 여러 가지 색을 띄고 있으며 해수는 粘, 色, 性, 특유의 악취를 발생하기도 한다. 매년 4월부터 발생하는 적조생물은 마산만, 진해만을 중심으로 해수의 흐름이 거의 없는 폐쇄된 연안해역이나 만에서 유입된 풍부한 유기물로 인하여 적정온도가 되면 대량 번식하여 세포 외의 배설물과 유기물질의 분해, 이용에 따른 용존산소의 결핍 등 서식환경을 악조건으로 변화시킨다. 따라서 이러한 악조건 환경을 극복하기 위하여 적조 생물간의 체외로 배설된 물질이 독성도 있고 유용한 물질이 생물간에 생성될 수 있기 때문에 악조건의 환경을 극복하지 못하는 생물이 폐사하게 된다. 적조생물이 대량 번식할 때 적조생물의 체색이 적색, 갈색, 청색 등을 나타낸다. 대부분 쉽게 발견되는 것이 적색이므로 赤潮란 적색으로만 생각하게 되지만 생물종에 따라 다르다. 현재까지 적조의 명칭을 조사해 보면 다음과 같이 알려져 있다.

1) 적조명칭

① 苦潮는 극도의 저 산소수로서 일본 구주지방에서 적조를 부르는 명칭이고,

② 厄水, 役水, 藥水는 東北地方 三陸岸域에서 부르는 명칭으로 低溫, 低鹽分水에서 식물플랑크톤이 대량 번식하여 연안에 나타나는 것으로 어업에는 厄水이고 양식등 패류에는 役水이다.

③ 青潮 : 汚綠色을 띄며 어패류의 폐사원인이 된다. 東京灣이나 大森 부근에서 부르는

명칭이다.

④ 白潮 : 규조류 번식으로 亂白色 현상을 말하며 東京灣, 千葉市 등지에서 부르는 명칭이다.

⑤ 綠潮 : 남조 *Trichodesmium*에 의하여 대량 번식하는 현상으로 五島列島에서 부르는 명칭이다.

⑥ 腐潮 : 유기 현탁물질이 많은 물로서 五島列島에서 부르는 명칭.

⑦ 澄潮 : 대량 번식한 식물 플랑크톤이 죽어 없어진 후 해수가 깨끗하게 된 상태를 표현한 것.

이외도 적조에 관한 이름이 많다.(일본지역마다 부른 이름)

우리나라에서는 적조에 관하여 궂은 물, 청수, 액수, 등의 표현이 있으나 일반적으로 적조, 청조, 청수 등의 용어를 많이 사용하고 있다.

우리나라에서는 적조에 관하여 궂은 물, 청수, 액수 등의 표현이 있으나 일반적으로 적조, 청조, 청수 등의 용어를 많이 사용하고 있다. 유럽과 아메리카에서는 red tide, water bloom, dinoflagellate bloom 등 다양하게 표현하기도 하며, 중국에서는 유해적조 또는 유해조화(有害藻花) 등으로 불리고 있다. 그러나 최근에는 수색을 변화시키지 않는 낮은 농도에서도 수산생물 및 사람에게 피해를 주는 적조현상을 유해조류의 대발생(harmful algal blooms, HABs)라고 부르는 것이 세계적인 추세이다. 이것은 단순히 물의 변색보다 유해조류의 번식을 통한 어패류 등에 주는 피해를 생각한 개념이다. 담수의 경우 플랑크톤이 폭발적으로 이상증식하여 수면에 피막상 혹은 덩어리 형태로 뭉쳐 뜬 것을 수화(水華, water bloom)라고 부르는데, 대부분은 식물플랑크톤이나 *cyanobacteria*에 의한 것이 많고 계절적으로도 여름부터 가을에 걸쳐서 주로 발생한다.

2) 유해성 여부에 따른 적조의 분류

① 무해적조 : 적조를 일으키는 생물이 어패류 등 해양생물이나 사람에게 직접적인 생리장애나 치사 등을 일으킬 수 있는 독성물질을 생성하지 않는 종에 의한 적조로서, 주로 규조류에 의한 적조가 여기에 속한다.

② 유해적조 : 적조를 일으키는 생물이 어패류를 폐사시킬 수 있는 물질을 생산하는 종에 의한 적조로서, 최근 어패류 대량 폐사를 초래하고 있는 *Cochlodinium polykrikoides*, *Gymnodinium mikimotoi* 및 *Chattonella sp.*에 의한 적조가 여기에 속한다.

③ 유독적조 : 부유생물이 생산하는 독소물질이 어패류를 독화시키고 독화된 어패류를 사람이 섭취하면 식중독을 일으키는 적조이다. 여기에는 설사성 식중독을 일으키는 Dinophysis와 같은 종이 대표적이다.

7.2 적조의 연구사

적조는 지구상에 생물이 생존하기 시작한 후 각처에서 발생되었다는 것을 알 수 있다. 적조에 대한 기록을 보면 그리스의 pytheas가 기원전 325년(BC 325)에 현재의 아이슬란드 근해라고 추정되는 해역에서 투박하고 질척질척한 상태의 적조가 발생했다는 보고를 하였는데 아마도 이것은 플랑크톤에 기인한다고 할 수 있는 최초의 기록이다. 구약성서에는 "출애굽기" 에 나일강의 赤變(적변)으로 어류가 대량 폐사하였다는 기록이 있고, 바닷물이 피와 같이 붉게 물들이는 것으로 이를 신의 분노의 표현이라고 하였다. 우리나라의 적조에 관한 기록도 삼국사기나 삼국유사뿐만이 아니고 조선실록에서도 자주 발견된다.

Charles Darwin은 1831~1836년의 비이글호 항해기에 칠레와 브라질 앞바다와 외양에서 남조인 *Trichodesmium* 적조가 바다를 붉게 변색시켰다고 기록되어 있다. 그러나 적조가 학문적으로 기록된 것은 1850년대로 생각된다. 1689년 북동태평양에서 어패류의 마비증세가 기록되었고, 1903년에는 미국에 최초로 중독증상이 나타난 기록이 있는데 이것은 적조생물 *Goniaulax*의 독성이 이매패류에 축적되어 마비증상을 나타냈다는 사실은 1927년까지 몰랐다는 기록이 있다(Steidinger, 1973). 일본의 경우 原시대, 鎌倉시대에 기록되어 있다.

Walker(1844)는 멕시코만의 어류 폐사에 관하여 Wabb(1855)는 *Noctiluca miliaris*에 관하여 적조 생물로서 어류에 영향을 기록하였다. 1858년 H.J. Carter는 폼베이섬 연안역에 적조발생 현황을 기록하는 등 북아메리카를 중심으로 유럽, 아프리카, 아시아 등 세계 각 해역에서 적조 발생에 관하여 발표한 기록이 있다.

野元(노모토)과 丸川(마루가와)은 1891년 靜岡(시즈오까)해역에서 야광충이 대량발생하여 적조가 생겼다고 보고한 이후 적조에 관한 많은 보고가 계속되었다. 村上(1976)의 적조와 부영양화 柳田(1976)의 적조, 岩崎(1976)의 적조, 福代(1994)은 일본의 적조생물, 岡市(1987)의 적조의 과학, 石田(1994)은 적조와 미생물에 관하여 보고가 되어있다.

우리나라의 적조에 관한 연구는 국립수산 진흥원에서 박 등(1980) 남해안 진해만을 중심으로 적조발생 해역, 적조생물의 종, 발생원인 조사, 적조예보까지 보고된 것이 기초가 되어 金 등(1993)은 한국연안의 적조생물이란 단행본을 발간하였다.

李 등(1981)은 진해만의 적조 및 모니터링 시스템 개발을 위한 연구, 李 등(1986) 부영양 해역에서 해양세균의 분리와 성질에 관한 연구, 李 등(1989) 적조생물의 cyst와 세균관계등, 적조생물과 해양세균과의 관계 연구가 시작되었다. 金 등(1990, 1991)은 휴면포자(cyst)를 형성하는 와편모조류에 의한 적조발생에 관한 연구, 한(1995)은 유독플랑크톤 *Alexandrium tamarense*의 독성과 독성조절 mechanisms연구의 중요성 등 1995년의 대대적인 적조 피해로 인하여 많은 연구가 진행되었다. 최근에는 적조생물 살조세균의 탐색이란 제목으로 이등(1998), 박등(1998), 박과이(1998), 정등(2000)의 연구가 있으며 적조생물과 세균과의 관계는 계속 연구 중에 있으며, 수산과학원 내에는 적조부가 생겨 적조연구에 활기를 띄고 있다.

7.3 한국 연안의 적조생물

적조현상은 크게 생물적 특성과 환경변화에 따라 다르게 나타나고 있다. 현재 세계적으로 적조를 일으키고 있는 종류는 약 150 종정도로 추정하고 있는데 이들 중 규조류는 주로 고위도 해역에서, 편모조류는 적도, 아열대 해역에서 적조의 우점종으로 출현하고 있으며, 우리나라와 같은 온대 해역에서는 계절에 따라서 규조류와 편모조류가 교대로 출현하는 우점종 천이현상을 나타내고 있다.

우리나라에서 적조를 일으키는 종은 약 40여종이다. 이 중에서 4종은 담수 내지 기수종이고 해산종으로는 규조류가 13종, 라피도조가 3종, 편조류가 20종이다. 우리나라 연안에서 발견된 적조생물을 크게 분류하면, 남조강(藍藻綱, *Cyanophyceae*), 갈편모조강(褐鞭毛藻

綱, Crptophyceae), 와편모조강(渦鞭毛藻綱, Dinophyceae), 규조강(硅藻綱, Bacillario-phyceae), 라피도조강(Raphidophyceae), 황금색조강(黃金色藻綱, Chrysophyceae), 유글레나藻綱(Eugleno- phyceae)과 원생동물(原生動物, Protozoa)등으로 구분된다. 특히 와편모조강과 규조강의 많은 종이 발견되어 있다. 이들 중 우리나라 연안에서 문제시되고 있는 몇 종만 소개한다.

1) 갈편모조강(褐鞭毛藻綱, *Cryptophyceae*)에는 하나의 크리프토모나스目 *Cryptophyceae*과 하나의 크리프토모나스科(*Cryptomonadaceae*) *Chroomanas salina*(*Wislouch*) BUTCHER로 세포는 좌우로 약간 편평한 타원형이며 앞쪽에 2개의 편모가 나 있다. 세포의 길이는 10~15㎛ 이고, 폭은 6~9㎛ 정도이다. 체내에는 저장전분입(貯臟澱粉粒)이 여러 개 있으며, 오스뮴산으로 고정하면 까만 색으로 변한다. 활발하게 유영하며 기수역에서 주로 생활한다. 우리나라에서는 진해만 내측에서 봄-여름철에 저염분일 때 적조를 일으킨다.

○ *Chroomonas salina*(WISLOUCH) BUTCHER

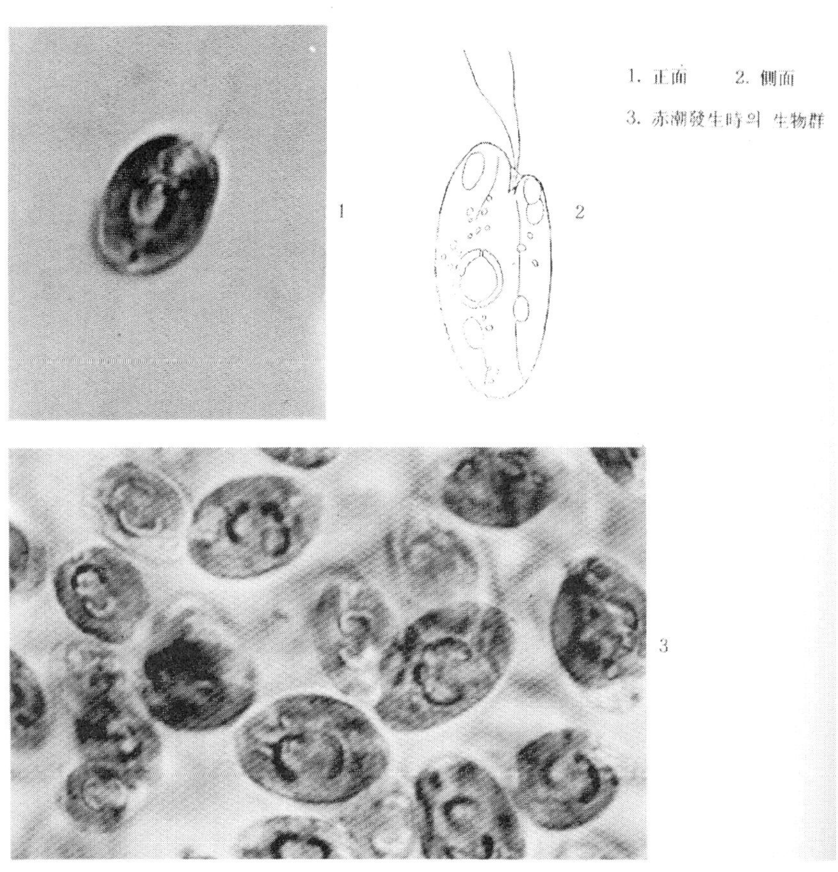

■ 그림 7.1 적조생물 *Chroomanas*의 형태

2) 와편모조綱(渦鞭毛藻綱, *Dinophyceae*)에는 적조발생에서 가장 문제시되는 종으로 주로 1980년 이후 진해만에서도 발생했던 종이 있다. 대표적인 것은 5개 目, 11개 科이다. 프로로센트럼目(Prorocentrales) 프로로센트럼科 *Prorocentraceae*에는 *Prorocentrum dentatum, P. micans, P. minimum, P. triestinum* 종이 있다.

P. dentatum STEIN은 체장이 15~30㎛이며 타원형으로 끝이 뾰족하다. 黃褐色의 엽록체를 2개 가지며 가끔 연쇄상의 군체를 형성한다. 본 적조는 진해만에 널리 분포하고 있으며, 우리나라에서는 1990년 7월 진해만에 적조를 일으켰으며 여름에 고밀도 적조를 자주 일으키고 있다(그림 7.2).

○ ***Prorocentrum dentatum*** STEIN

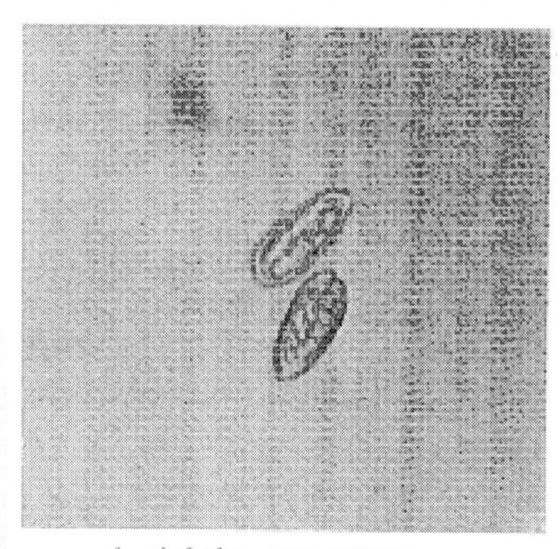

1. 살아있는 細胞(500X)

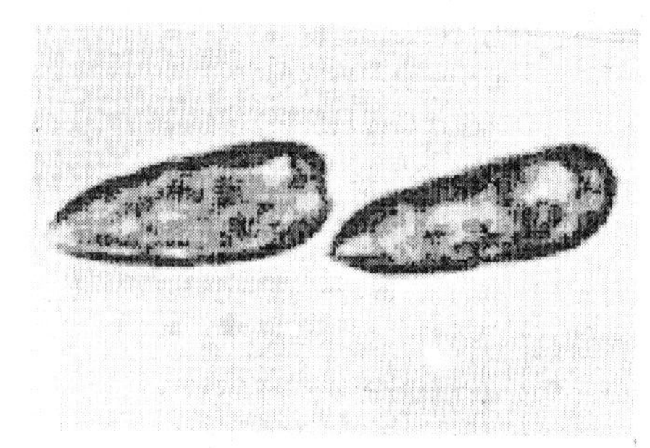

2. 固定試料의 側面사진

■ 그림 7.2 적조 생물 *Prorocentrum dentatum*의 형태

P. micans EHRENBER는 세포가 2개의 각판으로 되었고 타원형이며 비교적 세포의 형태 변화가 많다. 앞쪽에 2개의 편모가 있고 세포의 길이는 35~70㎛이며, 폭은 20~50㎛이다. 세포 앞쪽에 정극(頂棘)이 있고 각판(殼板)의 표면에는 요철(凹凸)이 있어 많은 구멍이 있는 것 처럼 보인다. 엽록체는 갈색으로 2개이고, 세포주변에 위치하고 있다. 核은 세포의 후반부에 위치하고 있으며 U자형이다. 우리나라 전 연안에 분포하고 있으며 특히 진해만의 마산만에서는 여름철이면 상습적인 적조를 일으킨다.

3) 짐노디니움目(*Gymnodiniales*)에 3개의 科로 짐노디니움科(*Gymnodiniaceae*)로서는 *Cochlodinium polykrikoides*, *Gymnodinium breve*, *G. catenatum*, *G. mikimotoi*, *G. sanguineum*, *G. fissum*, *G. spirale*, *G. sp.*(1992) 종으로 나눈다. 특히 Cochlodinium 종은 1995년 유독성종으로 적조를 발생시켰다. *Cochlodinium polykrikoides* MARGALEF는 30~40㎛, 폭이 20~30㎛이고 타원형이나 여러 세포가 연결된 군체(群體)도 있다. 대개 8개체 이하로 되어 있다. 어류 폐사를 일으키는 독소를 생산하며 겨울은 휴면포자의 상태로 보낸다. 진해만, 경남 학림만 주변해역에 여름철이면 적조를 일으켰으나 지난해(1995년)에는 7월 태풍 "페이"와 태풍 "제니스"를 동반한 강우로 육지의 유기물질이 다량으로 유입됨으로서 수중에 영양염류가 풍부하고 일조량과 수온이 적당하여 8월 말에 대규모 적조가 발생하였다.

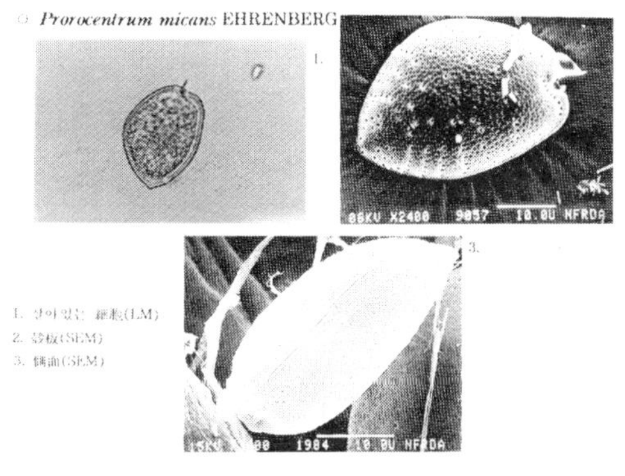

■ 그림 7.3 적조생물 *P. micans*의 형태

○ ***Cochlodinium polykrikoides*** MARGALEF

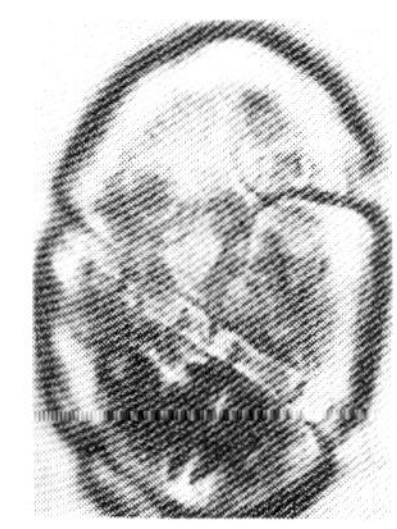

1. 단독 유영세포의 腹面

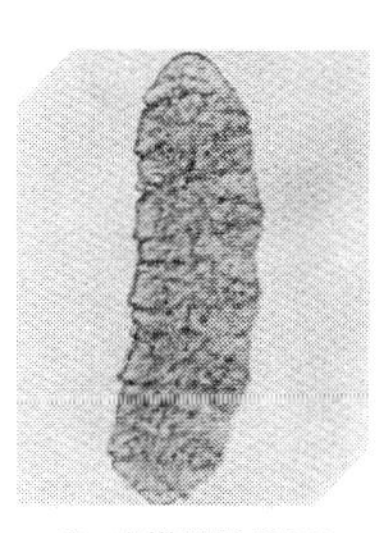

2. 連鎖群體(LM)

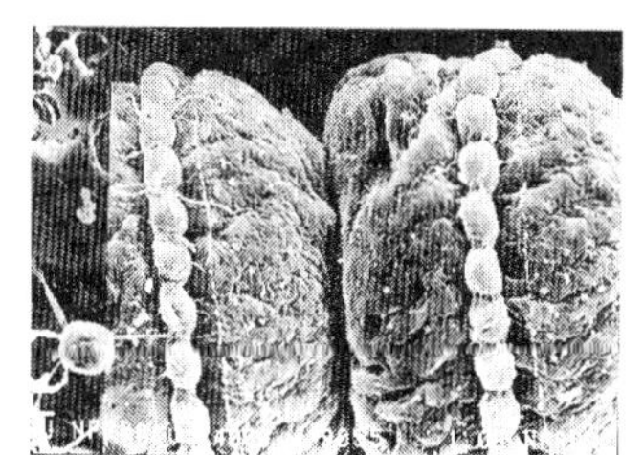

3. 背面(SEM)

■ 그림 7.4 적조생물 *C. polykrikoides*의 형태

*G. catenatumn*은 다소 길쭉한 달걀모양이며 등배쪽으로 편평하다. 48~65㎛, 폭은 30~43㎛ 이다. 핵은 타원형으로 세포 중앙에 위치하고 색소체는 황갈색을 띄고 있으며 긴 연쇄군체를 형성한다. 이 종은 cyst를 형성하며 직경 50㎛내외이고 마비성패독(PSP)를 일으킨다.

○ ***Gymnodinium catenatum*** GRAHAM

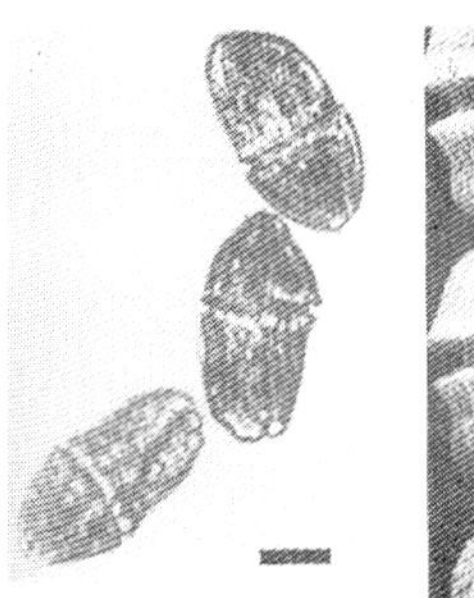

1. 살아있는 세포(LM)

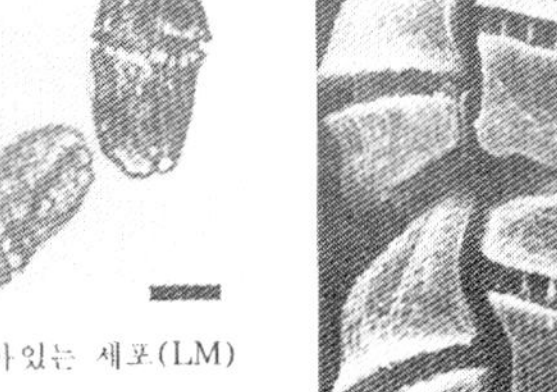

2. 連鎖群體(SEM)

3. Cyst와 發芽孔(archeopyle)

▣ 그림 7.5 적조생물 *G. catenatum*의 형태

*G. mikimotoi*는 22~38㎛, 폭 15~35㎛로 편평하게 되어 있다. 진해만에서 1981년 하계에 대규모의 적조를 일으켜 수산생물에 막대한 피해를 입혔으며, 1990년에는 하계에 통영군 주변에 발생하여 양식어류를 폐사시켰다.

○ ***Gymnodinium mikimotoi*** MIYAKE et KOMINAMI ex ODA

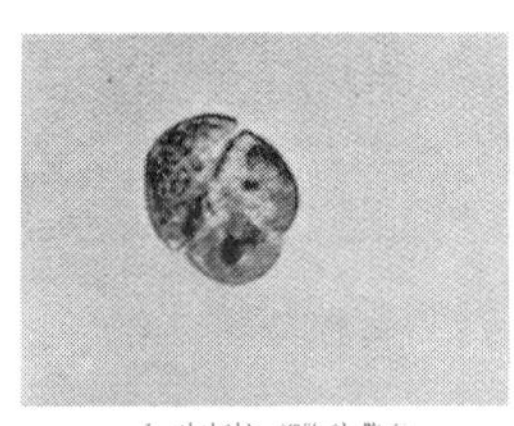

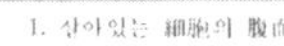

1. 살아있는 細胞의 腹面

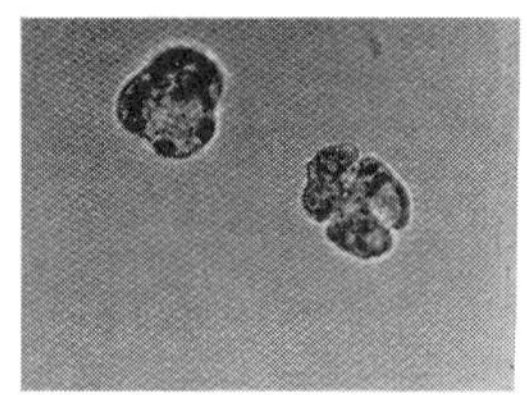

2. 細胞內部物質

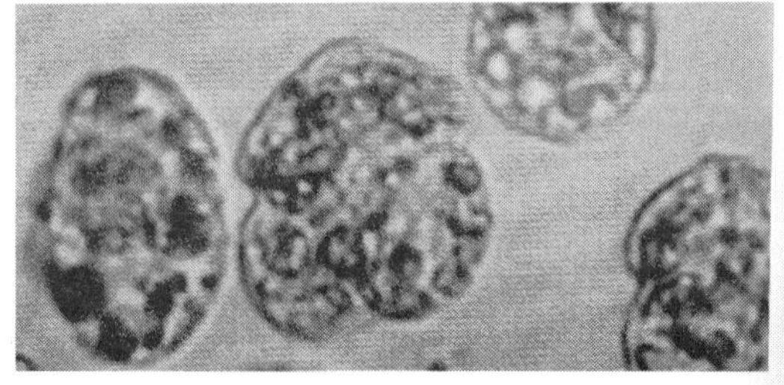

3. 細胞內部의 物質

▣ 그림 7.6 적조생물 *G. mikimotoi*의 형태

4) 페리디니움目 *Peridiniales*에는 7개의 科로 분리되는데 세라티움科 *Ceratiaceae*, 고니아우럭스科 *Gonyaulacaceae*, 페리디니움科 *Peridineaceae*, 칼시오디넬라科 *Calciodinellaceae*, 앰피솔레니아科 *Amphisoleniaceae*, 디프로프사리스科 *Diplopsalidaceae*, 트리아디나움科 *Triadiniaceae*, 피로파카스科 *Pyrophacaceae*로 나눈다. 세라티움科 *Ceratiaceae*에는 *Ceratium furca*, *C. triposl*, *C. fusus* 세 종으로 *C. furca*는 우리나라의 전 연안에 넓게 분포하고 있으며, *C. tripos*, *C. typica*는 남서연안에서 출현되는 종이다. 또한 *C. fusus*는 전 세계 열대에서 한대까지 널리 분포하며, 우리나라 전역에서도 출현되는 종으로 적조 발생시 다른 종과 혼재하여 나타난다.

고니아우럭스科 *Gonyaulaceae*에는 *Alexandrium affine*, *A. catenella*, *A. cohorticula*, *A. fraterculus*, *A. leei*, *A. tamarense*, *Gonyaulax polygramma*, *G. scrippsae*, *G. spinifera*, *G. turbynei*, *G. verior*, *Lingulodinium polyedra*, *Protoceratium reticulatum*, *Pyrodinium polyedra*, *Protoceratium reticulatum*, *Pyrodinium bahamense var. compressum* 등이 있다. 이들 중 유독종으로 *A. catenella*는 28~45㎛로 비교적 작고, 외형은 구형이나 폭이 다소 큰 것이 많다. 보통 2~4개체의 군체를 형성하며, 우리나라 연안에서는 주로 단세포로 출현한다. 세포내에는 황갈색의 색소체를 가진다. 온대지방에서 널리 분포하며 가끔 적조를 일으킨다. Saxitoxin이라는 마비성 패독을 일으키는 유독성이다.

› ***Alexandrium catenella***(WHEDON et KOFOID) BALECH

a. 頂孔板
前縱溝板
b. 後縱溝板

1. 腹面

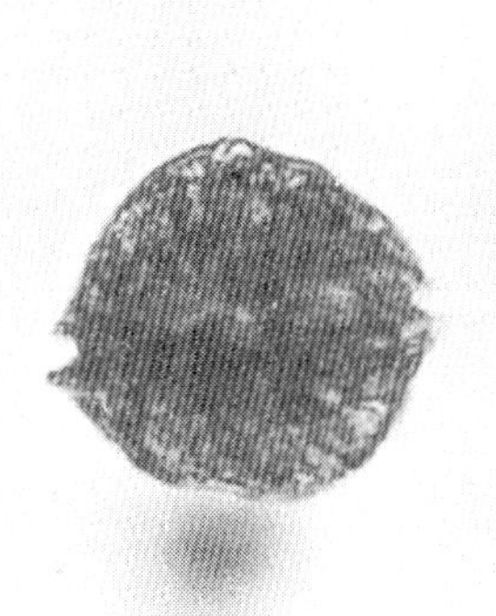

2. 單細胞(腹面)

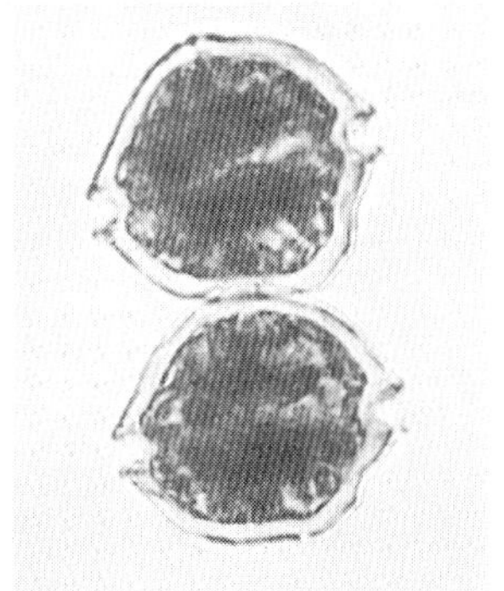

3. 連鎖群體

■ 그림 7.7 적조생물 *A. catenella*의 형태

*A. tamarense*는 22~54㎛, 폭이 24~56㎛로 2개 또는 4개의 세포가 연쇄되어 있다. Saxitoxin, Neosaxitoxin과 Gonyautoxin이라 불리워지는 독소를 가지고 마비성 패독을 일으킨다. 가판은 33개이며, 정공판(頂孔板)은 뒤쪽이 다소 편편한 삼각형이며 중앙에 낚시바늘 모양의 정공이 있다. 유성생식의 결과 타원형의 휴면포자를 형성하는데 휴면포자의 주변은 점질물로 되어 있기 때문에 저니(底泥)에 다량 부착되어 있다. 특히 1993년 진해만에서 4월에 출현하여 홍합을 독화시켜 일시적인 홍합채취 금지를 한 바 있다. 진해만에서는 3월 중순에서 7월 초순까지 발생하고 있으며 거의 매년 출현한다.

○ ***Alexandrium tamarense***(LEBOUR) BALECH

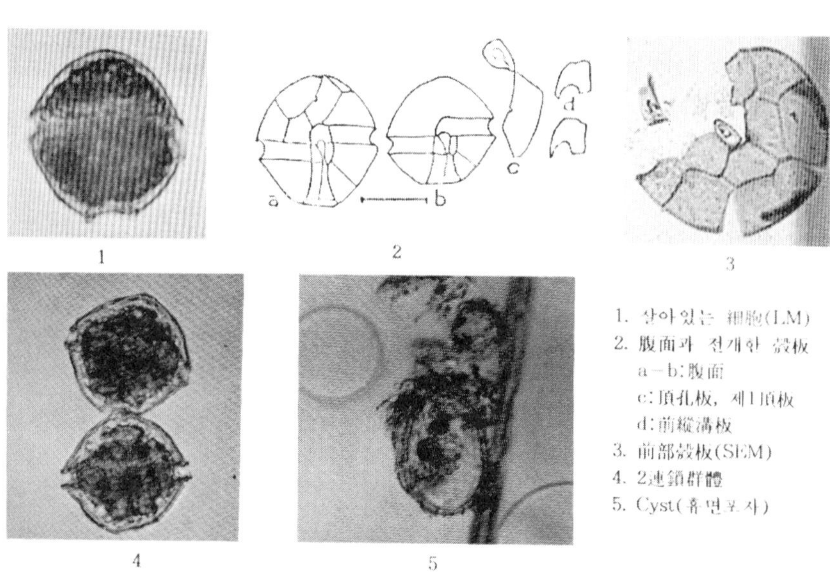

■ 그림 7.8 적조생물 *A. tamarense*의 형태

5) 칼시오디넬라科 *(Calciodinellaceae)*에는 *Scrippsiella troch- oidea*종이 있는데 서양배 모양이며 길이가 16~36㎛, 폭이 20~23㎛이다. 세포에서는 노란색 또는 갈색의 원반형의 색소체가 보인다. 핵은 중심부에 있으며 이 종은 석회질의 cyst를 형성하며 그 형태는 원형 또는 타원형으로서 주변에 많은 가시를 가지고 있다. 이 종은 연안이나 내만에서 널리 분포하여 우리나라 장생포항에서 1983년 적조를 일으킨 바 있으며, 이 후 진해 마산만에서 이른 봄철에 자주 적조현상을 일으키고 있다.

○ *Scrippsiella trochoidea*(STEIN) LOEBLICH III

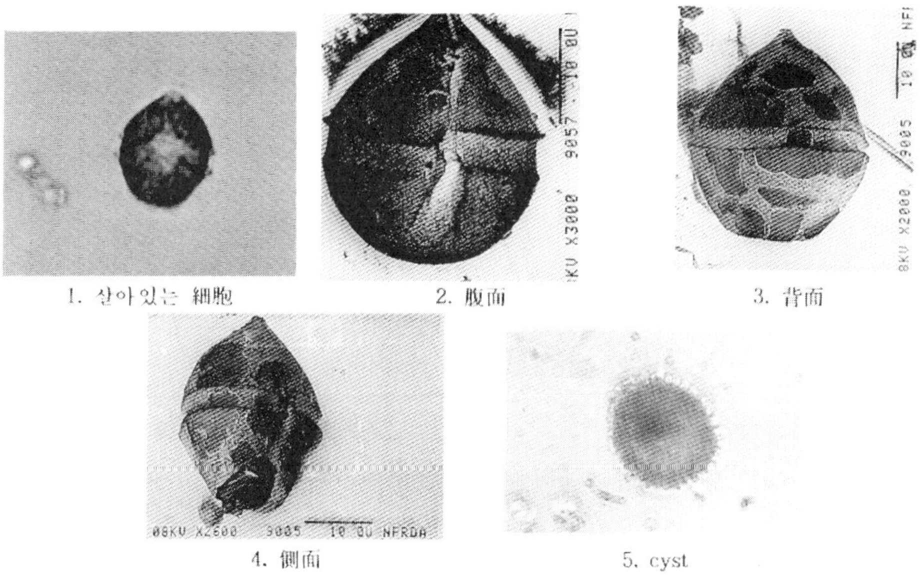

1. 살아있는 細胞　2. 腹面　3. 背面

4. 側面　5. cyst

■ 그림 7.9 적조생물 *S. trochoidea*의 형태

6) 규조綱 *(Bacillariophyceae)*에는 코스시노디스커스 亞目 *Coscinodiscineae*, 리조솔레니아 亞目 *(Rhizosole- niineae)*, 비둘피아 亞目 *(Biddulphiineae)*, 우상규조目(羽狀硅藻目) *(Pennales)*, 무종강亞目 *(Araphidineae)*, 유종강亞目 *(Raphidineae)* 등으로 구분된다.

코스시노디스커스亞目에는 타라시모시라科 *(Thalassiosiraceae)*에는 *Skeletonema costatum*, *Thlalassisira allenu*, *Thalsssiosira decipiens*, *T. rotula* 등이 있다. *S. costatum*은 직경 6~22㎛이고 옆에서 보면 사각형이며 여러개의 세포가 점액사이에 의해 서로 연결되어 직선형의 군체를 이루고 있으며 환경조건에 따라 나선상으로 고여 있기도 하다. 연안 및 기수역에 폭넓게 번식하며 우리나라의 남해연안에서 거의 매년 봄~가을에 적조를 일으킨다.

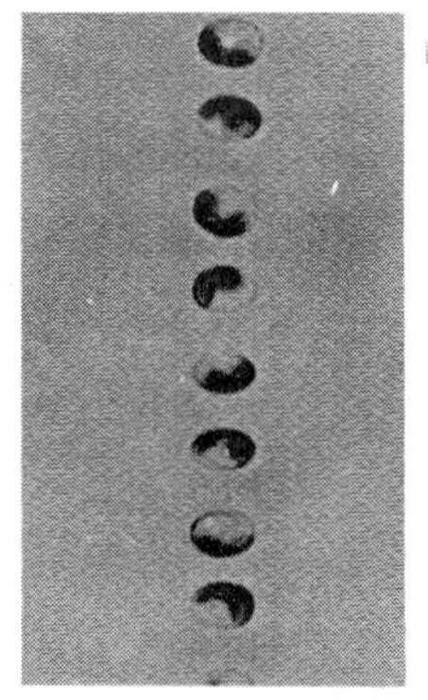

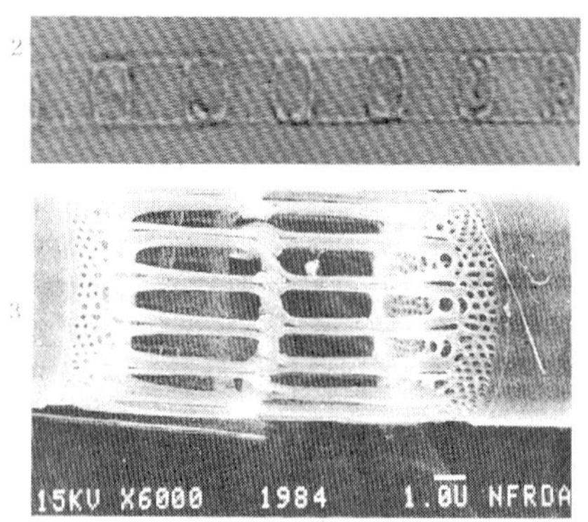

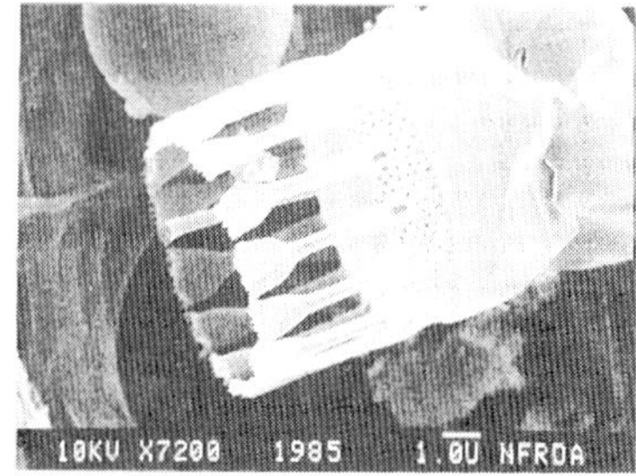

1-2. 群體(LM)
3. 粘液糸(SEM)
4. 末端의 蓋殼(SEM)

■ 그림 7.10 적조생물 *S. costatum*의 형태

7) 라피도 藻綱 *(Raphidophyceae)*에는 바쿼오라리아科 *Vacuolariaceae*에는 *Chattonella sp.* , *Heterosigma akashiwo*가 있다. *Chattonella sp.*는 체색이 황갈색으로 다소 편평하고 단세포로 생활하며, 크기는 50~130㎛, 두 개의 편모가 있으며, cyst를 형성한다. 일본은 세도내만(세도내만)에서 년중 적조를 일으켜 방어의 대량 폐사를 초래하고 있으며 진해만에서도 출현한 바가 있다.

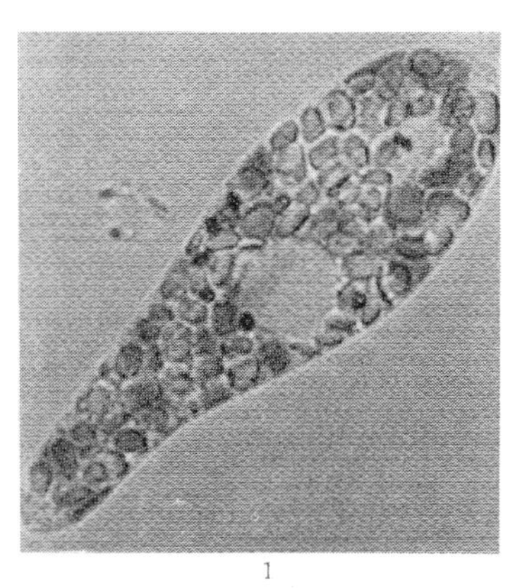

1

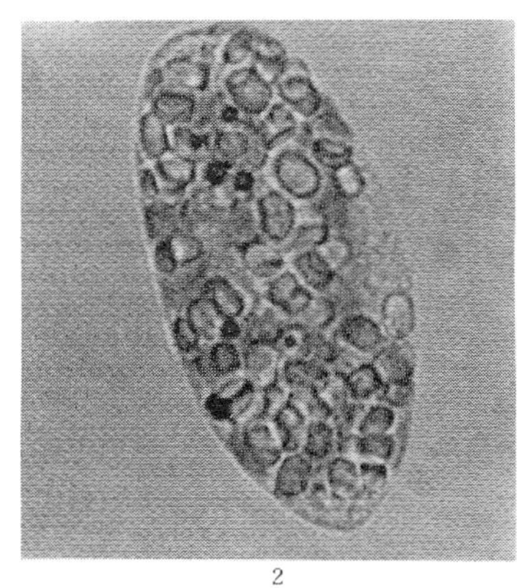

2

■ 그림 7.11 적조생물 *Chattonella sp.* 의 형태

*Heterosigma akashiwo*도 봄, 가을철에 마산만, 온산만, 진주만 등지에서 고밀도 적조를 일으킨다.

8) 황금색 적조綱 *(Chrysophyceae)*

딕티오차目 *(Dictyochales)* 딕티오차科 *(Dictyochaceae)*에 *Dictyocha fibula*, *Distephanus speculum* 종으로 진해만에서 다른 적조 생물과 같이 적조를 발생한다.

9) 유글레나 조綱 *(Euglenophyceae)*

유트레프티아目 *(Eutreptiales)*, 유트레프티아科 *(Eutreptiaceae)*에 *Eutreptiella gymnastica* 종이 있다. 이 종은 진해만, 마산만에서 봄철 또는 가을철에 적조를 일으킨다.

10) 원생동물 *(Protozoa)*

섬모충門 *(Ciliophora)*, 키네토프라그미노포레아綱 *(Kinetofraagminiphore)*, 원구目 *(Prostomatida)*, 디디니움科 *(Didiniidae)*, *Mesodinium rubrum*, *Uronema sp.* 등 많은 원생동물이 진해만 등지에 분포하고 있으나 원생동물의 연구는 보고서가 적은 형편이다. 적조발생, 유기물 분해 미생물등의 포식에 중요한 역할을 하고 있다.

이상과 같이 적조생물이 주로 진해만을 중심으로 적조가 발생하면서 우리나라 연안해역에 확산되어 어패류등의 폐사로 인하여 어민들에게 많은 피해를 주기도 한다.

7.4 적조발생 원인과 대책

해수역이나 담수역에 발생하는 적조는 적조생물의 대량번식에 영향을 주는 물리적, 화학적 환경요인이 가장 큰 이유다. 지금까지 적조가 발생한 해역을 보면 공장폐수, 생활하수 등 다양한 유기물이 연안해역으로 유입되어 부영양화현상이 발생함과 동시에 미생물에 의하여 유기물질을 무기화 하며 적조생물과 먹이연쇄 관계가 연속된다. 따라서 유기물 분해로 인해 국한된 연안해역이나 호수에서는 용존산소의 결핍등 생활환경이 악조건으로 변하기 때문에 이를 극복하기 위하여 적조생물간의 체외 배설물질 생산이 유용한 물질보다는 유독한 물질과 생물 서식장소의 악조건을 만들어 서식생물의 폐사까지 발생하게 한다.

수산진흥원 연구보고에 의하면 우리나라의 적조발생 건수는 1972~1979년 사이에 104건 발생하였으나 1980년 이후 매년 적조발생 건수가 증가하였고 적조발생 범위도 80년 이전에는 해역이 국한된 소규모의 적조로 짧은 기간 발생했으나 80년 이후는 넓은 해역으로 대규모의 적조가 장기간 발생하며 내만에서 발생했던 적조가 외만까지 확산되어 가는게 특징이다. 즉 내만인 마산만, 진해만 적조가 대표적이었으나 인천, 여자만, 가막만, 온산만, 영일만등으로 확산되어 가고 있다. 특히 95년 적조발생은 서해, 남해, 동해 일대까지 확산되어 어민들에게 막대한 피해를 주었다. 적조생물 종도 80년 이전에는 주로 *Skeletonema costatum*, *Chaetoceros*, *Nitzschia* 등의 규조류가 발생하여 직접적인 독성이나 피해를 주지 않고 간접적인 피해를 주었으나 80년 이후에는 직접 유해작용을 하는 *Gymnodinium*, *Prorocentrum*, *heterosigma*, *Alexandrium*, *Gonyaulax*, *Cochlodinium* 등의 편모조류가 적조생물로 대량번식하는 것이 특징이다. 지금까지의 적조발생 원인에 관한 보고를 정리해 보면 다음과 같다.

7.4.1. 원인별 적조발생

적조발생의 원인에 관한 연구결과는 많은 보고가 있다. Gran(1931), Ketchum(1931, 1949)는 철화합물 등의 무기물을 이용하여 증식하는 것으로 보고하였고 Seiwell(1931, 1935), Gran(1932), Braarud(1935), Svedrup (1939, 1953) 등은 용승, 대류 등에 의한 영양염의 연직수송에 의하여 영양염 첨가와 일사량의 증가로 적조생물이 대량 번식하는 것으로 되었고 Ketchum등(1948), Graham등(1954), Slobodkin(1953), Chew(1956) 등은 플로리다 근해의 *Gymnodinium*적조, 육상에서의 인의 공급등 연안수의 작용으로 적조가 발생한다고 하였다.

Munk와 Riley(1952)는 수온, 염분변화와 흡수율의 관계로 환경변화에 의한 영양염의 흡수율이 적조 발생의 원인이 된다고 하였고, Ragotzkie와 Bryson(1953)는 적조 생물의 농축에 대한 역학적 조건으로 프랑크톤의 미세분포에 관해서 설명하였다. Kiestead와 Slobodkin (1953)은 플랑크톤 군집과 parch의 크기, 지속성 확산과 증식율, 상호 작용에 관해서 설명하였다. 적조생물종에 의한 영양염 대사능력의 차이로 적조가 대량 증식한다고 Riley(1943, 1949,1952), Pratt(1950), Ryther(1954)등이 보고하였으나 종간 경쟁으로 단일종이 증식할 것으로 보고 있다. 플랑크톤 군집의 천이에서 비 포식자 관계로서의 배제효과 등에 관해서 Lucas(1936, 1947, 1949), Bainbring(1953), Ryther(1954) 등에 보고하였고 Menzel과 Ryther(1961, 1963), Provasoll(1958, 1963)등은 철, 코발트, 망간, 아연 등이 적조 발생의 원인으로 보고 하고 있으나 중금속이나 금속화합물이 적조 생물 발생에 영향을 주는 경우도 있다. 적조생물은 복잡한 환경변화에 적응하고 천이(Succession) 현상이 일어나며 어느 한 시기에는 우점종이 생기며 시간과 환경변화에 따라 다시금 혼합상태의 적조생물이 발생되기도 한다. 특히 우점종이 단일종으로 대량 번식하여 적조를 발생시키는 경우도 있고 유독성 물질을 생산하여 폐사를 유발시키는 경우도 있다. 우리나라의 적조연구로서 가장 많은 보고를 한 수산진흥원에 따르면 적조원인 생물의 구성과 농도에 따라 수산물을 직접 폐사시키거나 환경악화(예, 용존산소 부족 등)로 인하여 폐사가 발생한다. 매년 발생하는 적조의 양상이 동일한 점도 있으나 특징적인 양상이 나타나므로 정확한 원인규명이 되었다고는 볼 수 없다. 적조발생 원인을 표시해 보면 다음과 같다.

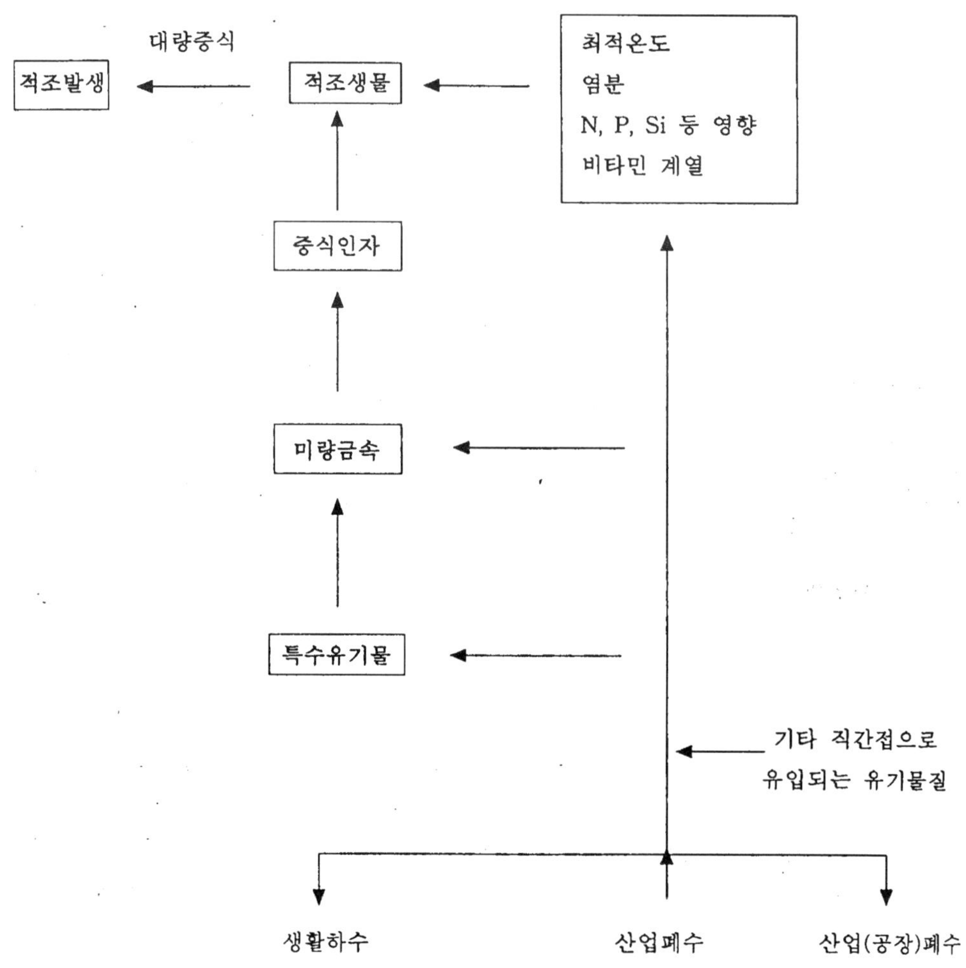

■ 그림 7.12 적조발생 기구 모색도

적조발생 해역을 보면 해수의 유동이 거의 없고 유입된 유기물이 적체되고 있는 폐쇄성 내만해역에서 풍부한 영양염류, 비타민류와 철, 망간 등의 미량금속원소가 최적온도에서 적조를 발생시키는 요인이 되고 있다. 그림 7.12에서 보면 연안해역으로 다양한 곳에서 유기물, 무기물질, 금속등이 유입되어 적조를 발생시키고 있다. 특히 증식인자중 질소, 인, 규소의 해양생물의 제한원소나 비타민, 미량금속 등이 적조생물의 중요한 요소가 되고 있다. 일부 보고서에 의하면 질산염은 0.1mg/ℓ 이상, 인산염은 0.015 mg/ℓ 이상인 것으로 알려져 있다. 규조류는 주로 규산염이 60% 이상이 요구되지만 와편모조의 경우는 질소, 인은 물론이고 비타민이나 특수한 유기물질이 요구되기도 한다. 대개 4월이 되면 연안이나 호수의 수온이 15~25℃에 되며 해수의 성층현상이 변화될 때 물질순환으로 적조생물은 활기를 띈다.

7.4.2 우리나라의 적조발생현황

우리나라의 적조발생 현황은 국립수산과학원에서 1967년에 처음으로 남해안에서 적조발생이 보고된 이래, 진해만(마산만), 사천만에서 매년 적조가 발생되어 적조에 관한 연구가 본격적으로 진행되었다. 1981년에는 7, 8월에 적조가 발생하였다. 국한된 해역에서 짧은 기간에 발생하였다가 소멸되었던 것이 점차 남해안 전 해역으로 확산되어 가며 장기간의 적조발생이 계속되고 있다. 시기적으로는 봄에서 가을에 걸쳐 매년 발생하고 있으며 1980년 이후에는 유해성 편모조류의 적조생물이 남해일대에 상습적으로 발생하고 있다. 1995년에는 *Cochlodinium sp.*가 대량 발생하여 막대한 피해를 주었으며, 현재 가장 문제시되고 있는 *Cochlodinium sp.*는 주로 8월 중순에 발생하여 9월 하순까지 번식하여 피해를 주고 있다. 연안해역의 적조생물의 번식을 억제시키는 방법으로 현재는 황토를 뿌리고 있으며 다양한 연구가 진행되고 있다.

7.4.3 적조발생 생물

적조발생 생물은 현재까지 보고된 종으로는 규조류와 편모조류로 나눌 수 있는데 규조류는 60%가 규소를 생체내 함유하고 그외 질소나 인을 요구하며 와편모조류는 주로 인, 질소 및 기타 특수한 유기물질, 비타민 등을 요구하는 것으로 알려져 있다. 적조를 일으키는 대부분의 편모조류는 휴면포자를 형성하며 겨울철과 같은 저온의 환경을 저질중에서 보내다가 수온이 상승하는 적당한 환경조건이 되면 이들 포자가 발아하여 표층에 부영하면서 급격히 번식하고 영향조건이 주어지면 대량 번식하여 적조를 일으킨다. 최근 유기물질이 많이 퇴적된 연안 해역에서는 상습적으로 발생하는 적조현상을 보면 계절에 관계없이 같은 해역에서 같은 종에 의한 적조가 매년 발생함으로써 휴면포자가 적조발생에 원인이라는 것을 알 수 있다. 이와 같이 편모조 적조의 경우에는 어떤 해역의 특수한 환경에 적응할 수 있는 생물만이 번식되기 때문에 단독종에 의한 적조발생의 경우도 있다. 편모조인 *Prorocnetrium* 속, *Scrippsiella* 속, *Alexandrium* 속, *Ceratium* 속 등 증식에 관한 일부는 규명되어 있고 아직도 규명해야 할 일 들이 남아 있다.

7.4.4 적조 발생의 대책

적조의 발생은 봄부터 가을에 걸쳐 진해만을 비롯하여 상습적으로 발생하고 있다. 따라서 적조발생의 대책에는 적조발생 원인은 물론 발생시기와 변천을 알고 적조예보가 진행되어 최소한의 피해를 막아야 한다.

1) 적조발생시기와 변천

적조의 발생은 이른 봄부터 시작되면 기온이 하강하기 전 까지 계속되기도 한다. 특히 최근에는 진해만을 중심으로 남해연안 해역으로 확산되어 계절에 거의 관계없이 발생하고 있으며 유독성 편모조류가 주종을 이루고 있는 특징을 가지고 있다. 적조는 연안 오염으로 인하여 세계 각 해역에서 발생되고 있다. 일본의 세도내해, 미국의 캘리포니아 연안, 동남아시아 연안수역과 북해의 연안수역에서도 발생한다.

적조는 대개 7~8월에 많이 발생하였으나 오염증가로 인하여 4월부터 적조가 발생하여 어떤 해역에는 12월에도 다량의 적조생물이 번식하는 현상을 볼 수 있다. 일반적으로 고수온 시기인 6~8월사이에 적조가 많이 발생하며 80년이전에는 단기인 경우가 20일 전후였으나 대개 2주일정도 계속되었다. 1980년 이후는 대규모의 적조가 장기간 계속되었고 적조생물도 규조류에서 와편모조류로 변천한 것을 알 수 있다. 적조발생 해역도 진해만을 중심으로 국한된 해역이 남서해안과 동해 남부 연안으로 확산되어 발생되는 것을 알 수 있다. 적조 생물도 간접적인 독성을 가진 적조생물보다는 직접적인 유독성 생물이 많은 것을 알 수 있다.

2) 적조 발생 예측예보

우리나라 연안에서 발생하는 적조에 관한 모든 사항은 국립수산 진흥원 적조부에서 책임있게 적조예보를 단계적으로 적조주의보, 적조경보, 적조속보, 적조해제 등으로 구분하여 예보하고 있다. 그 기준을 보면 표 7.1과 같다.

적조생물의 밀도가 크면 피해도 클 것으로 예상되나 반드시 그렇지는 않고 주로 적조 원인생물에 따라서 피해가 달라진다. 따라서 적조 예보 발령시 유독성 적조 생물의 출현 여부에 대해 각별히 주의를 기울여야 할 것이다. 이 유독성에는 마비성이나 설사성 패독이 문제되고 있기 때문이다.

▦ 표 7.1 적조예보종류 및 발령기준(국립수산진흥원, 1996)

종류	규모	적조생물의 밀도(개체/mℓ)	비고
적조주의보	반경 2~5km(12~79㎢) 수역에 걸쳐 발생하고 어업피해가 발생할 위험이 있을 때	편모조 : 종의 세포크기와 독성도에 따라 결정 *Chattonella sp.* : 발견즉시 *Cochlodinium* : 〃 *Gymnokinium mikimotoi* : 〃 *Gymonodinium sp.* 〃 기타 편모조류 : 5,000이상 규조류 : 10^4 이상 혼합형 : 편모조가 50%이상일대 2×10^4이상	규모와 밀도는 현지상황과 적조생물의 종류 및 피해도에 따라 변할 수 있음. 기타 필요한 경우 과거의 사례에 따름.
적조경보	반경 5km(79㎢)이상 수역에 걸쳐 발생하여 발생 위험이 크거나 상당한 어업피해가 발생했을 때	편모조 : 종의 세포크기와 독성도에 따라 결정 *Chattonella sp.* : 50이상 *Cochlodinium sp.* : 1,000 이상 *Gymnodinium mikimotoi* : 3,000이상 *Gymnodinium sp.* : 1,000이상 기타 편모조류 : 3×10^4이상 규조류 : 10^5이상 혼합형 : 편모조가 50%이상일 때 5×10^4이상	
적조속보	적조주의보, 경보 발령중 적조의 진행과 변화 정보 (유독종의 출현, 이동확산) 및 어업피해 발생지에 관한 조치가 필요할 때		
적조해제	적조가 소멸되어 어업피해 위험이 없고 수질이 정상상태로 회복했을 때		

7.4.5 세계의 적조발생 상황과 국제 공동연구

1960년대 후반부터 세계 각지에서 적조와 관련된 유독 플랑크톤에 의한 패류독화가 진행되고 있어 그 대책에 고심하고 있는 상황이다. 적조 및 유독 플랑크톤에 의한 피해 발생은 세계 대부분의 연안에서 나타나고 있지만, 특히 동아시아와 북유럽에 피해가 심하다. 1988년 스웨덴과 노르웨이의 스카겔락 해협 연안에서 *Chrysochromulina polylepsis*라는 그때까지 적조로서 보고되지 않았던 종류에 의해 양식 중인 연어 수백만 톤이 폐사하였다. 캐나다의 동해안에서도 *Heterosigma akashiwo*(침편모조류)에 의한 연어의 폐사나 *Pseudonitzschia multiseries*(규조류)에 의한 굴의 독화와 이것에 의한 기억상실성 패독(Amnesic Shellfish Poisoning, ASP)이라는 새로운 굴 중독이 보고되고 있다.

아시아에서는 한국의 연안에서 *C. polykrikoides*와 *H. akashiwo*에 의한 양식 어패류의 피해가 발생하고 있다. 필리핀에서는 *Phyrodinium bahamense*(와편모조류)에 함유된 마비성 패독이 담치나 어류에 축적되어서 인명 피해가 다발하고, 1983년경부터 최근까지 80명 가까운 사망자를 포함하여 1,500명에 이르는 중독이 보고되어져 있다. 이로 인해 필리핀의 연안어업은 수백만 달러에 달하는 피해를 보고 있고, 필리핀 수산자원청이 추진하는 패류 양식 추진 사업의 큰 장애가 되고 있다. 더욱이 말레이시아, 인도네시아, 보르네오, 그 외의 태평양 연안국에도 유독 플랑크톤에 의한 피해가 확대되고 있다.

호주의 타스마니아 등의 주요 항만에서는, 일본으로부터 유조선 등의 발라스트수(ballast water)에 의해 유독 플랑크톤의 휴면포자(cyst)가 운반되어 양식어의 피해 및 해양생물의 독화가 생기고 있는 실정이다. 이상과 같이 세계 연안 각지에서 적조가 빈발하고 광역화되고 있으나, 그 원인은 다음과 같은 점을 들 수 있다.

① 동남아시아 모든 나라를 포함하여 연안지역의 산업발전과 도시 개발에 따른 각종 배수의 유입 증가와 연안 이용의 다양화에 의한 해역의 부영양화의 진행
② 양식 어업의 진흥에 의한 자가 오염
③ 어패류의 이식이나 선박 집적수의 방출 등에 의한 유독 플랑크톤의 이동과 광역화(무역 등에 의한 생물 오염)

이들 적조 플랑크톤의 증식에 직접 관련되는 인간 활동과 함께, 엘리뇨와 같은 지구 전체 규모의 환경변동 등도 지적되지만, 여기에 대해서는 아직 많은 연구와 시간을 필요로 한다. 물론, 지식의 보급에 의해 적조나 유독 플랑크톤에 관한 보고 및 정보가 증가하고 있는 것은 사실이다.

지구환경으로서의 해양환경보전의 중요성은 리오데자네이로에서 열린 지구정상회의에서도 지적되고 있는 점이고, 해양환경보전은 국제협력을 필요로 하는 문제이다. 적조는 폐쇄성 해역의 문제로서 다루어져 왔으나, 현재로서는 지구환경규모의 문제로서 생각할 수밖에 없는 상태에까지 도달해 있다. 적조를 일으키는 부영양화의 진행이 해수의 유동, 수온, 염분 등의 해양환경특성에 좌우된다고 하지만, 원인에 대해서는 질소나 인의 인위적인 부하 증대라는 점에서 세계의 연안 각국에 공통된 문제이다. 원인생물은 선박의 운행이나 수산생물의 이식 등에 의해서 태평양이나 대서양을 넘어 운반되어져 환경에 적응을 해 나가며 생존해역을 확대시키고 있기 때문이다.

또한, 적조에 의한 피해 발생은 아시아나 유럽에서 수산 증양식의 발전을 저해하고 있고, 더군다나 마비성 패독의 생산종인 *Alexandrium catenella*나 설사성 패독의 원인종인 *Dinophysis fortii* 등에 의한 패류 독화에 대해서는 반드시 부영양화되어 있다고 생각되지 않는 해역에서도 발생하고 있어 해양 전체의 문제로 인식되기에 이르렀다. 양식 어패류의 피해와 유독 플랑크톤에 의한 패류 독화의 진행은 최근 식량으로서의 수산물에 대한 세계적인 중요성이 강조되는 시점에서 점차 심각한 양상을 띠고 있고, 이후의 대책 수립은 국제 사회의 협력 하에서 대처해야 만 될 문제이다.

식물플랑크톤이 생산하는 유독물질에 의한 패류 독화에 관한 연구는 19세기 후반부터 구미 각국에서 진행되었고, 적조에 의한 어류 폐사에 대해서도 그때쯤에 보고되었다. 원인 생물인 미세조류의 분류학, 생리학적 연구는 20세기 전반부터 유럽이나 미국에서 활발하게 진행되었다. 배양에 관해서는 1950년 이후 L. Provasoli와 그의 Haskins Laboratory의 연구에 의한 공이 크며, 그들은 각종의 배양용 인공해수의 정밀한 조성을 발표하였다. 특히, 최근의 연구성과로는 유독 성분의 연구에서 남방독어(시가테라)의 원인생물인 와편모조류 Gambierdiscus toxicus의 발견, 시가독성(Ciguatoxin)과 마이토독성(Mitotoxin)의 물질구조 규명 등을 들 수가 있다.

1974년 보스톤에서 처음으로 'International Conference on Toxic Dinoflagellate

Bloom' 이 개최되었고, 특히 플랑크톤에 관한 생리학, 생태학, 독성학 등에 대해 국제적인 토의가 열렸다. 1978년 플로리다에서도 이 회의가 개최되었는데 이들 회의를 통해서 점차 적조가 전 세계 범위의 해양환경문제로 대두되게 되었다. 그 후, 1983년 6월 호주 크로뉴라에서 UNESCO, IOC 내에 조직되었던 WESTPAC(서태평양 공동 연구사업)에 의한 적조 심포지움이 개최되었다. 현재는 UNEP나 ICES(International Council for the Exploitation of the Sea) 등에서도 다루어지고 있고, IOC에서도 전 세계의 해역을 대상으로 세계 적조 연구계획(Global HAB)을 계획하고 있다. 캐나다 국제개발청(CIDA)은 벌써 ASEAN 각국에 적조공동 프로젝트를 실시하여 인적 · 경제적인 협력을 하고 있다.

7.5 적조생물과 해양미생물과의 상호작용

해양 및 호수의 오염은 지구적인 규모에서 진행되어 세계 각지에 여러 가지 피해를 가져오게 된다. 특히 적조가 발생하여 어개류에 피해를 주는 것등은 적조의 발생억제 방제, 원인 분석등이 필요하다. 적조에 관한 연구로서는 기초에서 응용까지 여러 가지 연구가 진행되었으나 아직까지 뚜렷한 원인 규명과 발생억제 방제책이 많은 과제로 남아 있다. 그것은 발생한 적조 생물이 독성물질을 가진 종으로 마비성 독이나 설사성 패류독 또는 신종이라는 패독종으로 *Nitzschia pseudodelicatissima*, *Heterocapsa sp.* 등의 출현도 있다. 95년 서남해를 비롯하여 동남해안까지 확산된 *Cochlodinium*속은 유독이냐 무독이냐의 논란도 있었다.

이와 같이 적조발생기구에 관하여는 물리학 및 화학분야에는 상당한 발생기구 해명이 되어가고 있다고 생각되지만 적조의 주체가 되는 생물학적 측면에서는 적조생물의 종류가 다양하고 생물 상호간의 작용등이 복잡하기 때문에 아직 많은 문제점들이 남아 있다. 우선 현장에서 적조생물이 생육하는 조건과 연구실 내에서 연구하는 조건도 다르기 때문에 현장의 조건에 최대한 접근시켜 적조발생의 근본적 억세를 시키기 위한 대책이 필요하다. 해양이나 호수 등 자연 생태계에 있어서 적조 발생, 소멸과정이 자주 보이는 데 이 과정에서 바이러스, 세균이나 원생동물이 적조생물의 발육억제 등의 작용으로 추적 할 수 있다.

7.5.1 미생물에 의한 적조생물의 증식촉진

적조생물뿐만 아니라 많은 미세조류는 해양 및 호수 등에서 중요한 1차 생산자이고, 기본적으로는 광합성 독립영양생물로 빛 에너지에 의존하며, 무기의 N원과 C원을 이용하여 증식한다. 그러나 많은 적조생물은 증식 보조물질로 비타민류(주로 B_1, B_{12}와 biotin), 금속 킬레이트 및 미량 금속(Fe, Mn, Mo, Co, Cu, Se, Zn 등)을 요구한다. 이처럼 미세조류의 영양요구에 대하여 종속영양세균은 유기물의 분해자로서 미세조류에 CO_2, NH_4, PO_4 등을 공급하는 것은 잘 알려져 있다. 비타민류 및 킬레이트 등은 육지로부터 오염물질과 더불어 유입되거나 미생물에 의한 저질에서의 용출, detritus 분해에 의해 유래한다. 이들 미생물에 의한 작용은 적조생물 전반에 영향을 미치며 특이성은 낮다. 물론 B_{12} 요구성은 비교적 한정된 조류(와편모조류, 침편모조류 등)의 특성이며, 이것을 생산하는 미생물과의 상호관계가 깊다. 더구나 특이성이 높은 물질을 요구하는 적조생물도 몇몇 알려져 있다.

예를 들면, 일본의 마이쯔루만의 *Asterionella glacialis* 적조 시에 특정종의 미생물 *Flavobacterium sp.*가 우세하였는데, *A. glacialis*는 이 미생물의 공존 하에 증식이 가능하며, 이 미생물의 배양여액에 증식유효인자가 포함되어 있었다. 더구나 *Flavobacterium sp.*와의 공존배양에 *Pseudomonas sp.* 균주를 접종하면 2배 정도로 세포수가 더욱더 증가하였는데, *Vibrio sp.* 균주를 접종하면 전혀 효과가 없었다. 또한 일본의 고카쇼만의 *Gymnodinium mikimotoi* 적조발생 시에 이 적조생물의 증식을 촉진시킨 미생물 *Pseudomonas sp.* 균주가 분리되었고, 이 균의 공존 하에서 *G. mikimotoi*의 세포수량은 50~300%가 증가하였다. 또한 water bloom(수화, 물꽃)을 형성하는 남조류 *Anabaena oscillarioides*의 질소고정 능력이 *Pseudomonas sp.*의 *heterocyst*에의 부착에 의해 높아졌음도 밝혀졌다.

한편 세균을 섭식하는 것(*phagocytosis*)에 의해 세균 중의 특정 성분을 이용하고 있는 조류는 와편모조류, 황색편모조류 및 착편모조류가 있다. 예를 들면, 비광합성 와편모조류 *Oxyrrhismarina*는 기존의 유기물 배지에서는 증식할 수 없고, 미소 규조류 *Nannochloris oculata* 외에 여러 종류의 미세조류 및 효모를 섭식하여 증식하고, 그 필수성분은 ubiquinone이었다.

황색 편모조류에서는 담수성 *Ochromonas danica*가 유명하다. 광합성 독립영양, 광합성 종속영양 및 화학합성 종속영양으로도 증식할 수 있는 이 조류는 무기배지에서는 세균을 섭식하고 지방산을 얻고 있다. 또한 이와 근연종이며, 일본의 비와호에서 적조를 형성하는 *Uroglena americana*는 광합성 종속영양생물이며, 세균을 섭식하여 그 세포막의 인지질(phosphatidyl ethanolamine 등)을 필수로 한다. 캐나다의 Memphremagog호에서 발생한 Dinobryon sp.도 세균을 섭식하며 그 섭식 속도는 0.125 bacteria/min/alga에 달하고 있으며, 이 값은 섬모충 등보다 높고 이 호수에 있어서 최대의 세균 포식자이다.

이처럼 해양 및 호수할 것 없이 미세조류의 증식에는 어떤 형태로든 미생물이 관여하고 있다. 특히 적조생물의 대부분을 차지하는 와편모조류, 황색 편모조류 및 착편모조류의 증식에는 미생물에 대한 의존도가 상당히 크다고 할 수 있다. 적조생물의 무균 clone 배양이 곤란한 경우(와편모조류 *Dinophysis sp.* 등), 가령 무균 clone 배양이 성공한다고 해도 장기간의 계대배양 사이에 점차 증식이 저하하기 때문에 다시 유균 배양으로 돌아오지 않으면 안 되는 경우(규조 *Eucampia sp.* 등)를 자주 경험한다. 그들은 어쩌면 미생물의 대사산물 혹은 미생물의 세포성분 섭식을 필요로 하는 것이라고 추정된다. 지금까지 무균 clone 배양이 성공하지 못 한 적조생물의 대부분은 미생물 의존성이라고 하여도 과언이 아닐 것이다.

7.5.2 세균에 의한 적조조(赤潮藻)의 증식 저해

담수에서 남조가 대량 번식한 것을 소멸시키는 원인이 활주세균에 의한 것이라는 것은 Shilo(1967)이나, Stewart(1969) 등 많은 연구결과가 잘 알려져 있다. Stewart(1971)는 스코틀랜드 호수에서 4종의 남조 용해세균을 분리하였는데 자실체를 형성치 않는 *Myco-bacter*로 동정하였다. Daft등(1973)이나 Yamamoto 등(1947)은 남조 용해가 활주세균이 조체(藻體)에 직접 접촉하여 일어나므로 접촉부위에서 lysozyme상 효소를 생산하여 남조를 용해하는 것으로 추정한다. 滿谷 등(1987)은 적조를 형성하는 *Anabaena solitariad*의 소멸이 남조 용해세균의 증감과 일치하여 106cell/㎖로 되는 것, 그 우점종이 *Lysobacter sp.*로 남조나 조류에 접촉하여 용해작용을 하는 것으로 알려져 있다. 규조류는 종패 사료용으로 사용되는데 저장탱크 배양에서 종종 급격하게 사멸되는 경우가 있다. 이것은 공존하는 *Pseudomonas sp.*가 원인으로 판명된 보고가 있다. 이유는 배양여액에 분비된 단백질의 물질로 판명되어 있다. 진주종패 사육사료로 사용한 규조류 *Chaetoceros calcitrans*의 용해작용 원인을 조사한 坂田(1990, 1991, 1993)는 나선형 활주세균 *Saprospira sp.*를 분리하였다. 활주 균은 규조류 세포에 접착하여 균을 죽이고 응집 덩어리(凝集塊)를 형성하여, 조류를 죽이는 작용을 촉진하는 것을 발견하였다. 이와 같은 세균은 연안해수에서도 분리되고 있다. 조류를 용해시키는 이유는 영양요구와 관계가 있고 특정 아미노산 및 유기산이 부족할 경우에 용해시키는 현상이 생긴다는 보고가 있다. 한편 적조 조류의 생물학적 제어를 목적으로 한 조류 용해 또는 살균 역할을 하는 세균에 관한 연구는 Ishio(1987, 1989)와 古坂(1992)가 연구한 보고에 의하면 *Chatonella* 속의 용해조 세균을 *Vibrio al-goinfestus*라고 명명하고 다른 종인 *Cytophaga sp.*도 분리 동정하였다.

우리나라 연안에서 자주 발생하고 있는 적조 생물 *Prorocentrum spp.*, *Cochlodinium spp.* 등 유독성 적조 생물을 죽이는 해양 미생물에 관한 연구 즉 李 등(1996,1998,2000)에 의하여 실험한 결과를 보고하였다. 적조생물을 죽이는 미생물은 유독성 적조생물종에 따라 같은 종도 있지만 대부분은 균종이 다르다. 세균에 의하여 영향을 받고있는 적조생물 *Cochlodinium spp.*의 겨우 그림7.13과 같다.

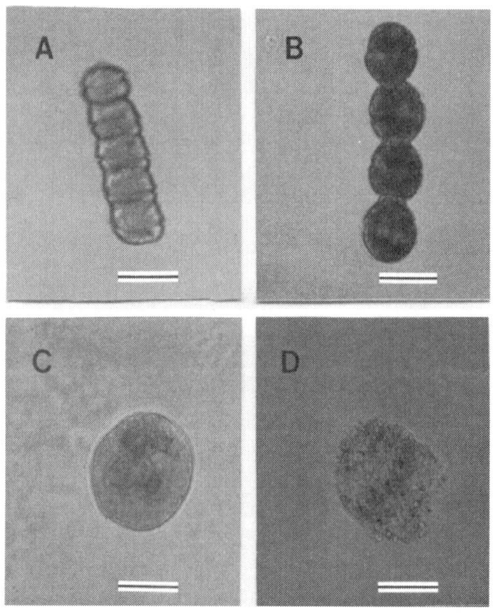

■ 그림 7.13 적조생물 *Cochlodinum polykrikoides*

7.5.3 적조생물 죽이는 몇 종의 세균

연안 해역으로 유입되는 산업폐수, 가정하수 등 부영양화 상태로 변화된 해역은 봄에서 늦은 가을까지 계속적인 적조생물이 대량 번식하여 적색이나 갈색으로 해수의 색이 변하기도 한다. 그러나 계절에 따라서 우점종이 나타나기도 하며 일시에 적조생물이 사멸되기도 한다. 이러한 현상은 적조생물의 생활사나 환경인자에 기인되는 것 또한 적조생물에 악영향을 주는 다른 생물들에 의한 것으로 여기에 관한 연구보고가 증가되고 있다. 몇 가지 소개해보면

1) 5월 초순에서 중순에는 *Skeletonema costatum*을 비롯하여 규조류 bloom이 나타날 때도 있고 6월에서 7월에는 어류에 큰 피해를 주는 와편모조 *Gymnodinium mikimotoi*의 적조가 발생하여 대개 9월 하순경에 소멸되는 경우가 많다.

   이러한 유독성 적조생물이 적조발생, 소멸기에 현장해수중에 분포하고 있는 세균군이 적조플랑크톤의 증식에 어느정도 영향을 주는 가에 대하여 현장 해수중에 분포하고 있는 세균군이 적조플랑크톤의 증식에 얼마나 영향을 주는가를 그림 7.14와 같이 실험을 하였다.

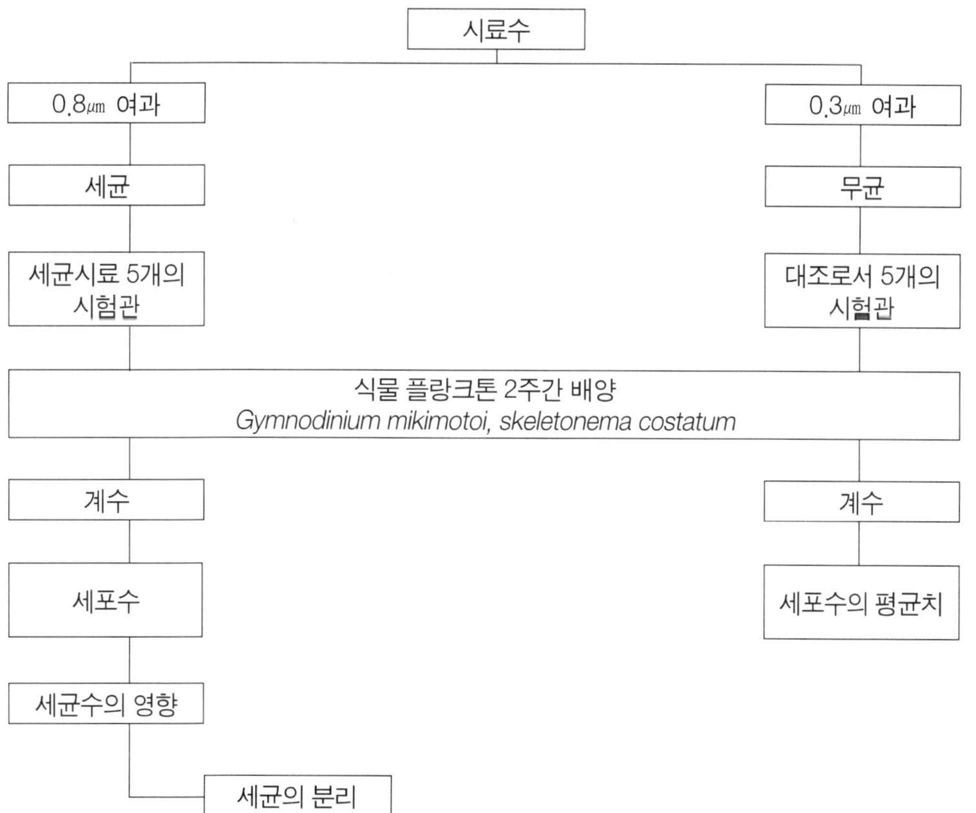

■ 그림 7.14 현장세균군이 두 종의 적조 플랑크톤의 증식에 주는 영향을 조사한 실험(深見・西島, 1994)

그림 7.14와 같이 현장 해수 시료를 채취하여 0.8㎛ 또는 0.2㎛ nucleopore filter로 여과한 것이다. 대부분의 세균이 함유된 것을 세균구 시료 또는 여액중에 세균이 없는 것을 무균 대조구로 하였다. 미리 배양해 둔 *G. mikimotoi* 및 *S. costatum*의 무균주를 세균이 존재하는 시료와 무균시료를 접종하여 일정기간 배양한 후 증식한 *G. mikimotoi*와 *S. costatum*의 개체수를 계수(計數)하였다. 균종에 따라 적조 생물의 증식 억제 또는 상조작용을 하는 것도 알 수 있었다. 특히 해수중 *Flavobacterium sp.* 5N-3가 10^6cell/의 밀도가 될 때 *G. mikimotoi* 증식에 대하여 현저한 저해작용을 하였다. *S. costatum*에는 영향을 주지 않았다.

2) *Saprospira spp.*에 의한 규조살멸(殺滅)작용

해조류 밀도가 높은 해수시료를 현미경을 통하여 관찰할 경우 종종 긴 섬유상의 세균이 발견되어 조류와 생태적인 어떤 관계를 가지고 있는 것으로 생각할 수 있다. 김 양식에 있어서도 사상세균 *Leucothrix mucor*에 의한 직접 또는 간접적인 영향을 주는 것으로 되어 있다. 일본 구주 양식장의 진주조개 양식 사료로 *Chaetoceros calcitrans*를 대량 배양하였을 경우 조류가 급격히 줄어들었다는 보고가 있다. Tank내에 배양할 경우 암갈색에서 녹갈색으로 변화된 조류(*Chaetoceros calcitrans*)배양액에서는 10~20㎛의 나선형 사상세균이 고밀도로 관찰되었다. 이 때 조류가 용해된 것을 알 수 있었다. 대개균수가 10^5㎛~10^6cell/㎖정도에서 용조(溶藻)됨을 알 수 있다.

Saprospira 속 세균은 당초 담수역이나 토양중의 고엽(枯葉), 기수역의 해조 위에서 분리되어 식물사체나 현탁물질(detritus)의 분해 과정에 관여하는 세균군으로 알려져 있다. 그러나 Ashton과 Robarts(1987)는 담수성 남조(Microcysts)가 *Saprospira albida*에 의하여 용조되는 것을 보고하였고 Sanghobal과 Skerman(1981)은 해수에서 *Saprospira sp.*가 *Cytophaga sp.*를 용균시켜 증식하는 것으로서 각각 이 세균이 자연계에서 포식성 미생물의 한 종류라는 것을 인식하게 되었다. 宮本과 花岡(1981)은 *Saprospira sp.*가 연안해역에서 *Vibrio parahaemolyticus*를 포식하는 종 중의 하나라고 보고하였다. 또한 *Saprospira* 속 세균이 원핵 생물을 용해하여 영양분을 섭취하고 살아있는 진핵 세포를 공격한다고 하였다.

이러한 현상을 액체 혼합배양 결과에서 알 수 있다. 그림 9.15는 *Saprospira* SS91-

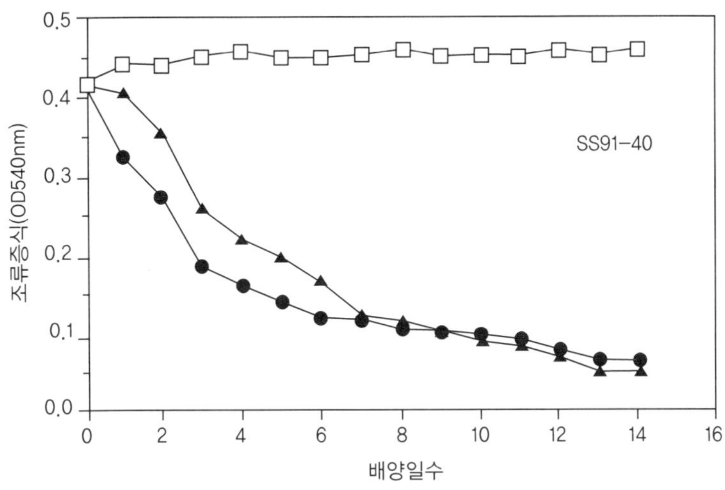

▣ 그림 7.15

Saprospira SS91-40균주 접종후 규조 배양액의 탁도변화

균체현탁액의 첨가밀도는 무첨가 : -□-, 10^2 : -▲- 및 10^6 -●- cfu/㎖ 를 사용.

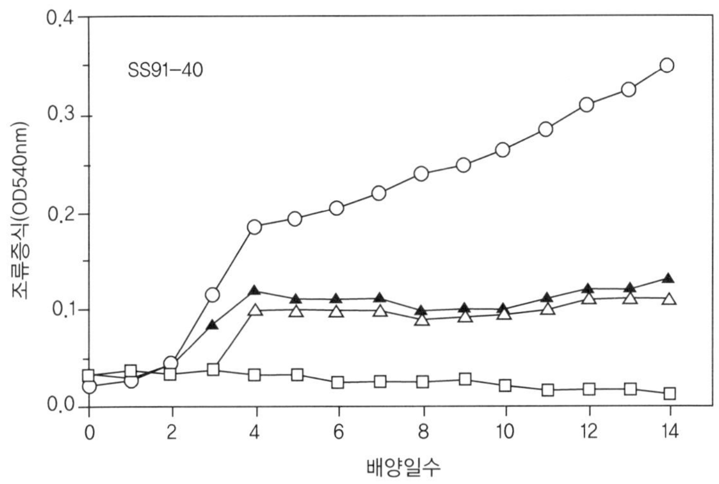

▣ 그림 7.16

Saprospira SS91-40 균주의 단독배양・상등액 중의 규조 증식억제 활성

-○- : 무첨가, -△- : 무처리액 10%, -▲- : 열처리액 10%, -□- : 열처리액 25%첨가

40균주를 접종한 후 규조배양액의 혼탁변화를 측정한 것이다. 7~10일 간 배양한 조류 배양액을 대형 시험관에 10㎖씩 넣고 SS91-40균주 배양액을 접종하였다.
탁도의 변화를 측정하였다. 10^2cfu/㎖의 접종량에도 2~3일 후에 급격한 탁도저하가 나타나 조류 증식에 저해를 알 수 있었다.

그림 9-15에는 *Saprospira* SS91~40균주의 단독 배양액 중(상층액)규조 증식 저해 활성을 실험한 것으로 규조의 증식에 현저한 저해를 주었다.
Saprospira속 세균의 규조에 대한 살조활성은 세균이 조류세포와 직접 접촉할 때 국소적으로 생산되지만 세균세포외막에 결합한 상태로 작용하는 고분자 물질이 관여하고 있는 것으로 추정한다. 또한 세균배양 상등액 중에 조류 저해물질은 peptone유래의 저분자 대사물질로 조류 혼합 배양중에 조류 세포와 직접 접촉하여 작용하는 살조 활성과는 직접 관계하지 않는 물질로 생각된다.

Saprospira 속의 균은 세포의 길이가 1.2~1.8㎛의 크기로 균사의 폭은 0.5~0.7㎛, 균사의 길이는 8~30㎛ 전후, 최적온도 25~35℃이나 40℃에도 증식한다.
황등색 colony를 형성하고 균체색소는 Saproxanthin, flexirubintype, C_{15}, C_{16}, C_{17}, $C_{20:4}$가 함유된 것이 특징이다.

3) *Cytophaga* 속 세균에 의한 적조조 살멸(赤潮潮殺滅)

담수역(호수포함)에서는 남조 등 bloom이 소멸과정에서 virus, 세균, 곰팡이, 아메바 등의 원생동물이 중요한 역할을 하고 있는 것은 잘 알려져 있다. 이들 미생물 중에서도 활주세균을 중심으로 조류를 용해시키는 세균이 수적으로 많다. 해양 연안해역에도 이러한 현상이 있을 것으로 생각되지만 아직 미약한 상태다.
최근에 활주균의 일종의 *Cytophaga sp.*가 작용하고 있다는 사실이 밝혀졌다.

양식장에 방어의 대량 폐사원인이 적조생물 *Chattonella antiqua*를 숙주생물로 이것을 죽이는 세균탐사를 시작하였다.
여기에 할주균인 *Cytophaga* 속에 속하는 *Cytophaga sp.* J18/MO1란 균주를 발견하였다. 이 균을 *C. antiqua*균주에 첨가하면 1~2일 후 변형되고 그 이후는 조체가 파열되었다. 또한 이 균주는 *C. antiqua*를 포함 5종의 조류와 4종의 규조류 전부 살조(조체를 용해시킴)효과가 있었다. 그러나 유각(有殼)의 *Scrippsiella trochoidea*는 극소의 영향을 받을 뿐이었다.

4) *Lysobacter* 속 세균 등에 의한 남조 및 규조살조

활주세균이 남조를 용해하는 능력이 있다는 것을 1970년대 처음으로 Stewart and Brown(1971), Shilo(1970), Daft and Stewart(1971) 등에 의하여 발견되었다. 이러한 활주세균은 호수에 분포, 현존량 등 증식을 억제하는 것은 사실이다.

5) 기타 : 진성세균에 의한 *Alexandrium*의 접합저해

*Alteromonas sp.*는 와편모조 증식저해 또는 포식한다. 또한 virus에 의한 chlorella의 사멸도 볼 수 있다. *Heterosigma* 등 적조생물의 유독성에 관여하고 있다.

7.6 미생물 유래 적조생물 살조물질

살조작용은 접촉에 의한 경우도 있지만 세포 외로 분비된 고분자 또는 저분자물질에 의한 경우가 많은데, 아직까지 이들 물질에 대한 연구는 많이 진행되지 못하고 있다. 이들 물질은 종 특이성(또는 숙주 특이성)이 높은 것이 많다. 예를 들면, 일본의 우라노우치만의 *G. mikimotoi* 적조소멸 시에 분리된 *Flavobacterium* 5N-3은 *G. mikimotoi*만을 살조하였고, 그 살조작용은 배양여액 중의 수용성 저분자물질로 밝혀졌지만 그 구조는 아직까지 밝혀지지 못 했다. 한편 일본의 아리아케해에서 분리된 Cytophaga sp. 균주는 *S. costatum*과 같은 규조류 및 C. antiqua를 살조하지만, 그 작용은 세포 외로 분비한 단백질물질로 규조류를 protoplast화 시켜 살조시킨다. 또한 일본 타나베만에서 분리된 살조미생물은 10 kDa 이상의 단백질을 세포외로 물질을 분비하는 것으로 밝혀졌는데, 이 물질은 *G. mikimotoi*와 *G. catenatum*은 살조하지만 침편모조류 및 규조류에는 작용하지 않았다. 살소 과성은 우선 석소생물의 운농이 범추어진 후, 세포 일부가 풍선상(風船上)으로 부풀어 올라 파괴되어 사멸하였다. 이 살조물질은 본 균이 *G. mikimotoi*의 배양여액과 접촉한 경우에만 분비되는 점으로 미루어 보아 본 균과 *G. mikimotoi*의 사이에는 밀접한 상호관계가 있는 것으로 판단된다(예를 들어 접촉 유도물질 또는 살조물질 분비 유도

물질의 존재 등).

적조제어를 위한 살조물질에 대한 연구가 2,000년 이후에 활발히 진행되었으나, 살조미생물 유래의 살조물질로서 그 구조가 완전히 밝혀진 것은 별로 없는 실정이다. 남조류에 대해서 *Pseudomonas* 속이 생산하는 harmane이 알려져 있으며, 와편모조류에 대해서 *Bacillus* 속이 생산하는 인돌알칼로이드 계통의 신물질 bacillamide 정도가 밝혀졌을 뿐이다. 특히 bacillamlde는 적조생물에는 높은 활성을 가지나, 규조류, 녹조류, 남조류, 곰팡이, 효모, 미생물에는 영향이 없는 것으로 밝혀졌고 최근 대량 합성 방법이 개발되어 그 응용가치가 주목된다.

7.7 생물학적 적조제어를 위한 연구방향

생물학적인 적조제어를 연구의 일환으로 적조생물에 대한 살조미생물이나, 적조생물을 치사시키는 생리활성물질을 추출, 합성하여 이용하는 방법 등이 최근 활발히 연구되고 있다. 그러나 아직까지 현장적용이 가능한 효과적인 적조 구제방법은 개발되지 않았으며 황토살포에 의한 긴급 구제방법만이 이루어지고 있는 실정이다. 특히, 미생물을 이용한 적조구제 방법이 최근 각광을 받고 있는데 우리나라의 연구진에 의해서도 적조를 죽이는 살조미생물들이 많이 분리되었고, 이들이 내는 생리활성물질의 구조도 밝혀졌다. 이 방법은 대상 적조생물에 대한 특이성이 높고 다른 해양생물에 미치는 영향이 적으므로 2차오염이 없는 자연생태 조화형, 환경 친화적 적조구제 기술로서 앞으로 적조구제의 새로운 장을 열 것으로 기대된다. 그러나 무엇보다도 살조미생물을 이용한 적조구제법의 실용화를 위해서는 현장에 응용하기에 앞서 해양생태계에 미치는 영향을 면밀히 조사하는 해양생태안전성 시험이 선행되어야 할 것이다.

적조의 발생에서부터 소멸에 이르는 과정에서 어떤 미생물이 천이하고 있는가를 정확히 밝히는 것은 상당히 어렵다. 그러나 살조미생물이 적조발생 해역의 상당 부분을 점하고 있다면, 그들의 16S rDNA의 염기배열을 밝히고 그 특징이 되는 부분을 DNA 형광 probe로 현장에 응용하면 살조미생물의 현장에서의 동태파악과 생리, 생태 규명이 가능할 것이다. 또한 히로시마만의 H. akashiwo 적조의 발생과 소멸의 과정에서 출현한 주요 살조미생물의 RFLP(Restriction Fragment Length Polymorphism, 제한효소단편장다형)를 조사한 결과, 적조발생 시에는 다양한 양상으로 구성되어 있었지만, 적조소멸 시에는 동일 양상으로 점유되고 있다는 것이 판명되었다. 물론, 하나의 양상 중에 몇몇의 종 혹은 개체군이 포함되어 있다고 생각되지만, 아무튼 근연종인 것은 틀림이 없다. 또한 경우에 따라 항체(단, 클론항체이면 보다 정확)를 tag로 하는 방법도 유효하다. 이와 같은 연구도 분자생태학의 하나이다. 그리고 현장 응용성의 문제도 최근에 개발된 인공위성을 이용한 적조 pre-monitoring 기술과 형광 in situ hybridization(FISH)법의 개발을 통해 적조발생 해역에서의 살조미생물의 현장동태 파악이 가능하다면 적어도 반폐쇄 내만의 가두리 양식장에서의 적조로 인한 경제적 손실은 줄일 수 있을 것이다.

자연환경에 서식하는 살조미생물을 활용한 생물정화(생물환경수복, bioremediation) 기술로 적조발생을 미연에 방지하는 것은 자연을 교란하지 않고 환경과의 조화를 이룬다는 의미에서 유효한 적조 방지의 수단이라고 생각할 수 있지만, 해양과 같은 유동개방계에서는 현재의 기술 수준으로서는 적용하기 어려운 것이 현실이다. 이 문제의 실마리를 풀기 위해서라도 살조미생물의 생태 규명과 이에 입각한 현장적용성의 증대를 위한 연구는 여전히 중요하다. 그러나 적조방제 기술개발을 위해서 생물공학적, 분자 생태학적 연구도 중요하지만, 진정한 2차오염이 없는 생물학적 방제법을 개발하기 위해서는 해양생태계에 미치는 영향을 최소화 하기위한 노력도 아끼지 말아야 할 것이다.

7.8 연습문제

1. 적조란 무엇인가 설명하여라. 적조의 명칭은 어떤 것이 있는가?

2. 적조 발생의 원인에 관하여 설명하시오. (현재까지)

3. 적조 생물의 특징, 유독성 적조생물에 관하여 적으시오.

4. 적조 생물의 종류를 적으시오.

5. 적조 생물과 해양미생물과의 관계를 적으시오.

6. 적조 발생의 양상은 어떻게 변하는가?

7. 적조 조류를 죽이는 미생물은 어떤 것이 있는가?

8. 적조의 유래를 적으시오.

9. 적조발생 구제 방법은 어떤 것이 있는가?

10 주요적조생물의 이름을 적어라.

제8장 해양미생물이 생성하는 활성물질

해양의 환경은 연안에서 외양에 이르기까지, 또한 천해(淺海)에서 심해(深海)까지 해류의 흐름이나 다양한 변화에 의한 동적인 환경이다. 즉 육상과는 다른 염분 함량이나 대기와 접하고 있는 표층에는 용존산소가 풍부하나 심해에는 극히 감소된 환경이고 수심 1000m 이상이면 100기압 이상의 수압이며 열수 분출공 부근의 해수는 250-380℃의 고온의 환경이나 생물 군집을 형성하고 있으며, 대부분의 심해는 수온이 5℃이하인 환경이다. 또한 해양 생태계는 먹이 연쇄 작용에 따른 유기물 분해로 인하며 무기물질화 된 상태에서 미생물은 동식물 plankton의 먹이가 되고 플랑크톤은 다시 소형의 어류(치어)의 먹이로 이용된다. 이러한 현상으로 소량의 물질이 먹이연쇄에 의하여 농축되는 현상이 일어나지 않는가 생각된다.

지금까지 7000종 이상의 많은 항생물질이 토양미생물에서 발견되었다. 최근에 와서는 항생물질의 검출, 분리법, 정제법 등 첨단기기 개발에 힘입어 미량의 물질도 검출되기 때문에 해양의 특수환경에 서식하고 있는 해양 생물이나 미생물 생체내의 활성 물질의 추출이 가능하다. 해양 생물이나 미생물에 관한 연구는 주로 어병, 식중독 또는 환경오염을 중점적으로 연구하였으나 분자생물학적 기법으로 명확한 분류적 위치와 생산하는 물질 구명이 가능하다.

8.1 생물자원으로서의 해양미생물

지구의 전 표면적은 5억 1010만 km^2이며 그중 약 71%를 해양이 차지한다. 또한 해양의 전체 부피는 13억 6900만 km^3으로서 수권의 약 98% 이상을 차지한다. 해양은 각종 어패류, 해조류 등의 해양 동식물과 미생물에 이르기까지 실로 다종, 다양한 생물의 서식처인 동시에, 우리 인간에게 무한한 생물자원의 보고이기도 하다. 우리나라는 삼면이 바다로 둘러싸여있어 개발할 수 있는 해양 생물자원이 풍부하다고 할 수 있다. 전 세계 환경의 70% 이상을 차지하는 해양은 미생물학적으로도 대단히 복잡하여 압력, 염도(salinity), 온도 등 다양한 환경에서 많은 종류의 생명체들이 존재한다. 해양미생물들은 극한환경에서 적응하기 위한 대사과정과 생리학적인 능력을 개발해 왔기 때문에 육상미생물들과 상당히 다른 대사물질들을 함유할 가능성이 매우 높다. 이미 1940년대에 ZoBell을 비롯한 미생물학자들은 해양미생물의 수와 종류의 다양함에 주목하여 적극적으로 연구하였으며, 또한 해양미생물이 항생물질을 생성한다는 사실은 Rosenfeld, ZoBell, Grein 및 Meyers 등에 의하여 처음으로 인식되었다.

최근 세계적인 식량자원 및 생물자원의 급속한 고갈로 말미암아 해양 생물자원으로부터 인체에 유용한 기능성 식품, 해양생물이 갖고 있는 특수한 대사기능과 생태물질 등을 공업 또는 의약품 원료로 사용하고자 하는 새로운 시도가 이루어지고 있다. 지구상에 존재하는 생물의 80%가 해양생물이며, 해양에는 기존에 알려지지 않은 새로운 미생물을 발견할 가능성이 매우 높다. 그러나 아직까지 해양미생물 자원에 대한 연구는 육상미생물에 비하면 미진한 실정이다. 해양미생물 자원에 대한 연구가 아직 1% 정도밖에 이루어 지지 않았다는 것은 역설적으로 항생제, 항암물질, 신기능성 물질 등의 개발 가능성이 무궁무진하다고도 말할 수 있다.

현재까지 밝혀진 대표적인 해양미생물에는 *Pseudomonas, Vibrio, Flavobacterium, Cytophaga, Actinomycetes* 등이 있고, 해저 퇴적물에는 *Desulfovibrio, Methanogenium*과 같은 혐기성 세균 등이 서식하고 있다. 그러나 현재 해양미생물의 0.001% 만이 분류, 동정되어 있고 나머지는 미분리, 미동정 상태로 남아있다. 지금까지 해양미생물의 산업적 응용 사례로는 항생제, 바이오폴리머, 세제용 효소의 개발 등 다양한 방면에서 이용되고 있다. 이렇듯 무한한 가능성을 가진 해양미생물들은 공학적으로도 유용성을 인정받고 있으나 해결해야 할 문제 또한 많이 남아있다.

8.2 항생물질

옛부터 어패류등 해양생물에는 복어독을 비롯하여 많은 독성물질이 알려져 인명피해를 주기도 하였다. 이 독성물질 중에는 항균, 항바이러스나 항곰팡이, 살충, 제초 성분을 가진 것도 있고 강심작용등 약리 작용을 가진 것도 알려져 있다. 최근에 해양생물에 관한 연구로 복어독 기원이 미생물에 있다는 보고가 있었다. 즉 미생물이 만든 독성물질이 그 미생물을 포식한 생물 체내에 농축된 것으로 보고되었다. 이러한 독성물질은 자연계에서 생체내에 생산되는 양은 극미량이 보통이나 먹이 연쇄 등에 따른 농축에 의하면 현저한 양적 출현을 보여 주고 있다. 따라서 활성물질의 연구에 필요한 충분한 량을 추출 정제하기 위해서는 활성물질을 함유한 생체를 대량 배양 획득하여 추출 정제하거나 미량함량인 경우 반복 증식 배양 등에 의하여 생체내 함랑을 축적시켜야 한다.

최근 양식업계에도 새로운 배양 기법으로 해양 생물들의 배양이 진행되고 있으나 극히 한정된 생물들이다. 해수 중의 미생물의 배양은 반복 배양은 물론 실험실에서 쉽게 배양되며 목적 물질 함량 미생물을 발견할 경우 쉽게 얻을 수 있는 이점도 있다. 이러한 이점을 이용하여 지금까지 토양미생물 배양으로 다종 다양한 항생물질이 발견되었으며 항생 물질 생산 공업을 성립시켜 의료계에 크게 기여하게 되었다. 따라서 이러한 점으로 미루어 보아 해양 미생물도 다종 다양하게 배양 가능하며 항생물질을 비롯한 유용한 활성물질을 새로운 생산 자원으로서 탐색할 가치가 있다고 생각된다.

해양미생물에서 항생물질을 탐색하기 시작한 것은 1940년 Zobell 등의 연구로부터이다. 육상 미생물에서 분리된 항균성 미생물이 20~30%였으나 해양에서도 비슷한 결과를 보였다. 그러나 당시 항균성 물질을 추출 정제하는 기술은 초기 단계였다. 1960년대 미국의 Burkholder 등은 해양에서 분리한 세균의 배양액에서 항균성을 나타낸 항균성 물질 속에 붕소(Br)를 많이 함유한 물질을 추출 정제하여 bromoutilin이라 명명하였다(그림 8.1). 이 물질은 미량으로서 화농성 포도상 구균 등의 그람양성균을 강하게 저해시켰으나 동물에도 독성이 강하여 실용화가 힘들었다.

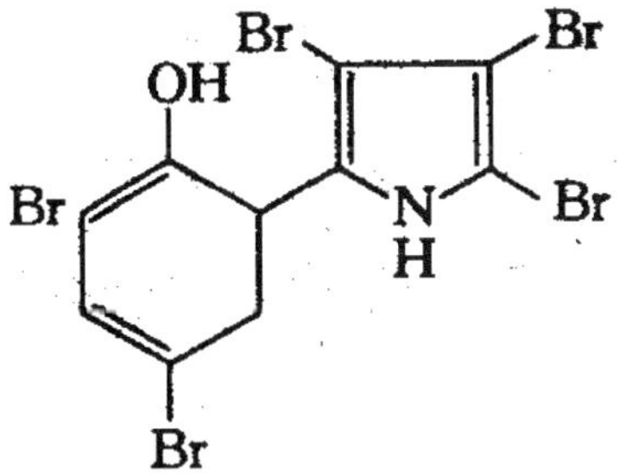

■ 그림 8.1 *P. bromoutilin* 생산하는 pyrole 化合物

한편 영국의 Hodgkin이나 Abraham 등은 연안 하구역에서 분리한 곰팡이에서 한종의 항균성을 발견. 이 물질을 추출 정제하여 병원균에 사용한 결과 강한 저해성을 나타내었으나 동물에는 독성이 적어 페니실린 정도인 신물질을 얻게 되었다. 이 물질은 현재 많이 사용된다(그림 8.2).

1970년대 항생물질등 활성 물질의 탐색을 해양미생물에 대하여 개시되었다. 즉 액체크로마토그래피(HPLC) 등에 의하여 미량의 활성물질도 고감도로 정량 가능하게 되었다. 해양 자원 개발이나 해양 환경 보전등 세계적인 주목이되어 해양에 관한 연구가 종합적으로 이행되고 있으며, 해양 조사선이나 관측장비가 준비되어 시료에 관한 채취 등의 정보 자료가 풍부해 졌으며 미생물 배양법을 통한 활성물질의 발견, 개발이 기대가 된다.

특히 연안 해역에서 발생되고 있는 적조 생물중 유독성 plankton은 강한 독성 물질을 보여 항생물질도 작용하고 있는 것으로 생각된다. 다종 다양한 항생물질을 만드는 능력이 있는 방선균도 바다에서 분리되지만 항생물질의 생산은 배양조건에 차이를 가진다. 즉 *Streptomyces griseus*는 스트렙토마이신 등을 만드는 방사선균이나 바다에서 분리한 방사선균은(같은종) 스트렙토마이신을 만들지 않고 배양액의 영양 농도를 해수와 같은 정도로 희석하여 염분을 가할 때 항생물질이 생성되었다. 이 물질은 붕소(Borone)를 구조 중심을 하며 Na^+과 K^+등 1가 이온을 액에서 액으로 수송하는 능력이 있으며 항균력과 항 마리아 원충성이 있는 것으로서 Aplasmomycin이라고 명명했다. 그러나 생산량이 적어 실용화가 되기가 힘든 단점이 있다.

심해 미생물은 가압(加壓)에 따라 영향을 받는다. 특히 대사 작용에 의하여 생산되는 항생물질은 영향을 받게 된다. 따라서 다양한 압력환경의 해수 중에서 분리된 내압이나 호압 미생물을 단계별로 가압할 때 수종의 활성물질을 생산할 가능성이 있다. 이러한 활성물질 중에는 아직까지 알려지지 않은 새로운 물질로 유용성이 있을 것으로 기대된다.

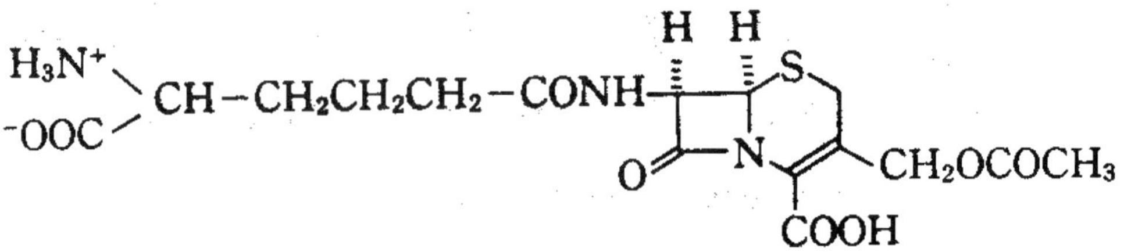

■ 그림 8.2 Cephalosporin C

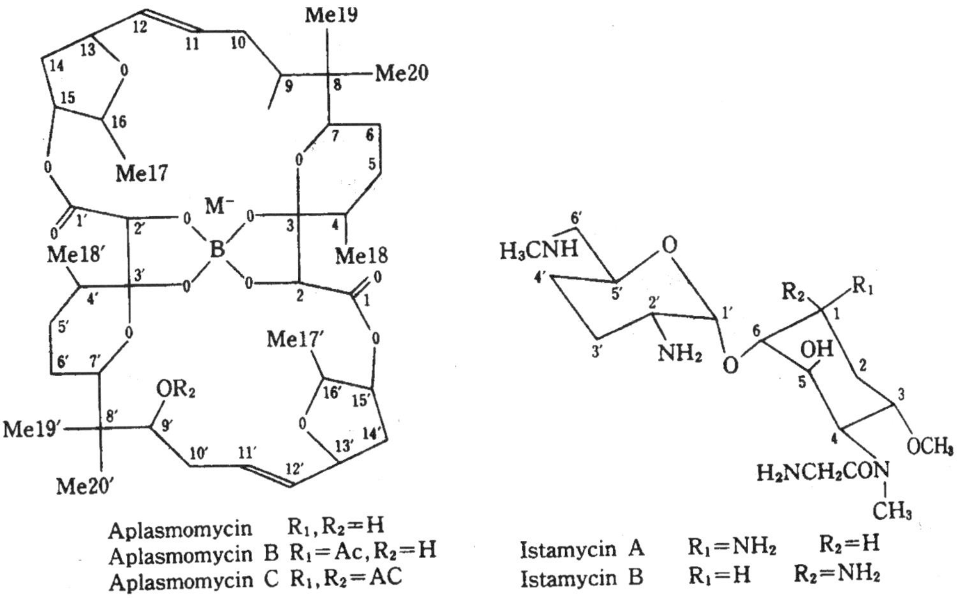

Aplasmomycin $R_1, R_2=H$
Aplasmomycin B $R_1=Ac, R_2=H$
Aplasmomycin C $R_1, R_2=AC$

Istamycin A $R_1=NH_2$ $R_2=H$
Istamycin B $R_1=H$ $R_2=NH_2$

▣ 그림 8.3 Aplasmomycin군 과 Istamycin 물질의 구조 관계

8.3 미생물 유래 다당류(多糖類)

미생물 다당류(microbial polysaccharides)는 여러 가지 단당류간의 글리코시드(glycoside) 결합으로 축합하여 분자량, 구성당의 종류, 결합순서, 결합양식, 결합위치 및 측쇄의 유무에 따라 많은 종류가 존재하는데 일반적으로 세포내에서의 기능과 구성당 및 전하에 따라 분류된다. 즉 세포내에서의 기능에 따라 크게 다음의 세 가지로 나눈다.

① 세포내 다낭류(intracellular polysaccharide, IPS) : poly-β -hydroxybutyrate (PHB)와 glycogen 등이 있다.
② 구조 다당류(structural polysaccharide) : 그람음성 세균의 세포벽을 구성하는 인 리포다당류(lipopolysaccharide, LPS)와 그람양성 세균에 분포하고 있는 데이코산, 그리

고 효모의 β -glucan이나 곰팡이류의 α - 및 β -glucan 등이 있다.

③ 세포외 다당류(exopoly-saccharide, extracellular polysaccharide, EPS) : 세포벽의일부로서 세포벽 주위에 협막 또는 점질물을 형성한다.

해산물에서 생산된 다당류는 옛부터 여러 가지 형태로 인간생활에 이용되어 왔다. 중요한 것으로 해조류가 다양하게 사용되어 왔다. 해양 미생물에 관한 연구로서 다당류에 관한 연구는 극히 적었으나 최근에는 해양미생물이 생산하는 항종양성 다당체에 관한 작용과 구조 해석 등에 관한 연구보고가 있다.

미생물을 적당한 배지에 배양하면 액체배지를 점조(粘稠)성 즉 끈끈하게 만들거나 한천평판상에서 끈적끈적한 집락(colony)을 형성하는 경우가 있다. 이러한 현상이 많을 경우 세포외 다당체의 생산에 의한 것으로 본다. 여기에 대하여 세균의 세포벽 구성성분으로서 세균 세포 표층의 기초 구조를 형성하고 있는 것이 다당체이다. 많은 Gram 음성균 세포벽에는 리포 다당체(Lipopolisacchlide, LPS)라고 하는 다당체가 함유되어 있다. 리포 다당체는 항원 작용 이외 내독소(內毒素)로서 다양한 생리 활성을 하고 있는 것으로 알려져 있고, 항원성은 多糖部分에, 또한 內毒素는 脂質部分에 함유되어 있다. 리포다당체가 항종양 작용을 가지고 있다는 사실은 옛부터 알려져 있으며 암예방제로서의 활발한 연구가 진행되고 있다. 그러나 리포다당체는 종양에 출혈 괴사를 일으키고, 축소 현상을 일으키지만 괴사(壞死)주변 부분에서 다시 종양(腫瘍)세포가 증식하기 때문에 치료 효과가 낮다. 또 치료 효과를 높이기 위해 리포다당체의 투여를 증가시키면 본래의 독성 때문에 사망율이 높아지는 등 항암제로서의 효과는 미비하다.

Muco다당(Mucopolysaccharide)은 동물체내 다당으로 발견되어 생리활성을 가지는 점이 흥미로우며 그의 분포와 구조, 기능에 대하여 많은 연구 보고가 있다. Muco 다당을 구성하고 있는 중요한 당성분은 일반적으로 아미노산과 우론산(uronic Acid)이고, 히아루론산(Hyaluronic acid, HA)에 대표되는 비유산 Muco 다당과 콘드로이틴 유산(Chondroit-insulfate, Chs)이나 헤파린(heparin, HP)등은 동물 생체 내에서 중요한 역할을 하고 있기 때문에 유산 Muco 다당과 구별된다.

특히 비유산 Muco 다당과 콘드오리틴유산이나 헤파린 등은 각종 질병에 따라 질적, 양적으로 현저한 변화가 있기 때문에 질병관련분야의 관심이 크다. 과거 Chondroitin sulfate heparine과 Keraton sulfate(KS)는 단순 포진 바이러스(HSV)에 대한 증식억제 효과가 있는 것으로 알려져 있으나 그 후 인간 면역이 불완전한 바이러스에 대한 저해작용이 인식됨에 따라 유산다당(硫酸多糖) 전반의 생리활성에 대한 관심이 고조되었다. 미생물에 의한 mucopolysaccharide 생산에 관한 연구는 비교적 많은 반면 유산다당(硫酸多糖)에 대한 연구는 미비한 실정이며 특히 해양미생물에 관해서는 연구 논문이 거의 없는 실정이다. 해양미생물에서 분리된 유산화다당이 강한 항바이러스 활성물질에 기능이 변화하는 보고가 있다.

1) *Vibrio algosus*의 다당체(多糖體)

이 다당체는 해수에서 분리된 해양세균 *Vibrio algosus* 유사균이 체외 생산한다. 이 균은 해수에서 peptone 및 yeast extract를 가하여 배양하고 균체를 제외한 상등액에 acetone을 가하여 생성된 침전물을 탈염하고 동결건조하여 얻어지는 담갈색분말이다. 다당체 이외 단백질 35%, 회분 11% 함유되어 있고 독성은 없으며 복강(腹腔)내 투여로서 LD50은 마우스 600㎎/㎏ 이상이다. Sarcoma-180 복수종양세포(腹水腫瘍細胞)를 5일간 복강 투여하여 총세포 용적에 항종양효과를 평가해 본 결과 종양 증식 저지율이 88%였다. 또한 25.0㎎/㎏을 정맥(靜脈)내 투여한즉 61%, 피하(皮下)에 투여하여 50%의 종양 증식 저지율이 보였다. 숙주 면역능(宿主免疫能)과의 관련성에 대하여 림파구유약화(球幼弱化) 및 항체 생산에 미치는 영향에 관한 조사가 있었다(Ocutani, 1984). 이 다당체 100㎍/㎖에 림파구의 유약화능은 자극지수(stimulation index)가 3.3이고 비교적 강한 분열촉진제(분열促進制, mitogen) 활성을 나타내고, 다당체의 투여에 따라서 림파구의 기능은 항진할 것으로 간주된다.

2) *Vibrio anguillarum*의 다당체(多糖體)

해양세균 *V.anguillarum*의 균체는 Ehrlich 복수종양에 대하여 강한 항종양활성(抗腫瘍活性)을 작용하는 것이 명확히 밝혀져 균체가 나타내는 활성의 본체는 리포다당체라고 추정된다. 이 리포다당체는 O 항원다당체(抗原多糖體)에 2-keto-3-deoxyoctonate (KDO)가 없는 것이 특징이다. 이 균의 배양 여액의 고분자분에도 강한 항종양활성이 발견된다.

3) *Pseudomonas perfectomarina*의 다당체(多糖體)

이 해양세균은 배지중에서 muco 다당 및 유산다당(流酸多糖)을 생산한다. 미역(Undaria pinnatifida)에서 분리된 해양세균을 *Pseudomonas perfectomarina*라고 동정하고 이 균이 생산하는 다당체(多糖體)를 배양여액에서 에탄올 및 cetyltrimethylammonium Bromide로 침전시킨 후 분리 당제(糖製)한다. 다시 DEAE- cellulose column chromatography에 의하여 0.4M NaCl 및 0.8M NaCl 용출분획에 각각 분확시켜 전자는 분자량 1.4×10^6, galctosamine (chondrosamine)과 galacturonic acid 및 pyruvic acid(pyr)를 구성성분으로 하는 유산다당(S=5.8%) 으로 혈액응고 저지 활성시험으로서 prothrombin(혈액응고 인자)시간 및 thromboplastin(혈액응고 제3인자)시간과 같이 응고시간 연장이 발견되었다.

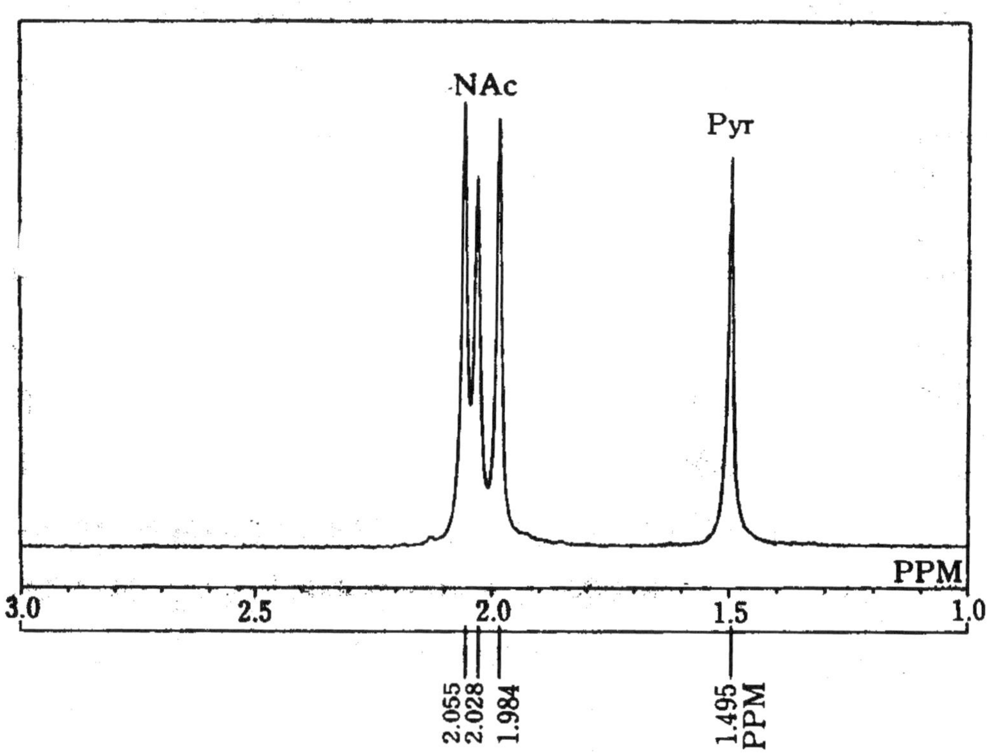

■ 그림 8.4 Muco다당의 H-NMR의 spectrum(重水中, 75℃, 500MHz로 측정)

4) 기타 다당체

해양에서 분리된 *Pseudomonas sp.* NO.32에서도 多糖체를 분리하여 DEAE-cellulose column chromatography에 0.9M NaCl에 의한 용출로 다당을 얻는다. 이 다당체는 Rhamnose, Mannose 및 유산기를 구성성분으로 하는 유산다당(S=4.8%)으로 생리활성에 대해서는 검토된 보고서는 없다. 해수중의 *Flavobacterium uliginosum*이 생산하는 다당체에 대하여 Marinactan이라 이름을 붙였다(Umezawa, et al, 1983). 이 다당체는 Glucose, Mannose, Fucose로 부터 되고, 수종의 면역 부활화 (免疫賦活化)작용을 가지고 숙주를 이용하여 항 종양작용을 하는 것으로 생각된다.

5) 유산화에 의한 기능변환(機能變換)

해양세균 *Pseudomonas sp.* 의 신종이라고 추정되는 다당생산균을 해삼(*Stichopus japonicus*)의 장내에서 분리, Sucrose를 함유한 해수배지로써 평판배지상(25℃, 3일간)에 균의 증식과 동시에 한천평판 표면에 생긴 점질물을 채취하여 1% phenol에 현탁시키고 다당의 분리와 정제를 한다 (그림 8.5).

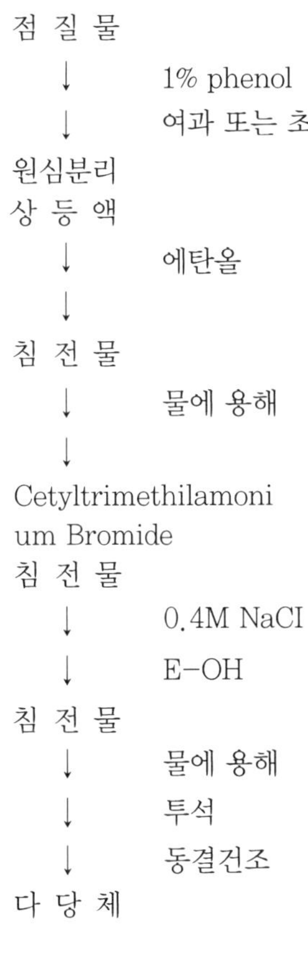

■ 그림 8.5 다당체의 조제법

이 다당을 Galactronic Acid, Galactose, Pyruvic acid 이외에도 dioxyamine 당을 구성성분으로 GC, GC-MS분석 및 기타의 기기분석에서 Fucosamine을 동정하였고, H-NMR 분석에서 N-acetylrl를 발견하였다. Fucosamine은 *Chromobacterium violaceum* 및 *Pseudomonas aeruginosa*의 리포糖, *Bacillus sp.*의 세포벽 및 *Pseudomonas sp.*의 협막에서 발견된 보고가 있다. (Barker. et al., 1961) Dextran 유산에 항 에이즈 바이러스 활성(항 HIV-1)이 발견된 이래 여러 가지 다당화학수식(修飾)에 의한 유산화 다당의 항 HIV-1활성을 실험한 결과의 보고가 있다(Nakashima. et al, 1987, Hatanaka. et al, 1989). 이와 같이 다당(多糖)을 화학수식(化學修飾)반응에 의하여 유산화하면 항 바이러스 활성을 나타내기 때문에 여기에 관하여 다음과 같이 설명된다. 먼저 다당을 formamide에 용해시키고 0℃ 이하 chlorosulfamic acid을 작용시켜, 중화 투석하여 유산화 다당을 제조한다. 설폰화 때의 반응온도 상승은 다당의 저분화등 당의 고리(?)에 영향을 주기 위하여 특히 주의할 필요가 있다. 이 유산화 다당은 DEAE-cellulose column chromatography 로서 두 성분을 분획하여 양분획분을 공통의 구성성분으로 되지만, S함량에 차이가 있다. (표 8.1)

▦ 표 8.1 유산화 다당의 항 바이러스 활성

다당분획	분자량	S함량(%)	HSV-1/vero		
			50%세포변성 저지농도 (μg/mg)	50% 세포치사 농도(μg/mg)	선택독성지수
다당 A	-	0	>720	720	-
유산화 다당	-	2.4	2.7	1000	370
분획 1	8.9×10^5	1.2	>1000	>1000	-
분획 2	5.8×10^5	3.5	0.21	>1000	>5000

다당 A : Pseudomonas sp. 가 생산하는 다당,

유산화 다당 : 다당 A를 유산화,

분획 1 : 유산화 다당을 DEAE-cellulose columnchromatography에 의해 정제하고, 0.4M NaCl 로 용출하는 분획,

분획 2 : 분획 1의 용출 후 0.6M NaCl로 용출하는 분획, 각 분획은 언제나 Gal, FucN, GaluA 및 pyr를 구성 성분으로, 그 외 유산화 다당, 분획 1 및 2는 S를 함유한다.

또 항 바이러스 활성과 S함량과의 사이에는 관련성이 있는 것으로 추정된다. 선택독성 지수가 5,000을 나타내고 항 바이러스제와 같은 정도의 값이다. 한편 유전자 조환(組換)에 의해 조재된 HIV-I Protease(PR) 활성에도, 합성 peptide Ser-Gln-Asn- Tyr-Pro-Ile-Val를 기질로서 실험한 결과 (Meek. et al , 1990). 유산화 다당은 24㎍/㎖로서 저해 효과가 보였다. 이것은 protease에 대하여, 저해 효과가 인정되는 protease 저해제 peptidin A에 비하여 더욱 강하다(Katoh, et al, 1987). 이 다당은 항 바이러스 활성이 유산기의 존재와 밀접한 관계가 있는 것은 과거 보고가 있었지만 dextran, sulfate에 관한 상세한 연구로 많지 않다. 해양 미생물이 생산하는 다당체의 생리활성에 관해서는 미지의 분야인 것은 사실이다. 지금까지 발견되지 않은 다당을 발견, 구성성분이나 구조를 구명하고, muco 다당이나 유산다당을 중심으로 유용한 생리활성을 가진 다당체가 해양미생물에서 탐색되기를 기대한다.

8.4 독성. 약리 활성물질

8.4.1 세균

지금까지 독성물질이나 생리활성물질에 대하여 육상 동식물을 대상으로 많은 연구가 진행되어 왔으나 최근에는 해양생물로 연구대상이 전환 되고 있다. 해양의 동식물도 다양한 생리활성물질을 만들고 있는 것은 옛날부터 알려졌으나 시료채취, 채산성 등의 문제로 연구가 활발하지 못했던 것은 사실이다. 현재까지 해양의 동식물에서 분리된 생리활성물질도 그 수가 4,000 이상이 된다. 이러한 생리활성물질, 특히 독소 종류가 세균에 의하여 만들어 진다는 보고가 있다. 이 중에서도 잘 알려진 것은 복어독(tetrodotoxine)이 있고, 그 외에는 마비성 패독, 항바이러스, 항백혈병 물질 등이 있다.

독성 물질이나 생리활성 물질이 육상 동식물을 대상으로 많은 연구가 진행되어 왔으나 최근에는 해양 생물에 관한 연구대상이 전환되고 있다. 해양의 동식물 중에도 다양한 생리활성 물질을 만들고 있는 것은 옛부터 알려졌으나 시료채취, 채산성 등의 관계로 연구가 활발하지 못했던 것은 사실이다. 현재까지 해양의 동식물에서 알려진 생리활성 물질만으로 그 수가 3,000이상이 된다. 이러한 생리활성 물질, 특히 독소종류가 세균에 의하여 만들어진다는 보고가 있다. 이 중에서도 잘 알려진 것은 복어독 (Tetrodotoxine)이 있고, 그 외에는 마비성 패독 등 항 바이러스, 항 백혈병물질등이 있다.

8.4.2 복어독

표 8.2와 같이 복어독은 양서류, 어류, 연체동물, 갑각류에서 다모류에까지 많은 동물에 분포하고 있다. 한편, 이 동물 종류간에 복어독 분포는 동물 계통적인 유연관계와 관련은 없는 것 같으나, 분류군의 동물중에 종류에 따라 독성을 가지는 것으로 생각된다.

한 마리의 복어가 가진 독의 양은 개체에 따라 큰 차이를 가진다. 독의 함량은 동일한 종류라도 서식하는 해역, 계절 등에 따라 차이가 나타낸다. 양식 복어에서 전혀 독이 없는 경우도 있다. 이러한 사실을 통해 복어독은 체내에서 생산되는 대사물질이 아니고 오히려 외부에서 체내로 섭취되어 잠입 또는 축적되는 것으로 추정할 수 있다. 따라서 복어독 기원은 먼저 먹이에서 오는 것으로 추정할 수 있다. 예로서 조개(卷貝), 불가사리(海星)등에서 독성을 가진 것을 알게 되었다. 그러나 먹이가 되는 사료동물 또한 계절 , 장소, 개체에 따라 현저한 차가 있었다.

복어 외에도 바다의 많은 동물에서 복어독이 발견됨에 따라 이러한 동물에 대해서도 먹이연쇄에 의해 복어독이 생성됨을 추정할 수 있었다. 이러한 먹이연쇄 추정결과 Yasumoto 등(1986)은 석회조(石灰藻)에, Noguchi 등(1986)은 게의 내장에 복어독을 만드는 세균이 있음을 보고하였다. 1986년 이후 많은 연구자들이 지속적으로 독성에 대해 연구함으로써 복어, 불가사리, 넙적벌레, 문어, 게, 섬모충 등으로부터 각각 Tetrodotoxine을 가진 세균을 분류하였다.

▦ 표 8.2 복어독을 가진 동물

동 물 의 종 류		학명
척추동물 양생류	도마뱀 종류	*Taricha torosa*
(脊椎動物 양生類)		*T. rivularis*
		T. granulasa
		Notophthalmus virideacens
		기타 종류
	개구리	*Atelopus varius*
	복어과어류	*A. Chriquiensis*
어류 (魚類)		*Fugu spp.*
		Gobius criniger
극피동물 (棘皮動物)	불가사리	*Astropecten polyacanthus*
		A. latespinosus
		A. scoparius
모악동물 (毛顎動物)	윤충류	*parasaitta elegans*
		Flaccisagitta scrippsae
절족동물 갑각류	계종류	*Atergtia floridus*
(節足動物 甲殼類)		*Zosimus aeneus*
		Carcinoscorpius rotundicauda
연체동물 복족류		*Charonia sauliae*
(軟體動物 腹足類)		*Tutufa lissostoma*
		Babylonia japonica
		Zeuxis siquijorensis
		Niotha clathrata
		Cumatium echo
		Pugilin ternotana
두족류(頭足類)		*Octopus maculosus*
편형동물(扁形動物)		*Planocera multitentaculata*
		P. retiulata
아형동물(아形動物)		*Lineus fuscoviridis*
		Tubulanus punctatus
		Lepidonotus sp.
환형동물(環形動物)		*Pseudopotamilla occelata*
해조류(海藻類) 홍조류(紅藻類)	석회조	*jania sp.*

8.4.3 복어독을 만드는 세균

Yasumoto 등이 석회조(石灰藻)에서 분리한 복어독 생산균은 처음에는 *Pseudomonas* 속 세균이라 불렸고 Noguchi등은 *Vibrio* 속 세균으로 동정하였다. Narita 등(1987)은 불가사리에서 분리한 *Vibrio alginolyticus*가 강력한 Tetrodotoxine을 생산한다고 보고하였다. 이 균은 해수나 해산어의 체표, 장내에서 일반적으로 쉽게 발견되는 해양 세균으로서 독성을 만드는 중요한 역할을 하는 것으로 알려져 있다. 따라서 이 균종이 확인되어 비브리오科에 관련된 보존 균주를 참조로 18종 24균주를 기본배지(해수용)에 20℃에서 24-48시간 배양한 후 균체를 모아 Tetrodotoxine을 추출 분석한 결과 표 8.3과 같다.

표8.3에 의하면 비브리오科 세균(*Vibrio, photobacterium*) *Plesiomonas* 11종 7종까지 무수형(無水型) Tetrododoxine을 생산하는 것을 알았다. 그 중에는 *V. alginolyticus, V. anguillarum, Aeromonas salmonicida* 등이 포함되어 있다. 비브리오 속인 *V. cholera*도 Na+ 이온 channel을 저해하는 물질을 만드는 것으로 보고되었고 그것이 Tetrododoxine이라고 Huang 등 (1989)이 보고하였다.Yasumoto 등 (1986)은 석회조(石灰藻)에서 분리한 복어독 생산균을 처음에는 *Pseudomonas sp.*라고 동정하였으나 4균주의 형태나 100여가지의 생리 생화학적 성상, DNA의 GC비율(GC%) 등을 종합해 보면 *Listonella pelagia, Vibrio pelagius*로 2균주가 동정되었고 나머지 2균주는 *Alteromonas*로 동정되었다. 최근에 이용되는 분자 생물학적 기법을 이용, 이 균주에 대한 계통관계를 명확하게 하기 위해 16S rRNA의 염기배열로 해석하였다. 약 600의 염기배열에 16S rRNA의 염기배열과 비교하면 한 균주는 *Alteromonas*가 가진 특유의 배열과 일치하였고 다른 균주는 *Alteromonas*와 다른 *Shewanella* 파탄과 동일하였다(그림 8.5). 염기배열에 기인한 균주간의 계통수(係統樹)에 의하여 확인되었다. Shewanella에 대해서는 Matsui 등(1987)이 *S. putifacience*라고 생각되는 균이 Tetrodotoxin을 생산하는 것으로 보고하였다. 그 외 *S. alga*와 *A tetraodonis*가 있다.

▦ 표 8.3 *Vibrio* 속과 및 *Alteromonas*속 세균에 의한 복어독의 생산

시험균주	독소의 검출		
	HPLC		GC−MS
	TTX	Anh−TTX	
Vibrio alginolyticus ATCC 17749	−	+	+
V. alginolyticus NCMB 1903	−	+	+
V. anguillarum NCMB 829	−	+	+
V. anguillarum NCMB 1291	−	+	+
V. costicola (V. costicolus) NCMB 701	−	+	+
V. fischeri NCMB 1281	−	±	−
V. fischeri (Photobacterium fischeri) NCMB 1381	−	±	
V. harveyi (Aeromonas harveyi) NCMB 2	−	±	+
V. marinus Ps 207	−	±	
V. parahaemolyticus NCMB 1902	−	+	+
V. parahaemolyticus ATCC 17802	−	+	+
Photobacterium phosphoreum NCMB 844	±	+	+
Aeromonas hydrophila NCMB 89	−	+	−
A. hydrophila NCMB 89[b]	−	±	−
A. salmonicida ATCC 14174	±	+	±
A. salmonicida ATCC 14174[b]	±	±	±
Plesiomonas shigelloides ATCC 14029	±	±	±
Escherichia coli IAM 1268	−	−	−
E. coli IAM 1268[b]	−	±	±
Alteromonas communis IAM 12914	−	±	±
A. haloplanktis IAM 12918	−	−	−
A. nigrifaciens IAM 13010	±	±	±
A. undina IAM 12922	−	−	−
A. vaga IAM 12923	±	−	±

(주) + : 명확하게 검출되는 것, ± : 불명확, - : 검출되지 않은 것

8.4.4 해저 퇴적물 중의 복어독 생산균

복어독을 만드는 세균은 주로 비브리오 속 세균이였고, 세균이 해산동물의 장내에 서식하고 있을 경우에는 동물의 장내에서 이들 세균에 의해 독소가 만들어지고, 숙주체에 흡수되어 축적되는 것으로 생각된다.

한편 해수에서 양식한 복어에는 독이 전혀 없다는 사실은 여러 가지 의문점을 제기한다. Sugita 등(1988)은 독을 가진 자연산 복어와 양식한 무독 복어의 장내 세균을 비교해 보면 양자간에 명확한 차이는 없었다고 보고하였다. 복어독 생산과 축적의 장소로서 Kogure 등(1988)은 해저퇴적물을 중심으로 동경만 이도제도 동쪽의 수심 4,000m의 해저 퇴적물을 채취하여 퇴적물 중에 함유원 독소(Na^+ channel 저해물질)를 정량하였다. 그 결과 표 8.3과 같이 해저 퇴적물 중에서 1g중 수십 ng의 독소가 검출되었다. 흥미있는 것은 외양의 4,000m 심해 해저 퇴적층과 부영양화된 동경만의 퇴적층에서의 독소함량이 거의 비슷하게 검출되었다는 점이다. 이 독소성분은 HPLC에 의한 분석결과에서 대부분이 Tetrodotoxine인 것으로 생각되었다. 이와 같이 해저 퇴적물 중에 다량 함유되어 있는 독소가 퇴적의 어느 부분에 분포하고 있는 가에 대한 확실한 보고는 없다. 그러나 都 등(1990)이 4,000m의 해저퇴적에서 분리한 세균의 Tetrodotoxine 생산능을 비교한 결과는 표 8.4와 같다. 이 표에 의하면 해저 퇴적물 중 상당 부분이 복어독을 만드는 것으로 나타났으며 주목할 점은 *Vibrio*나 *Alteromonas*와 같은 전형적인 해양세균 뿐만이 아니고 *Bacillus*, *Micrococcus*와 같은 육상에서 발견되는 균들도 독소 생성 능력을 가지고 있다는 것이다. 방선균이나 연안해역에서 분리된 *Streptomyces* 속의 방선균이 이 독을 만드는 능력을 가지고 있다는 것이다.

▦ 표 8.4 해저 퇴적중의 Tetrodotoxine농도와 세균수

시료장소	깊이 (m)	세균수 (cell/g)
동경만A	21	1.8×10^5
		1.3×10^5
		–
		–
동경만B	82	1.8×10^5
		8.5×10^4
		1.0×10^4
이도제도 동쪽외양C	4,033	3.3×10^3
		1.1×10^3
		5.5×10^2
		7.0×10
		5.5×10

▦ 표 8.5 4000m 해저 퇴적물 중 복어독 생산균

균종	균주수		합계
	독소 생산균	독소 비 생산균	
Bacillus	5	5	10
Micrococcus	4	3	7
Acinetobacter	3	3	6
Aeromonas	1	0	1
Alcaligenes	0	4	4
Alteromonas	5	4	9
Flavobacterium	0	1	1
Moraxella	2	1	3
Pseudomonas	0	2	2
Vibrio	1	0	1
Not Identified	1	4	5

이러한 연구 결과를 토대로 복어독의 축적경로가 어떻게 진행될 것인가를 생각할 수 있다. 즉 복어독은 먼저 해저 퇴적물에 서식하고 있는 세균에 의하여 만들어 진다. 해저 퇴적물 중에는 보통 1g당 10^5~10^8정도의 세균이 존재하고 있기 때문에 복어독을 만들 수 있는 능력이 있다. 그러나 어떠한 종류의 세균이 어떠한 조건에서 복어독을 활발하게 만들 수 있는 가는 미지수다.

해저 퇴적물 중에서 세균에 의하여 만들어진 복어독은 미소동물(Benthods) 또는 현탁물질을 섭취하는 동물에 의하여 체내에 흡수되어 축적된다. 여기서 현탁물질이란 동식물의 사체, 동물 플랑크톤의 분에서 유래되는 부정형의 유기잔여물을 말한다. 이 현탁물질에 세균이 부착번식하고 이를 다른 동물들이 먹이로 섭취하게 되는 것이다. 이에 대한 연구보고는 많다. 퇴적물 중 어떤 동물이 Tetrodotoxin을 체내에 축적하는 가에 대하여 많은 연구가 진행되고 있다. 세균이 만든 독이 동물체내에 흡수되어 축적된다는 것은 그림 8.6과 같다(淸水등;1991).

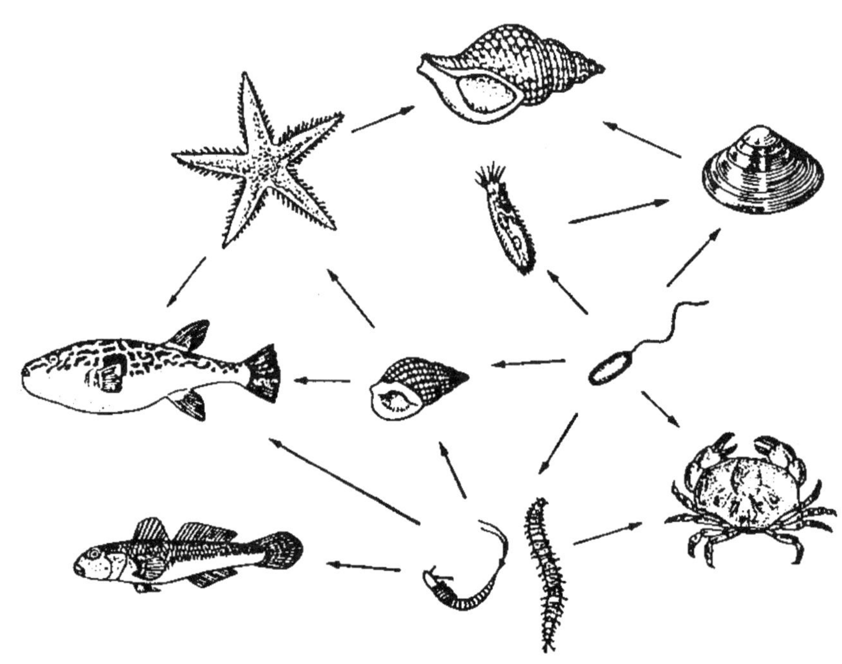

■ 그림 8.6 먹이연쇄에 의한 복어독의 농축(淸水등;1991)

8.4.5 복어독 생산 세균

복어독이 해저 퇴적물 중의 세균에 의하여 만들어 지고 해저의 먹이 연쇄에 의하여 농축되는 것으로 생각하면 설득력이 있다. 여기에 관하여 몇 가지의 문제점도 있다. 복어, 게, 불가사리 등의 동물이 복어독을 가지는 근본 원인은 세균에 의한 것으로 확실한 단정은 힘든 실정이다. 복어독 생산균이 만드는 독의 양은 적으나 동물이 가진 독은 많다는 점이다. 보통 배지에서 복어독 생산균이 만드는 복의 양은 1g당 수 mouse단위 정도다. 복어 간장이나 난소에는 많을 경우 1g 당 1000 mouse 단위를 초과하는 독이 함유되어 있다. 따라서 세균에 의한 복어독 생산량은 세균의 종류 환경조건에 따라 큰 차이가 있는 것으로 안다.

퇴적물에 부착, 서식하는 세균의 경우는 복어독이 먹이망에 의하여 농축되어지는 것으로 되어 있다. 해저 퇴적물에서는 benthods에 의해 독의 농축이 이루어지고 독이 축적된 동물을 섭취할 경우 독성의 상승 효과가 있다.

8.5 조류(藻類)

해조류는 식용으로 이용되는 종류가 많으나 인체에 독성분을 함유한 조류를 식용으로 오용될 경우 식중독을 발생시킨다. (Fusetani와 Hashimoto, 1984) 일반적으로 세균이나 단세포 미세 조류중에 유독종(有毒種)이 많아 이매패(二枚貝)류나 어류의 체내에 축적되면 식중독 발생의 원인이 되기도 한다. 또한 양식장의 어개류(魚介類)의 대량 폐사를 일으키는 일이 많다.

8.5.1 마비성 패독(痲痺性 貝毒)

마비성 패독은 와편모조류(渦鞭毛藻類, *Alexandrium*)가 독을 생산하고, 이 플랑크톤을 먹은 패류가 체내에 독을 축적하여 독성을 발생시킨다. 이 독에 관해서는 1920년대 이미 발표되었다. Kodama 등(1989)은 독 생산자는 식물플랑크톤이 아니고 플랑크톤 세포의 핵에 공생하고 있는 세균이라는 발표를 하여 많은 논란이 되었다. 패독 생산균의 발생은 식물 플랑크톤의 번식과 밀접한 관계를 가지고 있다. 분리된 패독 생산균은 *Moraxella, Bacillus, Altemonas* 등 다양한 세균종이 발견되었다. 이외에도 세균에 의한 마비성 패독에 관한 보고는 많다(Tamaoka, Yasumoto, Hashimoto 등).

유 독성 플랑크톤이 생산한 Saxitoxin과 이매패에 축적된 독성이 동물의 생체내에 흡수될 경우 마비성패독(PSP: Paralytic Shellfish Poisoning)을 일으킨다. 이 마비성 패중독은 북미 대륙에서 1770년대에서 발생한 것으로 보고되어 있고 한대(寒帶), 열대(熱帶), 아열대(亞熱帶)등 전 세계 해역에서 발생하는 것으로 알려져 있다. 우리나라에서는 진해만을 비롯하여 부산 감천에서 담치를 먹고 식중독이 발생하여 인명피해까지 발생한 적도 있는데 원인 분석 결과는 와편모조류의 마비성 독성이 원인중의 하나로 분석되었다. 또한 매년 진해만을 중심으로 적조가 발생하고 있는데 적조생물 중에 독성을 가진 종도 발견되기도 한다.

이러한 중독 중 PSP의 중독은 급격하게 마비가 오는 증세로 복어독과 유사하다. 통상, 식후 30분 정도 지나면 입술, 혀, 얼굴에 마비가 오고 점차 사지가 마비되기 시작하여 의식이 혼탁되지는 않으나 호흡이 마비되어 사망한다. 일반적으로 12시간 이내에 사망하지만 그 이상의 시간이 지나면 회복된다. 원이독은 복어독인 Tetrodotoxin과 동일하며 세균막의 Na^+통로에 특이적으로 결합하여, 세포내의 Na^+의 유입을 차단하기 때문에 근육에 마비가 일어난다. 사람의 경우 치사량은 Saxitoxin으로 1~6mg 정도로 추정한다. Saxitoxin(STX)의 쥐 복강주사에 의한 반 치사량(LD_{50})은 9μg/kg이고 Tetrodotoxin은 10μg/kg으로 비슷한 Saxitoxin은 1957년에 분리되어 1975년에 X선 해석에 의하여 구조가 결정되었다.(Schantz et.al, 1975) 그 후 분석법의 발달로 계속 구조가 해명되었다.(그림 8.7)

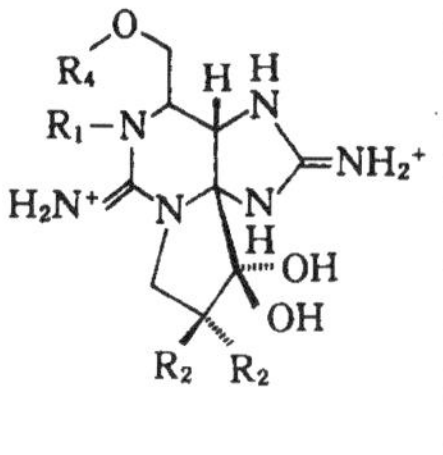

R_1	R_2	R_3	R_4		
H	H	H	$CONH_2$	Saxitoxin	(STX)
OH	H	H	$CONH_2$	Neosaxitoxin	(neoSTX)
OH	H	OSO_3^-	$CONH_2$	Gonyau-1	(GTX_1)
H	H	OSO_3^-	$CONH_2$	Gonyau toxin-2	(GTX_2)
H	OSO_3^-	H	$CONH_2$	Gonyau toxin-3	(GTX_3)
OH	OSO_3^-	H	$CONH_2$	Gonyau toxin-4	(GTX_4)
H	H	H	$CONHSO_3^-$	Gonyau toxin-5	(GTX_5)
OH	H	H	$CONHSO_3^-$	Gonyau toxin-6	(GTX_6)
H	H	OSO_3^-	$CONHSO_3^-$	epi Gonyau toxin-8	(epiGTX_8)
H	OSO_3^-	H	$CONHSO_3^-$	Gonyau toxin-8	(GTX_8)
OH	H	OSO_3^-	$CONHSO_3^-$	C_3	
OH	OSO_3^-	H	$CONHSO_3^-$	C_4	
H	H	H	H	decal pamoil saxitoxin	(dcSTX)
H	H	OSO_3^-	H	decal pamoil gonyautoxin-2	(dcGTX_2)
H	OSO_3^-	H	H	decal pamoil gonyautoxin -3	(dcGTX_3)

■ 그림 8.7 마비성 패독군(貝毒群)의 화학구조

이와 같은 독성의 원인생물로서 대표적인 생물은 와편모조류인데 *Gonyaulax catenella*, *G. tamarensia*등으로 알려져 있다. 또한 *Protogonyaulax*, *Gessnerium*, *Alexandium*, *Protogon- yaulax*, *Gymnodinium catenatum*등이 세계 각지에서 알려져 있다. 한국에서는 2월에서는 5월 사이에 홍합 등의 패류가 PSP에 독화되므로 주의를 요구하고 있다. 현재 우리나라에서는 패독이 80 ㎍/100g 이상 일 때는 보건복지부에서 패류 채취 및 출하를 금지시키고 있다.

8.5.2 설사성 패독(下痢性貝毒)

설사성 패독(DSP: Diarrehetic Shellfish Poisoning)은 유독성 와편모조류가 원인으로 이매패(二枚貝)가 섭취, 체내 축적된 것이 원인으로 된다. 독은 지용성(脂溶性)이고 중독 증상이 비교적 가벼운 소화장애가 생기며 발생해역이(지역) 넓고 장기간이라는 점이 특징이다. 독성으로 인한 증상은 주로 설사이고 구토, 복통 등 소화기관 장애를 일으키고 열은 없고, 복통은 장염 비브리오 균 식중독보다 약하다. 통계적으로 약 70% 환자가 4시간 이내 발증이 생기고 3일 이내에 회복된다. 공중보건상에는 문제시되고 있다. 패류종류는 대부분이며 독성화(독성화)정도는 동일지역에서도 연도, 계절에 따라 다르다. 대개 3월말에서 9월까지 독을 만들고 6-7월이 가장 높다. 유럽, 대서양 연안 지역에 독으로 인한 식중독이 많아서 스페인은 일년에 5,000명, 프랑스가 2,000명이 넘은 중독 환자에 대한 보고도 있다.

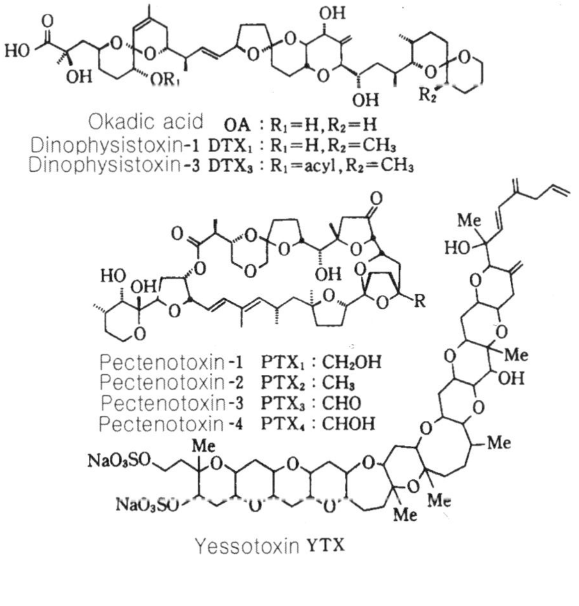

Okadic acid OA : $R_1=H, R_2=H$
Dinophysistoxin-1 DTX_1 : $R_1=H, R_2=CH_3$
Dinophysistoxin-3 DTX_3 : $R_1=acyl, R_2=CH_3$

Pectenotoxin-1 PTX_1 : CH_2OH
Pectenotoxin-2 PTX_2 : CH_3
Pectenotoxin-3 PTX_3 : CHO
Pectenotoxin-4 PTX_4 : CHOH

Yessotoxin YTX

▣ 그림 8.8 설사성 패독군(貝毒群)의 화학구조

DSP의 특성을 이매패에서 분석한 결과 10가지 성분의 독성이 분리되었고, 8가지 성분의 구조가 결정되었다. 모든 독은 에타놀이나 아세톤 등의 유기용매에 추출되고 분자내에는 복수의 에텔환(ring)을 가지기 때문에 폴리 에텔화합물이라 부른다. 독성분의 기본골격은 세 개의 Group으로 구분된다.(그림 8.8) 제 1 Group은 Okadic acid(OA)를 주골격으로 35번에 메칠기 치환이 된 Dinophysistoxin- I (DTX_1) 및 7번째 수산기가 지방산으로 ester 化 된 dinophysistoxin-3로 되어있다. DTX_1은 일부 시료에서만 검출되고, 지역적인 차가 있다. DTX_3은 7번째 수산기에 결합한 Acyl기로서는 쇄상 포화도가 다른 지방산이 있으나 더욱 많은 것은 parmitic acid와 결합한 type이다.

OA와 DTX_1은 더욱 강한 설사성 독을 가지고 있어 독성의 주원인으로 생각된다. 이 두 성분은 강력한 발암 프로모타 작용을 가진 것으로 알려져 있고 보건 위생상에도 주의해야 할 성분이다.

OA와 DTX_1은 세린 잔기(殘基)의 인산화된 단백질의 탈인산화 Proteinphosphatase의 1형과 2A형을 강하게 저해한다. 단백질의 인산화나 그 후의 탈인산화는 세포정보의 전달, 발현에 중요한 역할을 하고 있기 때문에 OA나 DTX_1은 발암 promotion 이나 protein-phosphatase 저해 작용은 인식되지 않는다. 제2의 Group의 pectenotoxin (PTX) 골격은 34개의 락톤환(ring)을 형성하여 막크로리드란 화합물 君羊에 속한다. 43번째 탄소에서 메칠기로 출발하여 수산기, 일데히드기, 카르복실기로 순차적으로 산화된 동족체가 포함된다. PTX도 설사를 일으킨다. 쥐에 투여했을 때 가장 장해를 크게 받는 것은 간장이다.

제3의 Group은 독이 분리되어 사용된 가리비, 종명을 따서 예소독성(YTX : Yessotoxin)이라 명명하였다. 11개의 에틸환(ring)이 연결되어 있는 구조가 특이적으로서 ciguatera 독이나 적조독 breve toxin과도 공통점이 있다. 또 두 개의 유산ester를 가진 점도 특징이다. YTX의 쥐 치사 독성으로서는 더욱 강한 독이 있고, 설사 원인성이나 발암 promotion 작용은 인정되지 않는다.

독성원인 생물로서는 와편모조 *Dinophsis fortii*의 해수중 출현밀도와 패독화가 일치하는 것으로서 본 종이 독화 원인 생물로 측정된다. 현미경하에서 채취된 순수한 조체에 대해서 미량 형광 정량법으로 OA와 DTX_1이 검출되어 본 종의 독생산능이 확정되었다. *D. acuminate*, *D. acuta*, *D. norvegica*, *D. rotundata*, *D. tripos*의 6종에서도 OA와 DTX가 발견되었다. *prorocentrum lina*에서도 OA와 DTX_1의 생산이 확인되었다.

8.5.3 기억살실증 패독(ASP: amnesic shellfish poisoning)

1987년 캐나다의 동부지역에서 독화된 패류(진주담치)를 섭취한 100여명의 사람들 중 4명이 사망하고 14명이 기억 장해의 후유증에 시달린 사건이 발생한 후, 그 주 물질을 기억상실성 패독이라 칭하였다. 원인생물로는 *Pseudonitzschia multiseries, Pseudonitzschia pseudodelicatissima, Pseudonitzschia seriata, Pseudonitzschia australis*로 알려졌으며, 위 증상을 유발한 주 물질은 domoic acid로 밝혀졌다.

Domoic acid는 다양한 해양생물 개체로부터 분리되는 kainoids 화합물로 amino acid 그룹에 속하며, 수용성 물질로 acidic amino acid와 유사한 특성을 가진다. 원인생물인 플랑크톤이나 패류 체내에서는 주로 domoic acid가 존재하며, isodomoic acids D, E, F 및 C5 diastereomer는 소량으로 존재하는 것으로 알려져 있다. 또한 ASP는 뇌신경계의 neurotransmission 기작을 방해하는 neuroexcitants 혹은 excitotoxins로 취급된다. 즉 domoic acid는 L-kainic acid와 L-glutamic acid와 마찬가지로 뇌신경계에 있어서 주요 전달물질인 흥분성 아미노산이다. 또한 domoic acid와 kainic acid는 뇌신경계에서 glutamate agonist로 작용하며 kainate sub-type의 glutamate receptor에 강하게 결합하는 것으로 알려져 있다.

ASP 중독시 나타나는 증상으로는 섭취 3~5시간 후에 메스꺼움, 구토, 복부경련 및 설사를 포함하는 위장장해가 일어나면서 현기증, 혼란, 건망증, 기억상실증이 수반된다. 해독방법으로는 배설시키는 것 외에 특별한 것이 없다. 한편 캐나다에서는 규제치를 20 ㎍/g로 정하고 있으나, 우리나라에서는 ASP에 의한 패류의 독화사고가 보고된 적이 없고, 규제치도 정립되어 있지 않다. 유럽과 북미 및 뉴질랜드 등에서 발생하여 가끔 문제를 일으키고 있다.

8.5.4 시가테라(Ciguatera)

산호초에 사는 어류나 산호초에 접근하여 먹이를 찾아 회유하는 어류는 본래 무독어이지만 가끔 독화하여 식중독 원인으로 되고 있는데 이러한 식중독 원인을 시가테라(Ciguatera)라고 한다. 사망률은 극히 적으나 환자 발생수는 년간 수만인에 달하는 것으로 추정된다.

독을 가진 와편모조가 그 지역에 어느 정도 분포하고 있느냐에 따라서 먹이연쇄에 의하여 어류의 독성유무가 판정된다. 중독증상으로는 식후 수십분에서 10시간 이내 나타난다. 입술, 혀, 목 등의 따끔따끔한 통증, 관절통, 지각이상, 운동실조(失調) 가려움 등의 신경적인 증상과 설사, 구토 등의 소화기 증상, 혈압저하, 맥박감소 등의 순환기 장애를 나타낸다. 특히 찬 것에 접촉하면 감전되는 것 같거나 또는 침으로 찌르는 것 같이 아픔을 느낀다.

Dry Ice에 접촉해도 같은 감을 느끼고 있어 Ciguatera의 특징으로 본다. 수일 후 회복되지만 지각이상이 있을 경우 수 개월, 수 년 지속되는 경우도있다.

8.5.5 브레베 독성(Breve toxin)

와편모조 *Gymnodinium breve*는 적조생물로 적조를 형성하며 어패류의 대량폐사를 발생시키다. 원인독으로서는 기본골격이 약간 다른 Breve toxinA와 Breve toxinB 의 두종이 있다. 어류에 대해서는 각각의 3ng/ml, 16ng/ml의 저농도에서는 치사 독성을 나타낸다. Ciquatoxin과 동일하게 세포막내의 Na^{+}통로를 가지고 있다.

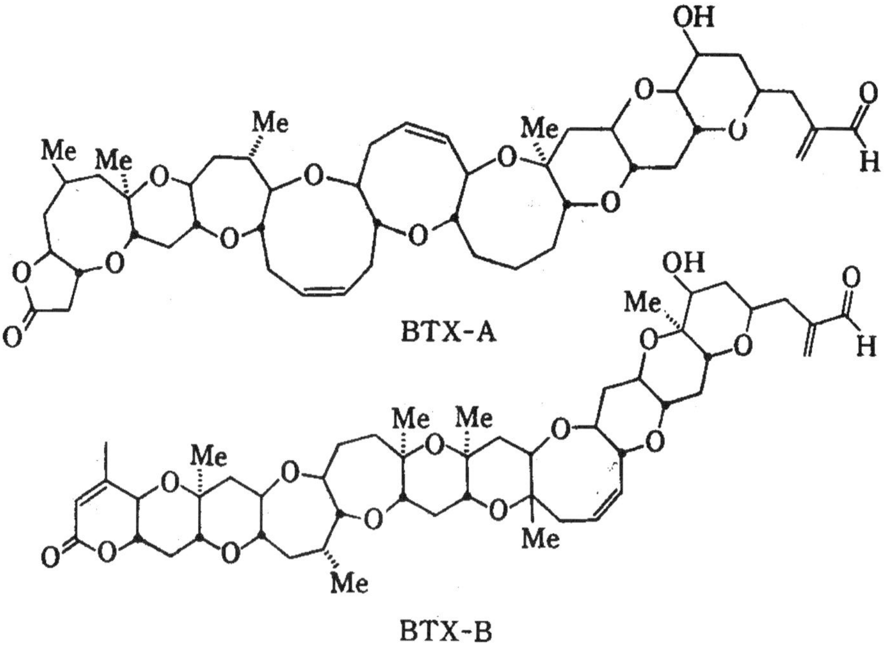

BTX-A

BTX-B

■ 그림 8.9 적조 편모조 *Gymnodinium breve*에서 분리된 두종의 어독성분 Breve toxin A(BTX-A)의 구조와 Breve toxin B(BTX-B)의 구조

8.5.6 기타 독소

1) 파리톡신(palytoxine)

파리톡신(palytoxine)은 1980년 초에 하와이 대학의 Moore 등(1982)에 의하여 연체 산호의 일종인 Palythoa toxica에서 추출된 독소이다. Mouse에 대한 독력은 450 ng/kg으로 복어독에 비하여 50배정도 강하다. 이 독소를 생산하는 산호는 하와이 마우이섬 주위에 서식하고 있는데 원주민들이 이 독을 추출하여 수렵에 사용한다고 한다. C129H223N3O54의 분자식을 가진 수용성 화합물로 생체 polymer를 제외하고는 예외적으로 고분자량의 화합물이다. Palytoxin의 구조규명에는 Moore, Uemura/Hirata, Kishi 등의 연구팀이 참여하여 복잡한 구조를 완전히 해명하였는데, 이 연구결과는 해양천연물 연구 분야의 금자탑이 되고 있다. 41개의 수산기(水酸基), 64개의 부제(不齊)탄소를 가진 유례없는 장대한 화학구조이다(그림 8.10).

Palytoxin은 세포막의 depolarization, Na^+ 및 Ca^{2+}의 세포내 유입 차단, arachidonic acid 유리, 신경전달물질 유리, Na^+/K^+−ATPase 저해 등에 관여하는 것으로 추정된다. 또한 palytoxin은 epidermal growth factor(EGF)를 저해하는데 이것은 palytoxin이 세포내 Na^+ 유입을 억제하는 결과로 보여진다. 현재까지의 보고에 따르면 palytoxin에 의해 Na^+ pump가 활성화되고 이 Na^+이 신호전달체계에서 2차적인 매개자로 작용하는 것으로 추정된다. 그러므로 palytoxin은 세포의 조절작용을 연구하는데 매우 유용하게 이용될 수 있을 것이다.

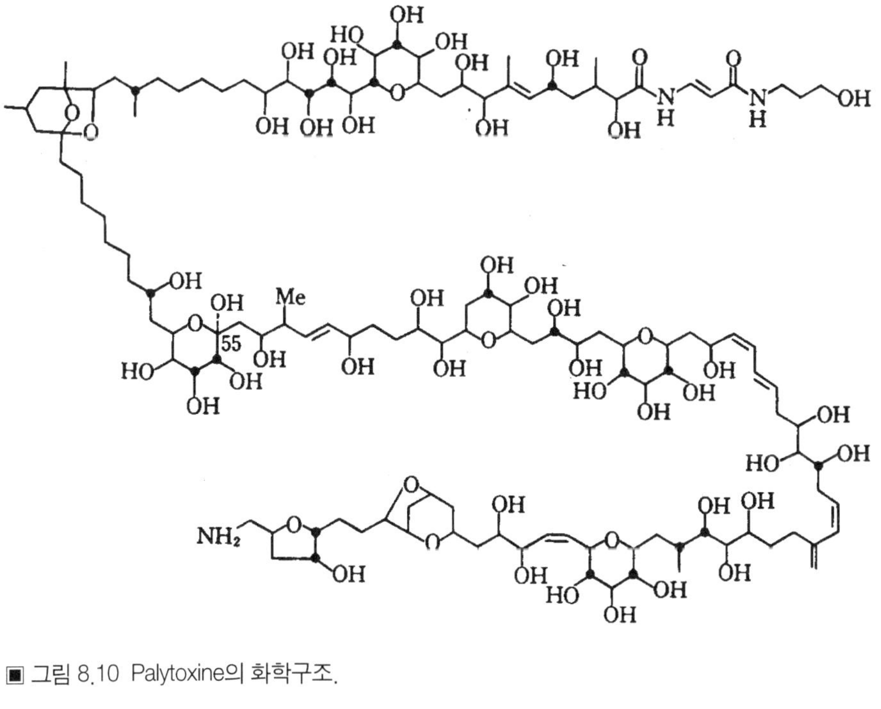

■ 그림 8.10 Palytoxine의 화학구조.

Moore 등(1982)에 의하면 이 독소의 생산양은 개체에 따라, 지역에 따라 큰 차이를 가지며 계절적인 변화가 많고 Palythoa spp. 뿐만 아니라 해조류(Chondria armata), 게(Demania spp., Lophozozymus sp.) 어류(Mechtys vidua, Alutera scripta) 등에서도 두루 검출되므로 그 생산주체에 대한 의문이 제기되었다. 즉 산호 자체의 독성이 아니고 기생 또는 공생하는 미생물에 의한 것으로 생각되어 연구를 진행한 결과, 실제로 palytoxin은 Palythoa에서 분리된 *Vibrio* 속의 공생세균에 의해 생성된다고 밝혀졌다.

8.6 효소억제(Inhibitor)

해양은 지구의 70%를 차지하고 있으며 지구상의 생물도 해양에서 80%가 서식하고 있다. 여기에는 조류, 동식물, 플랑크톤, 미생물 등을 비롯하여 매우 복잡한 생태계를 형성하고 있다.

해양생물은 생물진화 과정에서 육상과 다른 독자적인 진화를 가진 것으로 추정된다. 최근 이러한 관점에서 해양 생물의 특이성을 생각하여 해양생물의 이용 즉, 생산물질의 이용에 관한 연구의 하나로 Marine biotechnology란 이름으로 해양생물의 연구자들이 1989년 9월에는 동경에서 국제회의를 개최하여 세계 23개국에서 관련 각 분야에서 400인이 모였다. 해양생물은 육상생물에 비하여 아직까지 연구가 진행되지 않는 미해결 문제가 많은 것으로 신규 생리활성물질의 보고로서 많은 기대를 주고 있다. 특히 3면이 바다인 우리나라에서는 분석기술 향상, 배양기술 향상에 의하여 심해 미생물 연구 진행이 기대된다. 해양미생물이 생산하는 생리활성물질로서는 Protease inhibite와 Amylase Inhibite에 관한 보고가 많다.

Protease inhibite 생산균(Imada등, 1985)이 분리하여 Imada(1986), Imada등(1985)은 해양에서 Protease inhibite 생산균을 분리하여 지금까지 분리된 균과의 비교한 보고가 있다(그림 8.11).

연안해역에서 보다 심해(0~1000m)에서 효소억제 생산균이 발견되었다. 분리된 균은 *Alteromonas*속으로 동정되었으며 배지는 polypeption 0.6%, Glucosse 0.05%, Yeast extract 0.1% 자연해수 1ℓ 에 pH 6.0으로 보절한 배지에 20℃, 24~33시간 배양(진탕배

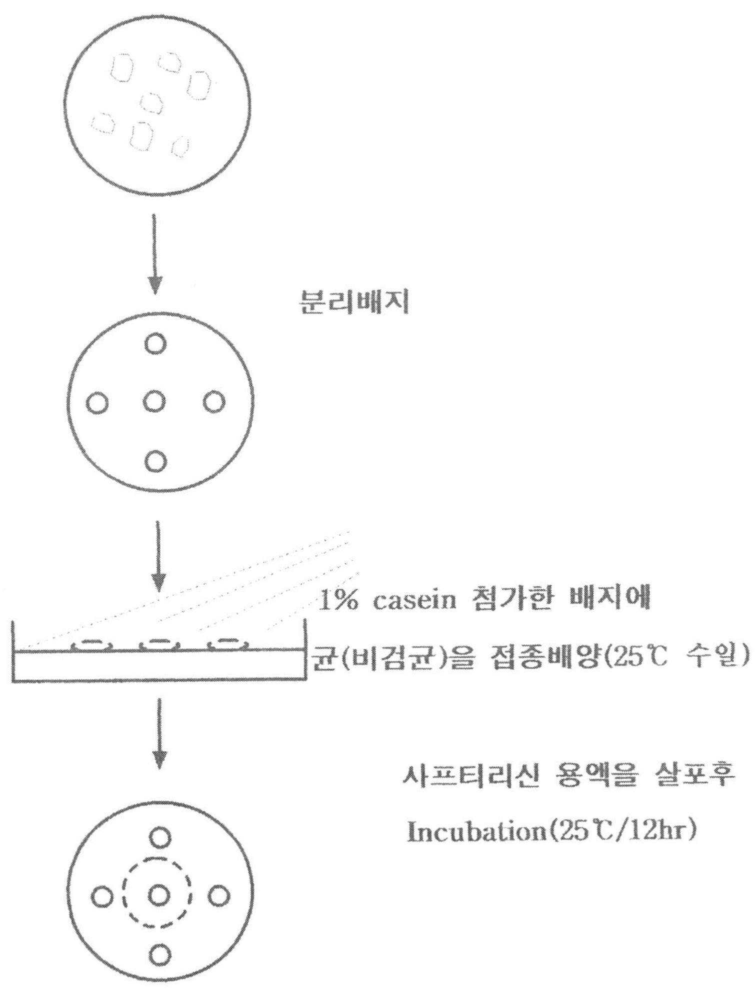

Inhibite 생산균

미분해 카제인을 불투명하게 함

▣ 그림 8.11 Protease inhibitor 생산균의 screen법

양)한 균이다.

심해 퇴적물에서 분리된 Actinomycetes도 β glucosiase inhibitor 가 발견되는 등 해양 미생물 inhibitor 생산에 관한 연구가 정진되고 있음을 보여 주고 있다. (Imada 와 Okand, 1994) 또한 Alteromonas 속에서 생산되는 단백질성 inhibitor monastan은 열이나 pH에 극히 강하고 어병을 일으키는 *Aeromonas hydrophila, Vibrio anguillarum*가 생산하는 protease를 특이적으로 저해시킨다.

8.7 생태적 관점에서 본 미생물의 활성물질

생태계는 생산자와 소비자, 또한 분해자로 구분한다. 일반적으로 에너지의 흐름에 따라서 해양에서 일차생산자는 식물플랑크톤이고 미생물은 분해자로만 생각해 왔다. 그러나 미생물은 폭넓은 역할을 하고 있다. 유기물 분해에서 먹이연쇄, 물질생산, 효소억제 등 넓은 의미의 Allelophathy란 현상도 생각할 수 있다. 이러한 현상에서 미생물이 분비하는 물질을 Allelochemics라고 한다.

해양의 원생동물이나 연체동물 중에는 미세조류 *zoonellae*가, 담수중에는 *zoochlorellae*가 내부에 공생하여 광합성에 의한 대사물질 (O_2나 유기물)을 숙주에게 공급하여 상조관계를 가지고 있다고 알려졌으나 최근에는 내부공생 이외의 상호관계가 미생물 중심이라는 점이 명확하게 되었다. 해수나 담수의 와편모조류 일부의 규조류나 해조류에 함류되어 있는 특징적인 성분은 sulfonium 화합물인 DMPA(dimethyl-β -propiotitin)은 대사되어 주성분인 dimethylsulfide (DMS)를 생산한다.(그림8.12)

와편모조 *Crypthecodinium cohnii* 는 1g당 (습중량) 약 5㎎의 DMPA를 함유한다. 세포 내에 S가 반 이상이다. 인공사료에다 이 조체를 넣어서 돔과 방어, 금붕어에 투여했을 때 현저한 차이를 보였다. DMPA의 최적농도는 방어와 금붕어에 대해서는 1×10^{-3}M, 돔에는

$$\begin{array}{l} CH_3 - S - CH_2 - COO^- \\ \quad\quad\;\; | \\ \quad\quad CH_3 \quad DMPA \\ \quad\quad\;\; \downarrow \\ CH_3 - S \quad CH_2=CH-COOH \\ \quad\quad\;\; | \\ \quad\quad CH_3 \\ DMS \end{array}$$

■ 그림 8.12 DMPA와 그 대사산물 Acrylic acid

5×10^{-5}M로 Glutamic Acid 에 비하여 활성이 높았다. 이 DMPA는 어류의 성장 촉진 작용도 있고 하여 인공 사료에 DMPA를 5mM되도록 첨가시키면 어류성장에 현저한 차이를 보인다. 예로서 첨가한 사료와 첨가치 않은 사료의 차이는 현저하다. 첨가 사료에서는 적돔이 18일 간에 2.5배, 방어가 13일 간에 4.5배의 체중 증가를 보였다(그림 8.13).

하등 동물인 다모류 *Janua brasiliensis*는 2-3㎜로 작고 잘피(zostera) 등의 표면에 서식한다. 해양세균 *Pseudomonas morian*가 생산한는 다당은 효과적으로 다모류의 유생이 생산하는 lectin(특정 단백질만을 인식하는 결합단백질)과 높은 친화성을 가지고 결합한다. 이 당 성분은 glucose, galactose, xylose를 함유하고 있다. 규조류가 각종 물질 암반 등에 부착하는 것은 조체자체내에서 분비하는 점성물질에 기인한다. 여기에 세균 생성물질막도 기여한다. 부착 규조류 *Nitzschia sp.*의 연구로서는 최적온도 20℃에서는 세균의 생성물질 막의 존재와 관계없이 부착하지만 25℃나 15℃와 같이 증식에 영향을 주는 온도에는 세균막상에 잘 증식한다. *Alcaligenes sp.* MT-9가 생산하는 막은 산성다당으로 uronic acid 70.9% 이외 glucose 13.4%, galactose 7.7%, mannose 1.9%, fucose 0.3%, rhamnose 0.4%, ribose 0.2% 함유한다. Nitszschia sp.는 lectin상의 물질을 분비한다(그림 8.14).

미국 패류*(Crassostrea virginica)*의 유생은 그 사육수조에서 분리한 *Alteromonas colwelliana sp. nov.*의 film에 부착하여 변태한다. 세균 film의 유효물질은 L-DOPA (L-dihy droxyl phenyl -anime) 및 최종물질인 메라닌에 있으나 여기에 세균이 분비하는 다당 부착성 점질세포외 고분자가 관여하고 있다. 유생은 정착하기 위해서 적당한 정착 기반을 찾기 위해서 전형적인 "Swim-Crawl" 행동을 하여 체표면의 수용부(受容部)에 L-DOPA나 그 유사물질의 신호를 받아 정착하고 변태후 성형한다. 부분정제 고분자 주 성분은 uranic acid과 glucose이고 20%이하의 단백질을 함유하고 있다. 이러한 작용을 하는 세균은 수심 2650m인 심해 패각에서도 분리된다. *Hyphomonas* 속의 세균인 HVP1 균주와 HVP2균주에서도 L-DOPA의 물질과 다당을 많이 생산한다(그림 8.15).

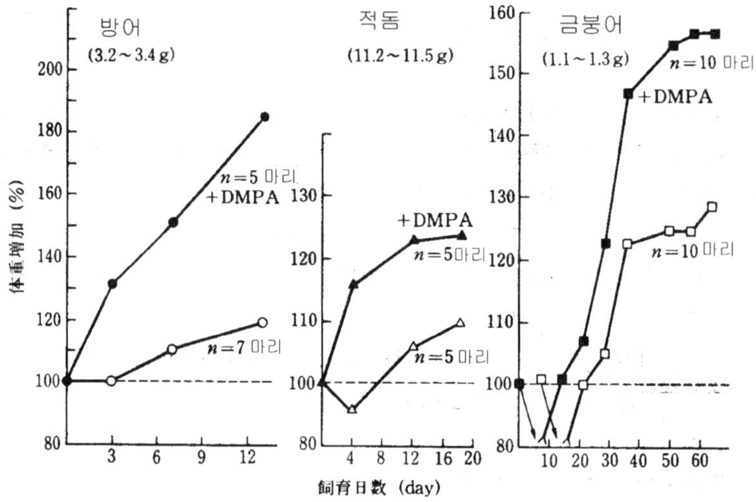

■ 그림 8.13 방어, 적돔과 금붕어에 대한 DMPA의 성장촉진효과

●-●, ▲-▲, ■-■ : DMPA 첨가

○-○, △-△, □-□ : DMPA 무첨가

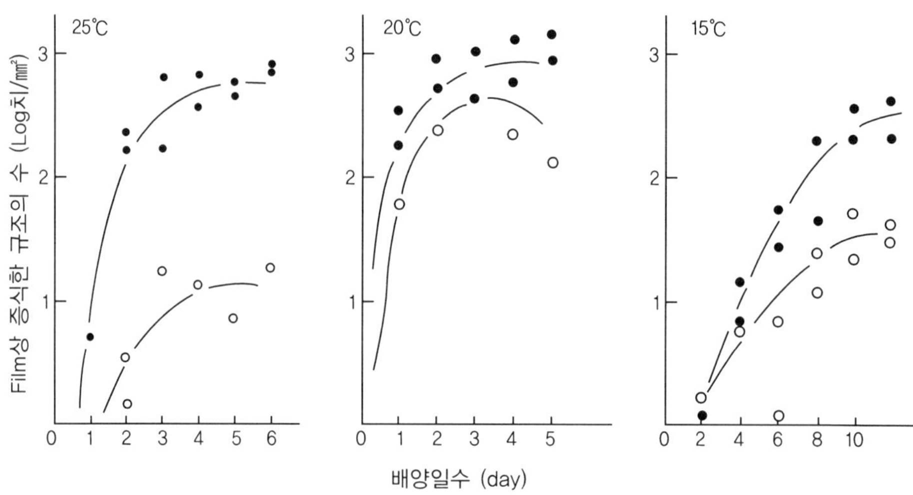

■ 그림 8.14 Alcaligenes sp. MT-9의 세균 film상에 규조류 Nitzschia의 증식촉진과 배양온도.

● : 세균 film, ○ : 세균부재

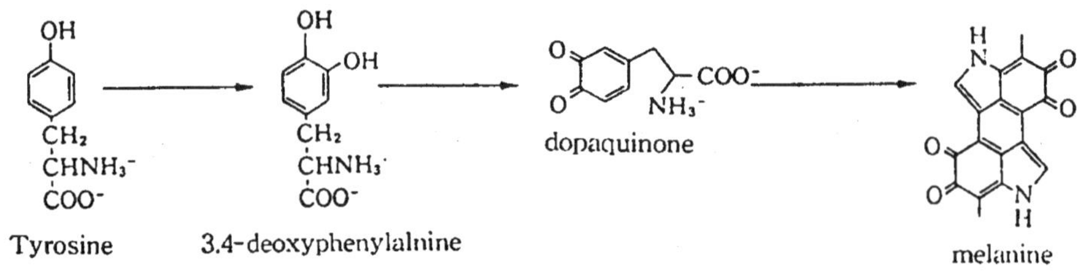

Tyrosine → 3.4-deoxyphenylalnine → dopaquinone → melanine

■ 그림 8.15 DMPA와 그 대사산물 Acrylic acid

8.8 연습문제

1. 생물자원으로서의 해양미생물의 중요성에 대해 설명하시오.

2. 해양미생물이 생산하는 항생물질에 관하여 설명하여라.

3. 해양미생물이 생산하는 대표적인 다당체의 종류를 적고 생산하는 세균종도 적어라.

4. 복어독을 만드는 대표적인 세균에는 어떤 것이 있는가?

5. 수산동물에 축적되어있는 복어독의 축적 경로를 설명하여라.

6. 다음 독성에 관하여 설명하여라.
   1) brevetoxin
   2) ciguatera
   3) DSP(설사성 패독)
   4) PSP(마비성 패독)
   5) palytoxin
   6) ASP(기억상실성 패독)

7. 해수중의 세균이 생산하는 효소 inhibitor의 종류를 들고 설명하여라.

8. 미생물이 생산하는 물질이 생태학적인 관점에서 어떠한 역할을 하고 있는가?

9. 패류의 유생 변태와 세균과의 관계를 예를 들어 설명하여라.

10. Allelopathy와 allelochemics를 설명하여라.

11. 해수중의 연체동물이나 원생동물과 zooxanthellae와의 관계를 설명하여라.

12. DMPS(dimethyl-β -probiotine)와 어류와의 관계를 설명하여라.

인용문헌

인용문헌

◎ 海洋生物 の 連鎖: 木暮 一啓編 ; 東京大學出版. 2006

◎ 大和田紘一編 : 海洋微生物學, 總特集 海洋出版株. 2000

◎ 韓國沿岸의 赤潮 : 國立水産振興院. 1997

◎ 金鶴均, 朴周錫, 李三根, 安京鎬 編 : 韓國沿岸의 赤潮生物, 國立水産振興院. 1993

◎ 清水潮 編 : 海洋微生物と バイオテクノロジー, 技報堂出版. 1991

◎ 門田元, 多賀信夫 編 : 海洋微生物 研究法, 學會出版 センター. 1985

◎ 多賀信夫編 : 海洋微生物, 東京大學出版. 1978

◎ 成熙慶 : 韓國에서 分離된 *Vibrio cholerae* non-01의 分類學的 特性과 毒性因子, 釜慶大學校, 學立論文. 1997

◎ 이원재, 박영태 : 적조생물 *Prorocentrum micans*살조세균 *Pseudomonas sp.* LG-2의 분리와 살조특성, 한국 수산 학회지. 1998

◎ 박영태, 박지빈, 정성윤, 송병철, 임월애, 김창훈, 이원재 : 유해적조 생물 *Cochlodinium polykrikoides* 살조세균 *Micrococcus sp.* LG-1의 분리와 살조특성

◎ 성희경, 이원재, 장동석 : 지방산 조성에 의한 *Vibrio cholerae* non -01의 화학분류학적 관계. 한국식품 위생 안전성 학회. 1998.

◎ 정성윤, 박영태, 이원재 : 유해적조 생물 *Cochlodinium polykrikoides*에 대한 *Micrococcus sp.* LG-5의 살조효과. 한국수산학회지. 2000

◎ Nedwell. D. B and C. M. Brown : Sediment Microbiology. Academic press. 1982.

◎ Mauchline J. and T. Nemoto : Marine Biology. HOKUSEN-SHA. 1991

◎ Colwell. R. R.U.Simidu and K. Ohwada: Microbial Diversity in time and space, Plenum press. 1996.

◎ Sieburth. J. M . Sea microbes. Oxford univ. press. 1979.

◎ Tsukamoto. K. : Study on Classification and Identification of Marine bacteria, mainly he family vibrionaceae. Tokyo. univ. 1991

◎ Austin. B. :Marine Microbiology. Cambridge univ. press. 1988.

찾아보기

[D]

[E]

[F]

[N]

[O]

[P]

[ㅁ]

[ㅂ]

[ㅅ]

[ㅇ]

[ㅈ]

[ㅊ]

[ㅋ]

[ㅌ]

[ㅍ]

[ㅎ]

[기타]

저자 약력

이원재	일본 동경대학	농학박사
	현 부경대학교	미생물학과 교수
성희경	부경대학교	공학박사
	현 한국크로렐라	사장
	인제대학교	겸임교수
김무찬	일본 경도대학교	이학박사
	현 경상대학교 해양환경공학과	교수
강창근	프랑스 낭뜨대학	이학박사
	현 부산대학교 생물학과	교수
박영태	일본 동경대학	농학박사
	현 수산과학원	연구관
신희재	일본 동경대학	이학박사
	현 해양연구소 천연물 연구실	실장
정성윤	일본 동경대학	이학박사
	현 부산대학교 Bio-IT산업단	연구교수